普通高等教育“十一五”国家级规划教材
江苏省高等学校重点立项建设精品教材

城市景观艺术设计

过伟敏　史　明　著

东南大学出版社
·南京·

内容提要

本书从设计艺术学的视角，在融合城市设计、城市规划、建筑学、园林设计、社会学、心理学和生态学等学科研究成果与方法的基础上，结合作者近十年的研究成果以及相关设计实践经验，以环境艺术设计的方法来探讨和总结城市景观环境设计的相关理论与方法问题。

全书分为上篇和下篇两部分，共九章。较为全面地阐述了城市景观艺术设计的内涵与外延、价值认知和基本构建，分析了城市景观艺术设计的基本方法、运用与评价等内容。全书图文并茂，具有研究视野宽阔、视角新颖、内容综合和整体性强的特点，是环境艺术设计专业领域本科生、研究生及相关人员学习城市景观设计理论与方法的教学参考书，亦可供相关研究人员和设计人员参考。

（教育部新世纪优秀人才资助计划项目——城市景观艺术设计原理（NCET-05-0486）的研究成果之一）

图书在版编目（CIP）数据

城市景观艺术设计/过伟敏，史明著．—南京：东南大学出版社，2011.2（2016.8 重印）

ISBN 978-7-5641-2625-4

Ⅰ．①城…　Ⅱ．①过…　②史…　Ⅲ．①城市-景观-环境设计　Ⅳ．①TU-856

中国版本图书馆 CIP 数据核字（2011）第 019702 号

城市景观艺术设计

出版发行：东南大学出版社
社　　址：南京市四牌楼 2 号　邮编 210096
出 版 人：江建中
责任编辑：顾金亮
网　　址：http://www.seupress.com
电子邮件：press@seu.edu.cn
经　　销：全国各地新华书店
印　　刷：江苏凤凰扬州鑫华印刷有限公司
开　　本：889 mm×1 194 mm　1/16
印　　张：15.5
字　　数：525 千字
版　　次：2011 年 2 月第 1 版
印　　次：2016 年 8 月第2次印刷
书　　号：ISBN 978-7-5641-2625-4
印　　数：3001～4500 册
定　　价：98.00 元

自　序

六年前应东南大学出版社之约我们编写了《城市景观形象的视觉设计》一书，出版后当年即重印，许多环境艺术设计领域的研究生将此书作为论文写作的主要参考文献，获得了较好的市场反响。《城市景观形象的视觉设计》在2007年被评为江苏省精品教材时，作者即开始谋划对该书进行修订，因此今天出版的《城市景观艺术设计》是《城市景观形象的视觉设计》的最新修订版。在谋划修订的过程中，《城市景观艺术设计》的编写构思与设想得到了社会的认可，《城市景观艺术设计》先后被列为江苏省高等学校重点立项建设精品教材和普通高等教育"十一五"国家级规划教材。

在刚刚过去的新世纪的十年，设计正向国人展示其不断改变社会生活图景的巨大力量。设计改变了现在，并在创造着未来。一方面，中国的快速城市化已变为物质的现实成果，伴随着城市的建成区面积不断扩大和旧城区不断出新与改建，户外公共环境的创造及其品质的提高成了改善城市生活质量和提升城市整体形象的一种看似"一举两得"的有效手段，城市景观艺术设计变得从来没有如此的迫切；另一方面，宽带互联网和3G无线网络的应用与普及对社会与文化产生了重要的影响，导致设计的对象、内涵和外延乃至设计的方法论都产生了重大变化。人类可持续发展和环境保护、社会道德、多元文化等社会问题与社会伦理进入设计的视野，设计包括城市景观艺术设计均基于学科间的融合才能解决相关设计问题，走向综合成为一种发展态势和必然。

基于此，《城市景观艺术设计》一书的写作理念仍然延续《城市景观形象的视觉设计》的编写思想，一是在强调融合其他学科研究成果与方法的基础上突出分析与研究的主导性，即从设计艺术学的视角，以环境艺术设计的方法来探讨解决城市景观环境设计中的相关问题；二是从宏观上体现"系统性"和"整体性"的全面思考，注重研究成果与观点的有效性与启发性，不苛求写作内容的全面和完整。编写结构分为上篇和下篇两部分，上篇共分五章，主要为城市景观艺术设计的内涵与外延、价值认知和基本构建等内容，下篇共分四章，主要为城市景观艺术设计的方法、运用与评价等内容。相比于原书，新书在整合和削减有关章节的基础上，增添了较多新的内容，扩大了书的篇幅，并更换了许多图片。

本书是作者所带领的教学与研究团队集多年实践与研究的成果。本书由过伟敏、史明编著，并确定全书的写作理念与编写结构，负责最终的统稿工作。王筱倩博士为全书的前期修改工作花费了许多心血；刘佳博士为本书绘制了部分插图；研究生邱冰、吉立峰、王渝柯、魏娜、陈琦、顾勤芳、霍珺、晋洁芳、周林、董立蕙、胡凯、谭睿光、周方旻、邵靖等参与了部分内容的前期研究与文献整理。在此对他们的工作表示由衷的谢意。

本书的最终完成，首先要感谢所有参考文献的作者，其相关研究成果为作者开拓了研究工作的视野，丰富了本书的写作内容。本书的写作应该说充分吸收和参考了国内外同行及相关领域的思想，本书的大量图片除作者拍摄外，部分内容亦引自于参考文献，可能所列参考文献不一定全面，在此一并表示由衷的谢意。

因作者水平有限，文中不当之处在所难免，恳请广大读者批评指正。

作者

二零一零年初春于蠡湖尺马嘴

目 录

上篇 城市景观艺术设计的内涵与外延、价值认知和基本构建

下篇　城市景观艺术设计的方法、运用与评价

上篇

城市景观艺术设计的内涵与外延、价值认知和基本构建

第一章　城市景观艺术设计概述

一、城市景观艺术设计作为一种综合空间艺术

人类生存的空间环境是与自然环境、人文环境有着千丝万缕联系的社会生活场景。城市是人类聚居最基本、最重要的组成形式，是物质和精神要素的综合反映体。而城市作为人类创造的巨大人造物系统是建立在自然之上的，因此城市的建设与发展需要协调人与自然的关系、人工物内部之间的关系；同时，城市作为一种场所和人类活动的空间载体，人因要素亦是城市不可分割的动态因子，城市需要协调人与人之间的关系。

城市景观的艺术化处理即城市景观艺术设计，它是改善人类生存环境，提高人们生存质量，创造理想生活的一种有效手段。可以这样认为：城市景观艺术设计是一种旨在改变人类的生存质量和生存方式，设计和引导社会和人的行为方式，创造适合人类生存的艺术化的环境的设计创造活动。城市景观艺术设计所涉及的物质范畴主要指经人类创造或改造而形成的城市建筑实体之外的公共空间部分（如图 1–1，图 1–2，图 1–3）。

城市景观艺术设计是时间与空间艺术的综合表现体，其

图 1–1　日本东京六本目综合体入口广场

对象涉及自然生态环境和人文社会环境的各个领域，具有多领域交叉、渗透的特点。纵观国内外，继城市设计之后，城市景观艺术设计越来越受到人们的重视。城市景观艺术设计将作为一种新理念和方法，以科学与艺术相结合的综合手段来协调自然、人工、社会三种不同环境之间的关系，使之达到最佳状态。

二、城市景观艺术设计与城市规划、城市设计、建筑设计、园林设计

城市是人类文明积淀和技术创新的集中汇聚地。千百年来，人类始终梦想着拥有诗意的栖居地——打造安全、可亲、舒适、高效而美丽的城市家园，并为此付出一代又一代人不懈

图 1-2 美国旧金山渔人码头临海平台

图 1-3 美国戴维斯市中心公共空间

的努力。随着社会经济的不断发展、城市化进程的不断迈进以及社会分工的不断细化，人们从各自不同专业领域、不同层面、不同角度关注研究着城市的昨天、今天、明天乃至更为遥远的未来。关于城市发展建设的研究与实践呈多学科交叉互补共生的态势已是现实与必然，其中主要学科专业有城市规划、城市设计、建筑设计、园林设计等，而城市景观艺术设计作为其中的一个新兴学科专业领域正日益受到人们的重视。它与其他众多学科在研究对象、研究内容和研究方法以及解决设计问题的路径与手段等方面既有区别又有联系。

1. 城市规划

城市规划是指在一定时期内，依据城市的经济、社会发展目标及发展的具体条件，对城市土地及空间资源利用、空间布局以及各项建设等作出的综合部署和统一安排，并对其实施的管理。城市规划拥有相对宽广的研究对象和领域，通过对土地和空间资源的预期安排，协调城市各组成要素在空间上的相互关系，是综合了经济、技术、社会、环境等四要素的规划，追求的是经济效益、社会效益、环境效益三者的平衡发展。对于城市整体宏观层面上的空间资源分配，城市规划起到了决定性的作用。城市规划的具体操作通常分为总体规划和详细规划两个阶段。城市总体规划是从宏观层面上把握全局性的城市性质、规模、发展方向、空间布局结构形态、发展时序等问题；而详细规划则解决具体物质建设问题，是为管理和下阶段的修建性详细规划（具体项目设计）提供整体控制的依据（设计要点）。其中详细规划偏重于技术经济指标，更多地涉及工程技术问题，其成果偏重于二维及法律政策性条款，而设计图纸和方案居于从属地位。

城市景观艺术设计应在城市规划的总体指挥下，自觉服从其各项指标的约束，从而使其自身在融入城市的整体和成为城市有机组成部分的同时，提升城市空间的艺术品质。

2. 城市设计

城市设计是社会发展下专业分化和学科交叉的产物。“城市设计是对城市环境进行的设计”（《中国大百科全书》），“城市设计的主要目的是改进人的空间环境质量，从而改进人的生活质量”（《英国大百科全书》）。“城市设计主要考虑建筑周围或建筑之间，包括相应要素，如风景或地形所形成的三维空间的规划布局和设计”（《城市设计》，E.D. 培根著）。总之，城市设计是对包括人和社会因素在内的城市形体空间对象进行的设计工作，意在优化组织城市开放空间，特别是建筑之间的城市外部空间。较之城市规划，它更关心具体的城市生活环境和与人的活动相关的环境、场所意义及人对实际空间体验的综合评价，更侧重于建筑群体的空间格局、开放空间和环境的设计、建筑小品的空间布置和设计等；较之建筑设计和园林设计，城市设计更立足于对环境和整个城市全面系统的分析和准确评价之上，更多地反映社会大多数人的长远利益和意志。城市设计是城市规划的补充、深化和延伸，它通过制定导则的形式为建筑设计及园林设计提供空间形体的三维轮廓和由外向内的约束条件，从而在城市规划与建筑设计、园林设计之间架设了有效的桥梁并起到了缓冲作用。

城市设计是城市景观艺术设计的重要基础，其涉及建筑物的城市空间部分的导则是城市景观艺术设计进行再设计与深化的依据。

3. 建筑设计

建筑设计是指对城市中某一具体单体建设项目进行的设计。通常是建筑师受业主或发展商委托，依据其拟定的项目设计任务书及城市规划管理部门依据详细规划拟定的设计要点来展开设计。尽管建筑师们总是竭尽全力地或在实用、经济、美观之间制造平衡点，或在建筑实体和城市空间之间寻求最优关系，或在业主利益和公众利益之间寻找最佳契合点，但由于城市中的建筑毕竟分属不同的团体或个人，他们有着各自不同的局部利益，而建筑师与他们事实上是一种雇佣关系，这就决定了建筑设计最终取决于建筑师及其业主的利益取向和审美价值取向，因此，相对于城市景观形象等整体环境利益来看，建筑设计往往带有局限性。无论一栋建筑单体设计得如何精妙绝伦，倘若它与周围空间环境及其它建筑实体缺少对话与联系，即与城市整体空间环境无法达到良好的契合时，它便难以发挥其对于城市景观形象建设所应有的社会效益，有时甚至还会起到负面作用。

建筑设计与城市景观艺术设计的关系是相并列的，在城市总体规划这一隐形指挥棒的调度下，互为依存，相辅相成，共同构成完整的人类创造的生活空间场所。

4. 园林设计

园林设计，在世界各国有着各不相同的称谓、性质和规模，但均具有一个共同的特点，即“在一定的地段范围内，利用并改造天然山水地貌或者人为地开辟山水地貌，结合植物的栽植和建筑的布置，从而构成一个供人们观赏、游憩、居住

图 1-4　多种广告媒体形式　日本大阪

的环境”[1]。园林设计是为创造上述的环境，利用植物、土地、水体和建筑四要素而展开的规划和设计。古代园林景观绝大多数是为少数人所私有，而现代园林设计的内容已大大超出宅院、别墅和公园的范畴，在此基础上得到进一步拓展和延伸，它直接面向最广泛的普通大众，几乎遍及人们活动的所有场所，如城市居住区、商业区、文教区、工业区等，其造景要素也在原先四要素的基础上借助现代科技增加了声、光、电等多种元素，泛指为城市中的人们提供游憩的公共绿地场所。

在城市的空间范畴内，园林设计是城市景观艺术设计的一个重要组成部分。现代园林设计，是以植物要素为主的景观艺术设计，花草树木的合理配置占据其设计的首要地位。

人性化的园林设计为城市局部环境的改善起到了一定的调节作用。

5. 城市景观艺术设计与城市规划、城市设计、建筑设计和园林设计的关系

城市景观艺术设计是继城市设计之后又一个学科交叉的专业设计领域。作为众多学科共同研究创造的人类城市文明，只有通过人类的感知和认同才能获得存在的意义。有关研究表明，在人们的感知活动中，85%的信息来源于视觉的感知活动。城市景观艺术设计从视觉规律入手，探寻城市景观形象的设计方法，意在对城市景观空间形象进行艺术整合，以确立一定的视觉秩序，建立良好的空间视觉环境，反映城市的地域精神、文化内涵和美学取向；同时重视视觉环境对人的行为和心理的影响，把握四维的运动视觉规律，创造舒适宜人的人性场所。

城市景观艺术设计研究范围与城市规划、城市设计、建筑设计及园林设计有着许多交叉的领域和融合的方面，它包涵了城市中一切可见的空间、景物、形象和事件……作为一种综合空间艺术，与上述学科专业相比，其设计要素更为多样，设计手段更加具有整合性，许多独立于城市空间、建筑、园林等传统设计要素外的附属物，如户外广告传媒形态、城市设施、公共艺术等，也均属其列（如图 1–4，图 1–5，图 1–6）。

图 1–5　城市电车站台　美国旧金山

图 1–6　“铁人”雕塑　英国伯明翰

三、城市景观艺术设计的艺术至境

意境又称艺术至境，是美学中的最高境界，由一般的艺术形象上升为具有意境的艺术需要一个漫长的过程。艺术至境依次可分为三个层次：形象——意象——意境。它是我国古典美学中的一朵奇葩，最早被运用在文艺美学之中。

城市景观艺术设计中的艺术至境也包括三个层次：城市形象、城市意象和城市意境。回溯人类的城市建设，将艺术至境原理的三个不同层次在城市景观艺术设计中运用的实例十分罕见。古代的城市景观艺术设计的探索只是停留在"城市形象"和初级的"城市意象"（如我国的传统风水观）上，西方的"城市意象"设计则始于上个世纪中叶，并以凯文·林奇的城市意象理论为代表且盛行一时。而"城市意境"设计的手法，只有在一些特定的空间中才得到运用，例如我国的传统园林设计就大量运用了意境设计的手法（如图 1-7，图 1-8）。

1. 城市景观设计艺术至境的相关概念

（1）城市形象

城市形象主要指由建筑物、绿化、自然资源（如城市中的自然水体、自然山体等）、各类城市设施（如路灯、休息坐椅、广告牌等）等诸多因素构成的具体物象，这是城市景观艺术设计的基础。

（2）城市意象

在城市景观艺术设计中所运用到的意象原理属于"内心意象"的范畴。凯文·林奇在《城市意象》一书中将城市意象定义为"人们在心理上对城市形象的客观印象，它主要指通过人们对城市空间环境的心理印象，来评价城市的客观形象"。可以这样来理解城市意象，城市意象中的"象"即城市的形象——城市空间及空间中的物质实体，而"意"指人们心中对城市景观设计、构建的客观存在的主观印象。"意"通过"象"来表达，并为人们所感知，从而得出城市的整体印象。

图 1-8　苏州拙政园

图 1-7　苏州网师园

（3）城市意境

意境包括“意”和“境”两个方面，同样城市意境也包括两方面。在城市意境中，“境”指形成主观构思的城市形象的客观存在，而“意”则与“意象”中的“意”的含义不同，它是指审美主体在“境”中，运用主观的思维活动所产生的各种情感，即城市意境是主客观两方面相统一而形成的有机和谐的整体。

2. 城市景观艺术设计艺术至境的形成机制

对于城市景观，人们首先感知的是城市形象，它是构成城市景观的物质条件，它既源于现实又是经过人工加工而成。城市形象是产生城市意象、城市意境的基础条件。

审美主体在审美感知过程中，将感知到的直接产物——城市形象，借助联想、想象等，综合生成主体意识中的虚象，即城市意象。城市意象的产生是借助了富有特征意义的物质形态——城市形象所传达出审美内容的特定感知信息而形成的。

城市意境是设计者所向往和追求的最高目标。它是寄托情感、观念和哲理的理想审美境界在城市景观艺术设计中的映射，需要通过设计者对城市形象的典型概括和高度凝练，赋予景象以某种精神情感的寄托，然后加以引导和深化，使审美主体在观赏这些具体的城市形象时，或触景生情，或产生共鸣，或激发联想，并对眼前景象进行不断的补充、拓展，经过“去象取意”的综合思维加工后，感悟到景象所蕴藏的情感、观念，甚至体验到某种人生哲理，上升到“得意忘象”的纯粹的精神世界，从而获得精神上的一种超脱和自由。

3. 城市意象与城市意境的区别

城市意象只是审美主体运用“内心意象”的理论体系，对一个城市的客观存在——城市形象产生的心理印象，它不涉及审美主体——人的内心世界；而城市意境是指从意境的角度来塑造城市景观形象，即以城市的主体——人为原点，综合考虑城市的各种自然要素和人文要素，在城市的客观形象中融入“情”、“意”的内涵，使其具有底蕴深邃的审美效果，以充分满足人们在精神上对城市景观形象的高层次的需求。城市意境必须由表及里，激发人们内心深处的情感。情景交融是城市意境最主要的特征。

相对城市意境而言，城市意象的产生较为容易。具备一定感知能力的人进入某一城市，就能够产生对城市的基本认知，从而形成个人对该城市的意象。同时，每一个城市中重要的标志物、节点、城市的区域、道路骨架等是相对固定的，这是人们对城市意象产生共同认知的重要基础。例如江苏的南京，其东北有紫金山，西北有长江，北有玄武湖，南有莫愁湖，宁镇山脉绵延起伏环抱市区，周围河湖纵横交错，城内有秦淮河贯穿市区，城里还有清凉山、石头城。南京城可谓背山、襟江、抱湖，予人一个天然的山水城市的城市意象，因此古往今来，南京素有“龙盘虎踞”之称（见图 1–9）。而山东的济南城，南面有千佛山，北面有大明湖，可以说是背山面湖的山水城市，故有“一城山色半城荷”之称。济南的周边临黄河河岸，有“齐烟九点”——九座小山丘，造成了“水抱城，城抱水”之势。济南城的营造，充分重视了“品”字形“三泉鼎立”的形势，把城的西南、东南角正好选在趵突泉和黑虎泉，把城市的中轴线安排在珍珠泉。此外，在住宅区的建设中，还充分运用泉水这一自然优势，“家家泉水，户户垂杨”，着力凸显泉城的城市意象（见图 1–10）。

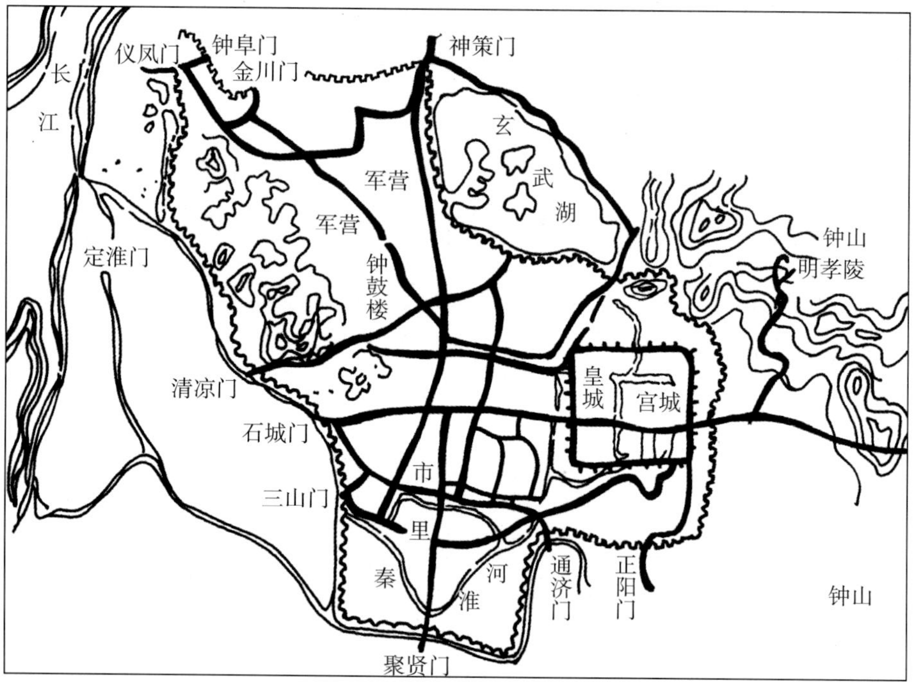

图 1–9　南京古城平面示意图

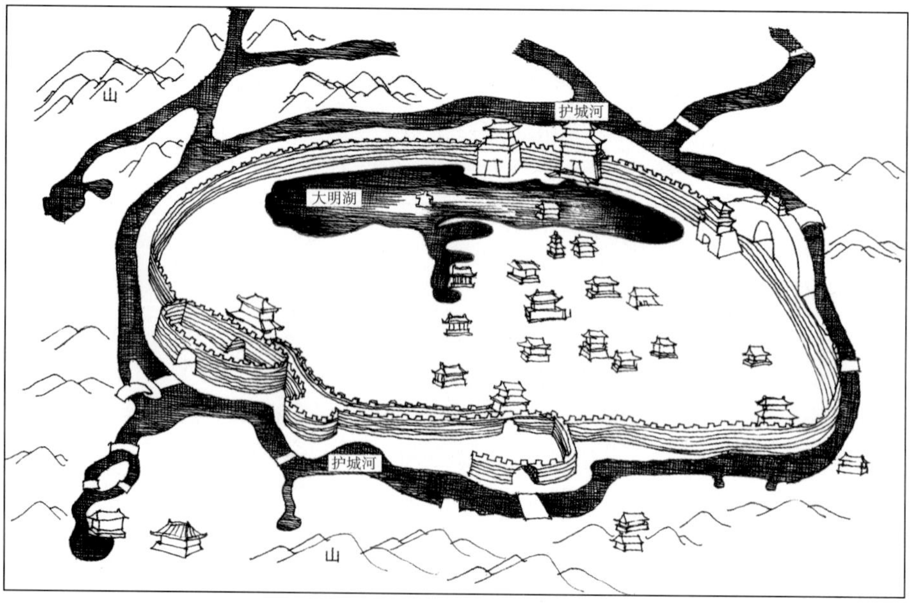

图 1–10　济南古城平面示意图

城市意境的产生，既受社会历史、文化脉络、自然地理、气候等客观因素的制约，又受审美主体的审美能力和心境等主观因素的影响。不同的人怀着不同情感的时候，所产生的意境是不同的。这就是为什么古时秦始皇和汉武帝在登临竭石的时候，想到的是虚幻的仙境以及长生不老，而曹操想到的却是沧海是多么的雄奇博大，无边辽阔，包容万象，能吞吐日月，容纳星辰。

可见城市景观艺术设计中的意境的形成需要审美主体的支撑，但不同人对于色彩与材质，乃至植物都有不同的感情，而且产生的意境会随着气候、时间等的变化而变化，就如苏轼所描绘的杭州西湖一样："欲把西湖比西子，淡妆浓抹总相宜"。因此在进行城市景观艺术设计时，应加强审美主体——人在城市中不同的感受体验及需求的研究，并充分考虑各方面因素的影响，运用一些有利的自然因素及各种主观的条件，形成具有美妙意境的城市景观形象。

注释：

[1] 杜汝俭，李恩山，刘管平主编．园林建筑设计．北京：中国建筑工业出版社，1986：1

第二章 城市景观艺术设计与城市景观形象的建构

一、城市景观形象的内涵和社会职能

1. 视觉美感

城市景观形象系统具有多种功能。除去物质实体功能外,还具有许多非物质的功能。当它与人类审美意识相联系时,城市景观形象将作为视觉美的感知对象,并作为审美信息源而存在,需要表达它所应具有的审美功能。

图 2-1 加拿大多伦多约克维尔公园(一)

图 2-2 加拿大多伦多约克维尔公园(二)

审美是人们欣赏文学与艺术作品时,所产生出的一种愉悦的心理体验。而这种心理体验是人的内心活动与审美对象之间交流或相互作用后的结果。人们对于城市景观形象的感受的差异性,既体现了不同个体对城市景观环境的直觉反应结果,又反映了特定的文化、社会和哲学因素的烙印。因此,城市景观不仅仅是一种单纯设计现象,它更是一种文化现象,同时也是人的精神需求的映射。城市景观形象作为视觉美的感知对象时,其中"少"和"多"、协调和对比的关系是影响人的视觉美感的直接因素。

(1)"少"和"多"

无论是密斯的"少即是多",还是文丘里的"少即烦恼",都有其合理的内核。芦原义信指出:如果以贫乏单调代替简洁,以堆砌繁琐代替丰富,这样的环境品质只能说是蒙昧粗俗的。[1]城市景观环境是为人服务的,人是城市景观环境中的主体,同时人需要城市景观环境提供多种体验和感受,如愉悦、舒适与快感,包括思考和自我创造的可能。

"少"与"多"常常是互补和互动的。在丰富的环境中往往需要凝练的综合,而在明晰的环境中需要丰富的视觉形象加以补充。例如加拿大多伦多市中心的约克维尔公园(见图 2-1,图 2-2),其简洁的设计手法和多样性的空间营造,为人们提供了多样化的空间及感官体验。该公园的景观艺术设计运用了多个设计元素构成了内涵丰富的层次,充分反映出这个地区传统的特色和维多利亚时代的氛围。以"多"的手段,再现了它所处地区的历史和丰富多彩、变幻无穷的加拿大景观特征。

在实际设计中，“少”和“多”之间存在一个变量的“度”。设计师需要通过对具体环境的考察和对所服务的对象的诸多方面因素的充分了解，才能对这个“度”有一个适当的把握。

（2）协调和对比

在城市景观艺术设计中，通常人们已习惯于“和”的协调，而不大接受具有对峙的“共鸣”式的对比。事实上在某些城市景观环境中运用一定的对比手法，往往可以取得更高层次的协调效果（如图 2–3，图 2–4）。当然，如果不顾对象和环境的性质，一味单纯地强调对比，其结果必然走向反面，最终效果也是可想而知的。

从宏观层面来看，在较大区域乃至整个城市的景观艺术设计中，不同性质的地域自然环境与人工环境之间、道路与节点场地中不同类型的空间之间应该包容若干层次的过渡媒介，决不是生硬粗糙的搭接。城市公共空间的景观艺术设计即是城市景观环境中的一个重要过渡媒介。从微观层面来看，其自身亦是多因素和多层次协调和对比后的产物。作为城市公共性和交流性的发生器，在城市公共空间景观中有效地运用协调和对比的手法至关重要，例如大小空间的穿插组合，地形的有机变化以及造型要素点、线、面的合理运用都直接影响着人的视觉体验。在法国巴黎拉 · 维莱特公园的设计中（见图 2–5，图 2–6，图 2–7），屈米对传统意义上的城市景观环境秩序提出了质疑，而以一种明显“不相关”的方式为基本设计

图 2–3 丹麦哥本哈根街景（一）

图 2–4 丹麦哥本哈根街景（二）

图 2–5 法国巴黎拉 · 维莱特公园（一）

图 2–6 法国巴黎拉 · 维莱特公园（二）

图 2–7 法国巴黎拉 · 维莱特公园（三）

概念——重叠的裂解来建立城市景观环境的新秩序。这种设计概念是对传统的和谐构图与审美原则的反叛和挑战，是具有对峙特征的“共鸣”对比的新尝试。该设计尽管亦由点、线、面三种基本要素构成，但各自都以全新的几何形式布局，最终形成了强烈的交叉与冲突，产生了一种对峙共鸣的视觉效果，其营造的景观环境予人以多种体验和视觉感受，并增加了景观环境的参与性、互动性乃至“保鲜度”。

与环境和谐、协调是城市建设中最常见的问题，亦是视觉美学研究的一个主要课题。简单的协调是对过去的拷贝和重复，同样，过分的协调往往亦不被世人所接受。城市的发展是动态更新的过程，城市应该是新与旧的综合体。因此城市景观环境的和谐与协调更在于尊重城市的内在秩序。在欧洲许多保留完好的古城中，时常可以看到一“新潮”建筑，而这些建筑却普遍被人们认为制造了新的和谐，增加了城市的时空感。其原因在于设计者掌握了城市的本质规律，并在新的设计中遵循城市发展的秩序。有“城市上建造的城市”之称的巴黎，其发展在城市设计史上是最动人的，许多事件不仅引起巴黎人、法国人的关心，而且惊动了全世界，例如早期的艾菲尔铁塔、上世纪中叶后的蓬皮杜艺术中心、罗浮宫的改造等（见图 2-8，图 2-9，图 2-10）。从尊重城市文化生态的角度来看，巴黎这种既有历史感又处于不停变化中的城市才能散发出永恒的魅力。应该说巴黎城是传承历史和创新发展的典范。作为城市建设的组成部分，巴黎的城市景观艺术设计亦秉承同样的理念。例如，巴黎雪铁龙公园的设计在继承并发展欧洲传统园林特色的基础上（见图 2-11，图 2-12，图 2-13），体现了严谨与变化、几何与自然的结合。玻璃大温室公园与沿水渠等距布置的混凝土立方体构成了实与虚的对比，共同限定了公园中心部分的空间，同时又构成了一些小的系列主题花园。设计者通过把传统园林中的一些要素用现代的设计手法重新解释和组合，将欧洲传统园林特色成功地融入现代城

图 2-8　法国巴黎埃菲尔铁塔

图 2-9　法国巴黎蓬皮杜中心

图 2-10　法国巴黎卢浮宫扩建工程

市景观之中，体现了典型的后现代主义设计思想。

事实上，运用适当的手法，无论是“少”与“多”，还是协调与对比，都是城市景观艺术设计对城市景观形象视觉的良性作为。汪裕雄在《审美意象学》一书中认为：合理地对视觉环境进行调节与强化，反映了人对环境的心理平衡的诉求。如同饱受战乱的人渴望和平与安定，处在长期平静和稳定的生活中，人们又追求探险和猎奇。所以在一定程度上可以说，人要求环境张力的紧张，是其在有序而平庸的生活中的自我激励和反抗；人要求环境张力的松弛，是其在无序且忙碌的生活中的自我逃避和养息。在城市景观艺术设计中追求视觉美感，迎合人们的这种多元的精神需求，建立起文化与环境对话的通道。

2. 艺术视野

毋容置疑，城市景观形象作为一种综合空间艺术，它与其它艺术形式之间有着必然的联系。人都有着渴望艺术的心理需求，而设计师更担负着提高大众品味的责任。

现代城市景观从一开始，就从现代艺术中汲取了丰富的形式语言。从现代艺术早期的立体主义、超现实主义、风格派、构成主义，到后来的波普艺术、极简艺术、装置艺术、大地艺术等，每一种艺术思潮和艺术形式都为设计师提供了可借鉴的艺术思想和形式语言。对于寻找能够表达当今时代的科学、技术和人类意识活动的设计形式和语汇素材的设计师来说，

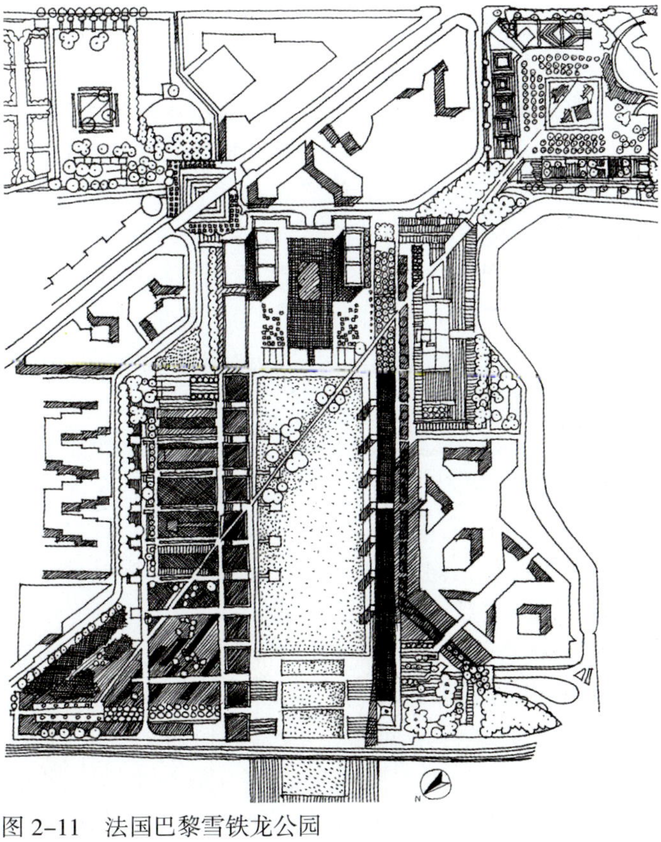

图 2-11　法国巴黎雪铁龙公园

图 2-12　法国巴黎雪铁龙公园

图 2-13　法国巴黎雪铁龙公园

它们无疑是最直接和最丰富的源泉。

（1）直接引入艺术品

将艺术引入城市景观最直接的方法是将艺术品直接摆放到景观环境中去（如图 2–14）。但是不考虑环境因素，简单地将艺术品摆放到城市景观中，并不意味着城市景观艺术设计已上升到“艺术”的高度。单纯的艺术品从架上走入城市环境还有一段距离，一个艺术品要成为公共艺术品，其最大特征就是要具有公共性及参与性，与人们建立共同的认知。与艺术家合作有助于设计师在形式上及概念上将艺术和景观融为一体。例如：在 1935 年唐纳德为建筑师谢梅耶夫设计的名为“本特利树林”的住宅花园，就是和雕塑家亨利 · 摩尔合作的杰作。住宅的餐厅透过玻璃拉门向外延伸至矩形的铺装露台。露台的一侧用墙围起，尽端设置了一个木框架，框住了远处的风景。在木框架附近一侧的基座上，侧卧着亨利 · 摩尔的抽象雕塑，面向无垠的远方（见图 2–15）。

图 2–14　国外景观环境中的雕塑

图 2–15　唐纳德“本特利树林”

（2）艺术的再现

将艺术融入城市景观的主要方法是将艺术的思想和视觉表现力作为理论指导，力求艺术的再现。除了艺术领域中众多流派和思潮为设计师提供了宽泛的设计语言素材外，一些艺术家也直接参与了城市景观艺术设计活动和创造。较早尝试将艺术与景观设计相结合的是艺术家野口勇。这位多才多艺的日裔美国人一直致力于用雕塑的方法塑造室外的土地，把园林景观当作空间的雕塑来打造（如图 2–16，图 2–17）。野口勇是艺术家涉足景观设计的先驱者之一，他的作品激励着更多的艺术家投身城市景观艺术设计创作领域。今天，艺术家参与创作的城市景观作品已比比皆是。亚克伯 · 亚维茨广场是一个被众多平庸建筑所环绕的城市公共空间（见图 2–18，图 2–19），玛沙 · 施瓦茨精心选择了设计要素：长椅、街灯、铺地、栏杆等，以法国巴洛克园林的大花坛为创作原型，并用艺术的手法重新再现这些传统的景观特征。她用绿色木制长椅围绕着广场上 6 个圆球状的草丘卷曲、舞动，产生了类似摩纹花坛的涡卷图案。同时这些坐椅也形成了内向和外向两种不同的休息环境，以适合不同人群的需求。草丘的顶部布置有雾状喷泉，为夏季炎热的广场带来丝丝凉意。广场尺度亲切，为行人和附近工作的职员提供了休息交流的场所，深得公众的喜爱。艺术家直接参与设计的城市景观作品，更多地将对自然的感悟融入设计中，力求表达自然过程的复杂与丰富，充满艺术的活力和绵绵的回味。

图 2–16　野口勇的“中国画”

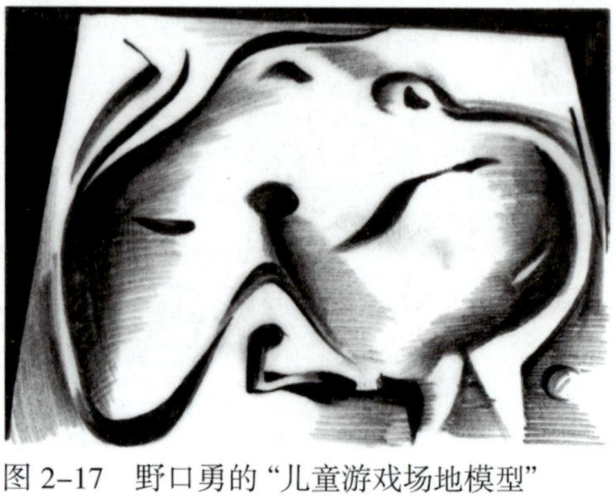
图 2–17　野口勇的“儿童游戏场地模型”

另外，现代城市景观的产生可以说很大程度上是受到现代艺术的巨大冲击，设计者从现代艺术中积极汲取养分，并重新探索“形式”的意义。从现代景观设计师彼得 · 沃克、高伊策等人的作品中都可以看到这种痕迹。而 20 世纪最杰出的造园家之一布雷 · 马克斯更是将现代艺术在景观中的运

用发挥得淋漓尽致。他把景观视为艺术，从他所设计作品的平面图可以看到，其形式语言大多来自于米罗和阿普的超现实主义，同时也受到立体主义的深刻影响。他创造了适合巴西气候特点和植物材料的风格，开辟了城市景观艺术设计的新天地，并与巴西的现代建筑运动相呼应。他的成功源自大胆的想象力和作为画家对形式和色彩敏锐而正确的把握，以及作为园艺爱好者对植物的熟稔。他常用的设计语言——曲线花床、马赛克地面被广泛传播，其作品在世界范围内都有着重要的影响(如图 2-20，图 2-21)。

由此可见，艺术对城市景观形象具有举足轻重的作用。艺术的思想与表现形式及手段使城市景观艺术设计的理念和手法更加丰富。当然城市景观艺术设计与纯艺术不同的是，前者面临更为复杂的社会问题和使用问题。设计师在把艺术享受带给人们的同时，不能无视这些严肃的问题而沉浸在自我陶醉的艺术天地之中。

(3)文化价值

城市景观形象作为一种社会公共形象，应该体现社会对文化的追求和公众共同的文化价值观。城市景观形象的文化价值表现在设计的人文性和文脉性。城市景观艺术设计只有正确把握和理解历史文化和社会发展才可能得到公众的认同。因此，城市景观艺术设计具有“三极”，其中“第一极”是实用功能，“第二极”是艺术形式，“第三极”则是文化内涵。这“三极”相互作用，相互联系，缺一不可。

现代人的精神困惑，很大程度上是源自于传统文化的破碎与断裂。一夜之间，无论大大小小的城市都现代摩登起来，到处是高楼大厦、玻璃幕墙、立交桥……人们遗忘了城市的文化，城市景观艺术设计陷入空间与平面形式的游戏。城市景观形象变得千篇一律，失去了自己的个性。可见一味的标新立异，不把对社会发展的关注纳入设计主题，城市景观形象的趋同和城市地域特色的丧失是在所难免的。

因此理解城市景观艺术设计的社会环境，尊重人类文化，是提升城市景观形象的文化价值的前提，而充分发挥历史文化传统，继承和拓展传统设计的思想和语言是一个重要途径。例如中国传统的园林艺术是世界景观设计艺术中最丰盛的历史遗产之一，它不仅综合了中国的多种传统艺术形式的精髓，如山水画、书法、建筑、雕塑、植物学、园艺等等，而且集中反映了中国的传统哲学思想。尽管中国传统园林广为人知，但是其设计理论和美学基础并未得到充分的研究、深入的探讨，以及良好的传承。可以看到，中国传统园林中有着许多优秀的思想、设计方法和至今仍然适用的传统技术手段，以及体现“人”的精神需求的观念和形式。当然对传统的理解和传承不能仅仅停留在表层结构即表面的形式处理上，应从深层结构上、从意象和隐喻上来发掘更深邃的内涵，从而建构今天

图 2-18　亚克伯 · 亚维茨广场
[引自王向荣，林箐 . 西方现代景观设计的理论与实践 . 中国建筑工业出版社，2002：249]

图 2-19　亚克伯 · 亚维茨广场
[引自王向荣，林箐 . 西方现代景观设计的理论与实践 . 中国建筑工业出版社，2002：250]

图 2-20　达 · 拉格阿医院庭院
[引自王向荣，林箐 . 西方现代景观设计的理论与实践 . 中国建筑工业出版社，2002：112]

图 2-21　布雷设计作品
[引自王向荣，林箐 . 西方现代景观设计的理论与实践 . 中国建筑工业出版社，2002：116]

图 2-22 苏州网师园（一）

图 2-23 苏州网师园（二）

图 2-24 苏州网师园（三）

新的城市景观形象，实现城市景观艺术设计的“第三极”（如图 2-22，图 2-23，图 2-24）。

文化是一种历史的积淀，但并非遥不可及，城市发展历史中的房子、街墙、路灯、植物、场景、路砖都是代表着一个个不同历史时期的文化符号。那随自然高差而铺就的青石板，那暴露着根系的樟树，那深深刻着井绳印记的井圈，还有缺了角的条石坐凳等都是文化情感的载体（如图 2-25，图 2-26）。这些场景是人们与自然交流的沉积物，人们对其具有普遍的认同感和亲和力。由设计师拉兹设计的萨尔布吕肯市的港口岛公园就是讲述历史故事的一个典型例子（见图 2-27，图 2-28）。该设计采用对场地原有特征干预最小的设计方法，码头上重要的遗迹均得以保留，工业“废墟”经过处理并被很好地利用，充分尊重了原有场地的景观特征。在这里，历史与现实完美地交织在一起，战争留下的碎石瓦砾亦成为花园不可分割的组成部分，它们与自然的野生植物、朴实的干石墙、新的砖红色广场、欢快的落水声相交融；在这里，通过设计师极富想象力的设计，这里已经由一块破碎荒凉的土地变成了一个具有叙事特征、文化内涵丰富且充满勃勃生机的城市景观环境。联合银行喷泉广场设计也是景观与都市环境和历史相结合的例子（见图 2-29，图 2-30）。设计者丹 · 凯利也是一位融古典、现代和本土元素为一体的设计师。他不像早期的“大地艺术家”那样逃避都市文化，而是更接近现实生活。他常以不加任何修饰的简洁形式，融合了现代城市空间迭加、流动的特征与欧洲古典园林轴线和几何关系的要素，以唤起人们对历史与现代社会的思索。凯利在该广场上建立了两个相互重叠的 5m × 5m 的网格，在网格的交叉点上分别布置了落

图 2-25 负载历史的场景（一）

图 2-26 负载历史的场景（二）

叶杉树和喷泉池，重新解构了欧洲古典传统园林几何元素，从传统园林中寻找设计语言，增加设计的时空感，使城市景观环境成为历史、现在和未来的连续体。

（4）含义的表述

吴家骅在《景观形态学》一书中谈到，景观的含义来自对风景的观察，然而这一观察包含着强烈的精神因素。在中国传统园林艺术中，不包含情感的风景是没有任何存在价值的，因为意境的产生由风景和情感两方面共同决定，而意境乃是园林艺术的根本目的所在。客观世界中的一切美好事物，如那些绚烂的花朵、皎洁的月光和皑皑的白雪就如同那些古已有之的词句，须经诗人妙手拈来才成佳句绝唱。同样城市景观形象也不仅仅是栽花种树、堆山凿池，而是运用心灵的智慧与情感，通过展示风景，体现人对待生命的态度和渴望。城市景观形象不应仅停留在一种现实的使用价值上，它应该是一种具有象征意义的文化符号。例如日本的茶道推崇简朴、

图 2-27　拉兹　港口岛公园

图 2-28　拉兹　港口岛公园

图 2-29　丹 · 凯利　达格斯联合银行(喷泉广场)

图 2-30　丹 · 凯利　达格斯联合银行(喷泉广场)

优雅，而禅宗注重静修、朴素，这些思想都常常体现在日本的现代城市景观艺术设计之中(如图 2-31，图 2-32)。日本设计师普遍认为景观的美主要靠其整体的比例协调、完整以及穿透其间的精神与气质，而不是靠表面的装饰。禅宗法师兼景观设计师枡野俊明认为“景观是一种特殊的精神场所，是心灵的栖息地”，其观点在趋町会馆环境设计中得以充分的体现(见图 2-33，图 2-34)。该设计中位于首层的瀑布花园把流水的宁静、清新和悦耳融为一体，水和植物和谐交融，让人静静地沉浸于对空间意义的冥想之中，层层叠叠的树枝以及一组组的石头进一步预示着空间的无尽延伸。这就形成了自然与人工的深度交融，这种交融是对自然的提炼和升华。自然的形与象可谓似是而非，激起了人们的思考联想，表达了对于景物的深刻感悟。整个设计充分反映了日本民族独有的精神和气质，凝练了自然景观特征，创造了自然的境界，与枯山水有异曲同工之妙。

又如，1990 年建成的日裔美籍人历史广场是穆拉色的代表作(见图 2-35)，是一个向二战期间被囚禁的 11 万日裔美

图 2-32　地面层庭院　日本东京六本目综合体

图 2-31　地面层庭院　日本东京六本目综合体

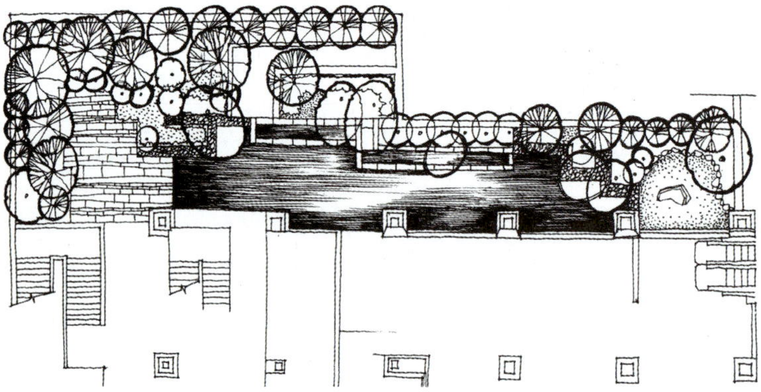

图 2-33　枡野俊明　趋町会馆

图 2-34　枡野俊明　趋町会馆

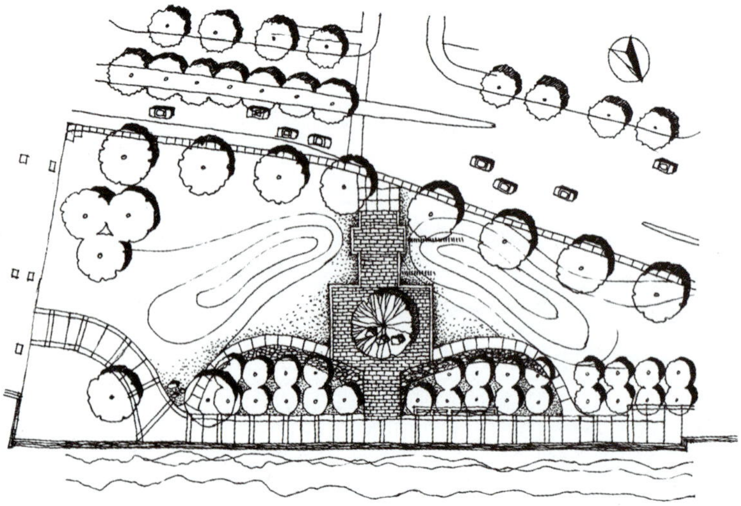

图 2-35　穆拉色　日裔美籍人纪念园

籍人道歉的纪念园。园中用玄武岩铺装成弯曲的小路，曲线的花岗岩挡土墙倾斜于小路一侧，园中和挡土墙上散置的一些巨石引导着人们走进日裔美籍人的移民世界，巨石上分别刻着日本诗词和当年用于囚禁日裔美籍人的10个集中营的分布图以及美国总统与国会的道歉咨文。穆拉色对石材精妙的运用，暗示了历史的沉重，同时警示后人不要让悲剧重演。这是一个将景观、雕塑和文学融为一体，充满含义的纪念园。

在景观含义的运用方面，英国景观设计师杰里科和美国景观设计师哈普林也是值得称道的。杰里科设计的肯尼迪总统纪念园位于兰尼米德一块可以北眺泰晤士河的坡地上（见图2-36）。用一条小石块铺砌的小路蜿蜒穿过一片自然生长的树林，引导参观者到达位于山腰的长方形纪念碑。这一设计处理使参观者在心理上体验了一段长远而伟大的里程，象征着一个人的一生，从而感受到物质世界无法看到的深层含义。作为整个景观视觉焦点的纪念碑和谐地处于英国乡村风景中，如同永恒的精神，给游人以无穷遐想。游人经过一片开阔的草地，可踏着一条规整的小路到达供人坐下冥思的石凳前，在这里可以俯瞰泰晤士河和绿色的原野，这是设计者用于表达未来和希望的设计手法。设计者希望参观者能够通过内心活动来进一步理解这朴实的景观，以增加景观的互动性和参与性。

位于美国首都华盛顿的罗斯福总统纪念园经过了激烈的设计角逐并于1997年建成开放（见图2-37）。设计师哈普林的最终设计与先前的方案大为不同。这里没有一个高大的统领全局的地标性物体，而是由石墙、瀑布、树林、花和灌木组成低矮景观。其设计是水平展开而非垂直生长的，是开放而非封闭的，是一个述说故事并鼓励参与的纪念园。这个设计以一系列花岗岩墙体、喷泉跌水和植物创造出四个室外空间，暗示着罗斯福总统的四个时期和他宣扬的四种自由，并以雕塑表现每个时期的重要事件，用岩石与水的变化来烘托各个时期的社会气氛。该设计注重与周围环境融为一体，在表达纪念性的同时，为参观者提供了一个亲切而轻松的游赏和休息环境，体现了一种民主的思想。

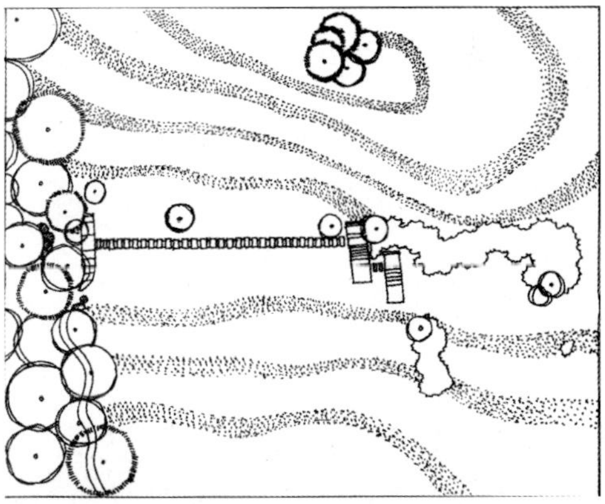

图2-36　杰里科　肯尼迪总统纪念园

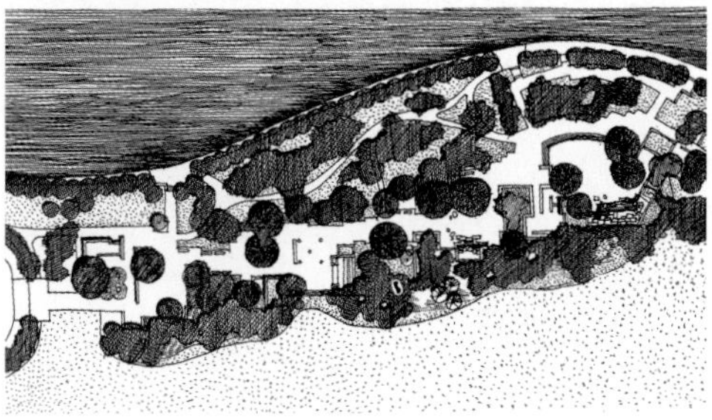

图2-37　哈普林　罗斯福总统纪念园

3. 对人的行为支持

美国设计家普罗斯认为：“人们总认为设计有三维：美学、技术和经济，然而更重要的是第四维：人性。”城市景观形象中人性化因素的注入，是使用者为满足自身心理上更多的人性关怀需要而对设计提出的内在要求。“人性化”设计不仅是一个具体的技术问题，更体现了一种设计理念，当是设计师应有的社会责任。

当城市景观环境与人类行为相联系时，它便作为人性场所而存在，并体现对行为支持的功能。场所对人的行为支持是城市景观艺术设计“人性化”的表现。

（1）场所的行为支持

环境行为是指人在环境的影响下所引起的生理及心理的反应与变化，包括外显的活动与内在的情感、态度、认知等。环境行为学认为环境将影响人的行为，人接触环境所产生的行为活动亦会影响环境本身并改变环境。

人的行为是在实质环境中发生的。一般认为，特定的空间形式、要素布局和形象特征会吸引和诱导特有的功能、用途和活动，而人的心理及行为亦趋向于寻找最能满足其要求的空间环境。因此，只有将不同的行为安排在最符合其功能需求的合适场所，才能创造出良好的城市景观形象，这样的城市景观环境才具有场所意义（如图 2-38，图 2-39，图 2-40，图 2-41，图 2-42）。

城市的公共空间是城市的重要组成部分和活力所在，因此城市景观艺术设计中人的行为支持研究，尤其是人在城市公共空间中的行为活动研究，是一个十分值得关注的重要问题。国外学者把能够满足人的各种需求的城市景观艺术设计称为行为支持的城市景观艺术设计。

前几年在我国兴起了一股广场建设热，许多广场设计一味追求平面形态的视觉景观效果，大多为几乎没有一棵树木的大片绿色草坪，显得空旷无垠，毫无空间层次感，更缺少人

图 2-38　高伊策　舒乌伯格广场

［引自王向荣，林箐．西方现代景观设计的理论与实践．中国建筑工业出版社，2002：270］

图 2-40　约翰妮 · 罗佩　曼斯基“地图石”

图 2-41　上海延中绿地

图 2-39　普里迪克　北星公园

图 2-42　上海长宁灵石绿地

图 2-43　空旷无垠的广场

性尺度的空间形态。同时使用者亦无法进入广场空间，“中看不中用”，使其成了城市中的“大盆景”，失去了广场意义。另外一些广场缺少相应的活动设施，缺少遮阳的环境，广场变得无人问津（如图 2-43，图 2-44）。

因此，场所的行为支持不仅要求城市公共空间为人们提供合适的步行空间、休憩空间等多种空间形式，而且要设置满足这些活动的相关设施，以及充分考虑其它景观艺术设计要素对行为活动的调适作用。例如，高分贝的环境噪声、被污染的空气以及川流不息的人流、车流会对城市环境中人的行为产生不利影响，而绿色植物簇拥的公共空间具有舒适幽雅的环境氛围，则为人们送上几许轻松、温馨，成为城市中的“一方净土”和“世外桃源”（如图 2-45，图 2-46，图 2-47）。又如瓦格纳滨河公园在不算太大的场地内为人们提供了不同类

图 2-44　烈日下的广场

图 2-45　水庭院
［引自王向荣，林箐．西方现代景观设计的理论与实践．中国建筑工业出版社，2002：103］

图 2-46　澳洲悉尼海德公园

图 2-47　澳洲悉尼海德公园

图 2–48 瓦格纳 滨河绿化

图 2–49 瓦格纳 滨河绿化

图 2–50 瓦格纳 滨河绿化

图 2–51 上海延中绿地(一)

型的空间景观和体验(见图 2–48,图 2–49,图 2–50)。该公园以一条正对自由女神像的轴线为主线;中央绿地东西两边的常绿园林作下沉处理起到防风墙的作用;中央大草坪和花岗石阶梯提供了良好的公众聚会场所。花园、草地、广场、亭榭和平台将瓦格纳公园与市中心连接得天衣无缝,使瓦格纳公园成为纽约城市空间的一个自然延伸,从公园里可以欣赏到美丽的海景。

在对荷兰住宅区中人们喜爱的逗留区域进行的一项研究中,心理学家德克 · 德 · 琼治提出了边缘效应理论。他指出:森林、海滩、树丛、林中空地等的边缘都是人们喜爱的逗留区域,尤其是开敞空间的边缘更倍受人们喜欢。[2]在城市公共空间中可以观察到这种现象(如图 2–51)。人们往往喜欢在一个空间与另一空间的过渡区逗留,因为在那里同时可以看到两个空间的活动情形。这些空间为人的多种活动提供着行为支持。

边缘区域在城市景观环境的空间使用上之所以受到青睐,爱德华 · T. 霍尔的观点一语道破天机。他认为,处于森林的边缘或背靠建筑物的立面有助于个人或团体与他人保持距离,是一种出于安全的心理要求。[3]同样 C. 亚历山大在他的《建筑模式语言》一书中,总结了有关公共空间中边缘效应和边界区域的经验:"如果边界不复存在,那么空间就决不会富有生气。"[4]因此,各种类型公共空间之间应该设有和缓、流畅的过渡区域,同时,场地分界线不能过于生硬以致阻碍与外界的接触。在实际运用中,过渡空间不一定是清晰明确的,柔性边界作为一种既非完全私密、又非完全公共的区域,也是很好的过渡空间形式,常常起到承转连接的作用。例如,在伯纳特公园和罗斯福纪念园的设计中,就可以发现一些颇具匠心的空间过渡区域。其合理的设置,为人的行为提供了多种支持。由此可见,在城市景观艺术设计中,有意识地组织具有边缘效应特征的空间是很有必要的。

城市景观具有连续性特点,城市景观艺术设计除了实质环境设计之外,更是一个城市文化氛围的设计。人的活动、时间改变、季节转换,乃至云彩、植物色叶的变化都是城市景观环境的构成部分,其中最重要的是人的活动以及参与。研究这种活动参与并非只是为了单纯地、消极地利用城市公共空间环境,而是积极地开拓和发掘城市景观形象的内涵。实质环境既可以为人们的行为提供支持,而行为支持的另一个来源即是行为本身。荷兰建筑师克林格瑞认为这是"一加一至少等于三"的事,也就是说活动为更多的活动提供支持。

(2)城市公共空间中人的基本行为及相关支持

① 城市公共空间中人的基本行为

根据扬 · 盖尔的户外空间理论,户外活动可以划分为三种类型:必要性活动、自发性活动和社会性活动。每一种活动类型对于物质环境的要求都大不相同。[5]必要性活动主要指上学、上班、购物、等人、候车等活动，环境对这类活动的发生和进行影响不大。自发性活动是指人们散步、驻足、小憩、玩耍等活动，这类活动有赖于外部物质条件的支持。社会性活动指的是发生在城市公共空间中依赖于他人参与的各种活动，如互相招呼、交谈、儿童游戏等公共活动，以及包括仅以视听来感受他人的被动式接触。

研究发现，行为支持及物质环境不足时可以阻碍甚至扼杀可能发生的活动；相反，充足的行为支持及良好的物质环境可以为更广泛活动的产生创造条件。

② 城市公共空间中步行环境下场所的相关行为支持

以下结合自发性活动和社会性活动的特点，分析在城市公共空间中步行环境下场所的相关行为支持。

A. "散步" 的行为支持　人对公共空间中的散步空间需求不同于日常的步行要求。散步活动往往和欣赏美景等其他活动结合在一起。例如伯奈特公园采用网状主路与 45 度斜交次路相叠合的布局结构，并通过由方形小水池拼成的长方形水池带穿插在"米" 字形图案中，形成了一种紧凑而有序的空间结构。道路与草坪外围东、西、北三侧为由长方形、圆形种植坛组成的临街休息带，最外侧为行列式种植的乔木。长方形种植坛的大小与排列间距均与道路和草坪的排列方式与大小相呼应，为人们提供了丰富的空间体验，同时又有足够的回旋余地，较好地解决了与外侧城市道路及散步道的关系。设计师在公园中设计了方便的步道、平展的草坪、遮荫乔木、水池带、长条凳及台阶供人们坐憩、平躺和玩耍。作为一个现代城市公园，伯奈特公园是以绿地为主的、为人们提供放松与接触自然的机会的城市公共空间（见图 2-52，图 2-53）。

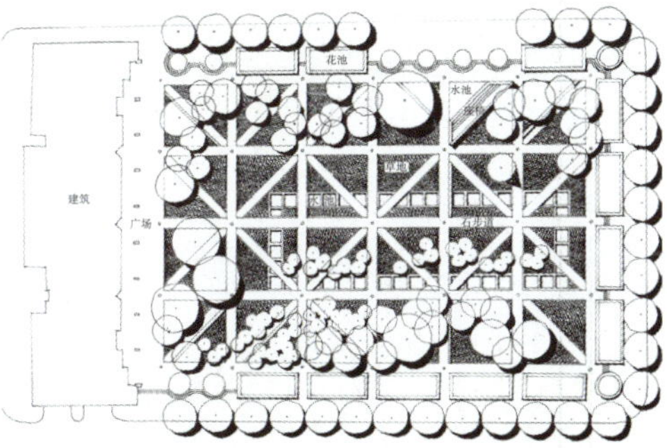

图 2-52　彼得 · 沃克　伯奈特公园平面

图 2-53　彼得 · 沃克　伯奈特公园
［引自王向荣，林箐 . 西方现代景观设计的理论与实践 . 中国建筑工业出版社，2002：232］

公共空间中的步行线路是很重要的。因为当散步路程一览无遗时，步行就会索然无味。[6]在具体设计中，联系两个主要场所之间的步行道应遵循短捷的原则，设置最直接的道路且明显而便于识别。主要步行道应该平缓而适于人的行走，而其它小径则可以采用适当的粗糙质感的路面材料铺装及设置一定的高差变化（如图 2-54，图 2-55）。因为蜿蜒或富于

图 2-55　林空公园景观绿地

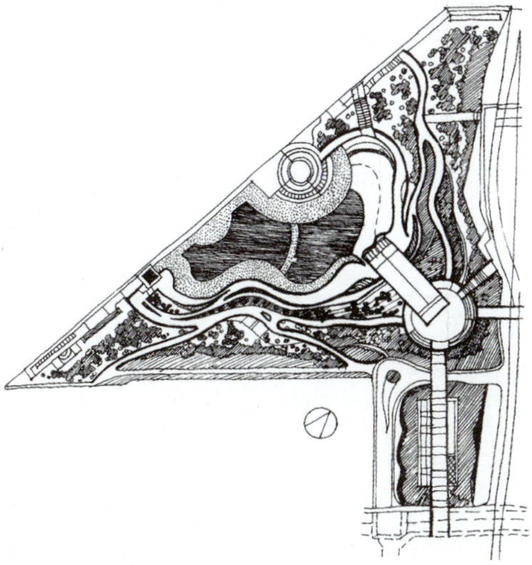

图 2-54　林空公园景观绿地平面图

图 2-56　上海延中绿地(二)

图 2-57　上海延中绿地(三)

图 2-58　上海延中绿地(四)

图 2-59　上海延中绿地(五)

变化的散步道将使步行活动变得更加富有情趣,并产生“曲径通幽”的意境(如图 2-56,图 2-57)。当散步道有高差变化的时候,应同时设置有平行于台步的坡道,或直接使用平缓的坡道,满足通用设计的要求。

一般说来,散步道比较狭窄,可以充分利用边缘效应在散步道的周围安排适当大小的空间(如图 2-58,图 2-59),并强化变幻而连续的空间尺度对比效果,既满足人们对空间多样化的需求,又给人们提供足够的休息场所。

在城市中较大的开阔公共空间周边设置散步道同样具有很高的实用价值。因为当人们围绕大空间四周散步时,“边缘效应”同样发挥着作用。在许多城市公共空间的设计实践中,都有散步道沿大空间边界布置的实例。散步在开阔空间边缘,有树林、矮墙或拱廊等空间围合的支持物时,人们能感受到空间的亲切宜人,同时具有开阔的视野和欣赏大空间景观的良好角度,既可以体验到大空间的尺度,又保证了人对安全感的需求。

B.“休憩”的行为支持　人们在选择停留地点时,往往会选择在凹处、转角、入口或者靠近树木、小品之类可依靠物体的地方,它们在小尺度上限定了休息场所,满足了人们对领域感的需求。[7]这些地方为人较长时间的逗留提供了明显的行为支持(如图 2-60,图 2-61)。

城市公共空间中的休憩活动常常伴随着其他活动,如小吃、阅读、打盹、编织、下棋、晒太阳、看人、交谈等等。良好的坐椅布局与设计既是城市公共空间中产生和组织富有吸引力活动的前提,亦是为“休憩”行为提供支持的基础条件。[8]由此可见,倘若要改善一个城市公共空间的质量,有效的做法之一就是创造更多、更好的条件使人们能安坐下来,当然亦不是盲目地增加坐椅的数量。座位的布局必须在通盘考虑场地的功能基础上进行。常见的影响坐椅布置的因素有:小坐与驻足停留一类的活动需求基本上是相同的,朝向与视野对于座位的选择也起着重要的作用,边缘效应促使沿场地四周和空间边界的坐椅比处在空间当中的坐椅更受欢迎[9](如图 2-62,图 2-63)。

除了基本座位以外,如台阶、植坛、矮墙等空间中的其他构件设计时应考虑其作为辅助座位的作用。例如美国波特兰先锋法庭广场是一个多功能的城市公共空间,设计者将广场空间划分成多个区域,为各种类型的使用人群提供不同的选择。人们在这里既可以小憩、会友,又可以浏览观光和享受生活。如广场的边缘有多种可供依靠的柱子,还有坐椅和台阶等,为许多“休憩”行为提供了支持。又如一个弧形的坡道和台阶联系着两个不同标高的平面,并成为最受欢迎的静态活动区域,因为它在满足人们的多功能需求以外,还可作为极佳的观景点,并且坡道和台阶的组合本身便产生了有趣的空间效果(如图 2-64,图 2-65)。

C.“观看”的行为支持　凯文·林奇认为“人们有对广阔空间的向往的需求”。目前多数城市特别是中心城区,其拥挤程度已经接近极限,人们的视野越来越狭窄和局促。因此在城市公共空间中对“观看”的行为支持成为设计的重要方面。

居高临下常常会获得良好的视野,因此在城市公共空间中设置适当的“高”地形是很有必要的。一般认为,观看的可能性需要一个良好的视野,保证视线不受干扰,就如同在剧院及电影院,观众席常常被设计成阶梯状。[10]这种形式可以借鉴到城市公共空间的景观艺术设计中来。例如美国辛辛那提滨河公园的设计就将这一方式以最完美的形式体现出来(见

图 2-60　澳洲悉尼海德公园

图 2-61　青岛海滨林荫道

图 2-62　澳洲悉尼新南威尔士博物馆前绿地

图 2-63　澳洲悉尼 cook+Philip　Park

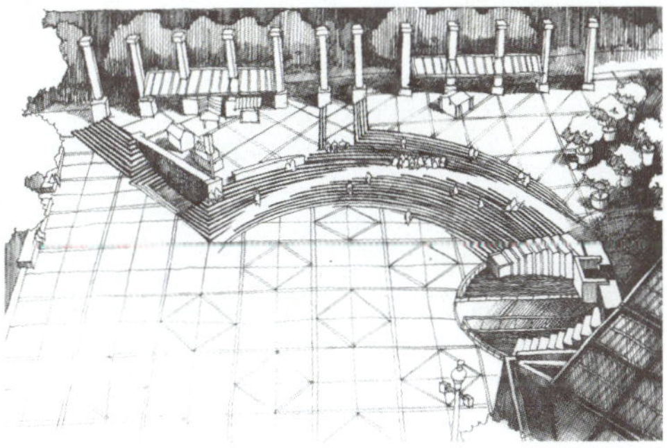

图 2-64　先锋法庭广场(一)

图 2-65　先锋法庭广场(二)

图 2–66　辛辛那提滨河公园

图 2–67　起伏的草坪　美国 UC　DAVIC 校园

图 2–68　青岛海滨浴场

图 2–69　哈普林　西雅图高速路公园

图 2–66）。该公园位于防洪堤上，设计者巧妙地将防洪堤和曲线型看台完美地结合，高处的曲线看台是人们停留和小坐的地方，为观看提供了有利条件，在抵御洪水的同时成为人们观赏对岸风景和俄亥俄河来往船只的绝佳场所。

另外，具有适度且可感受到的地形变化的景观，比那些完全平坦的景观更具视觉吸引力（如图 2–67）。因地形变化而产生对人行为支持的优势在于：通过地形的处理，使不同类型的空间借助地形变化得以自然分隔，原本较大的场地可变成多个具有人性尺度的空间场所。例如由于地形的变化，上部的空间拥有居高临下的有利位置，舒适地斜靠在矮墙或栏杆之类的支持物上，向下观望人群和风景对人来讲是一种极大的心理满足（如图 2–68）。[11]设计师应该根据人们不同的心理需要，运用适当的地形处理来营造对“观看”的行为支持。

D.“聆听”的行为支持　身处现代化的城市中，人们厌烦汽车的噪声，渴望能更多地听到自然界的声音，例如水流声、鸟鸣等。水流的声音确实对减轻人们的紧张情绪有着不可忽视的作用。因此当条件允许时，城市公共空间应该设置不同方式的水体。

例如美国西雅图高速公路公园，设计者充分利用地形，使用了巨大的混凝土构筑物和跌水，将车辆交通带来的噪声淹没于水声之中，让人感觉如同身处于峡谷。流水、地形和休息设施的有机处理，改善了人们的视听环境，缓解了高速公路对城市气氛的破坏（见图 2–69），从而为“聆听”行为提供了支持。

重视场所观念，就要有意识地运用行为因素，根据人的需求、行为规律、活动特点等以人为中心进行城市景观艺术设计构思。如没有对人的各种相应的行为支持，就不可能营造具有活力的城市公共空间。

二、城市景观形象设计两个发展阶段和当前“城市美化运动”的误区

1. 城市景观形象设计两个发展阶段的特点

城市景观形象是一个城市的社会文化氛围、物质形体空间及其所形成的运作机制的一种综合空间艺术的表现。

在历史上，城市景观形象的设计大体经历了两个阶段。若以时间的进程划分，可以以 20 世纪 50 年代为界进行分析。第一阶段是 50 年代以前，其特点是单纯重视城市形体空间的设计，简单地追求城市的视觉美和构造城市客体形象，严重忽略城市主体——人的经验和感受，导致城市景观形象设计陷入一种逻辑与抽象的境地，工具化而过于理性，机械地生成城市景观，产生了大量简单乏味、缺乏个性意味的城市形象。第

二阶段为50年代以后,其设计理论建立在“以人为本”理念的基础上,从设计内容到实质发生了根本性的变化,不单纯地把城市作为一个聚落空间——物质的存在,而是运用场所精神的设计思想,把人对城市的认知和感受作为城市景观形象设计的基础。这个阶段,城市景观形象设计不仅关注城市物质空间环境的设计,更关注人的需要,并充分挖掘及凝练城市的历史文化,使之外显于城市景观形象。其特点是强调整体性与系统性,强调城市整体形象的设计,以满足人的心理、生理、行为规范诸方面的需求为设计目的,追求舒适和有人情味的空间环境,力图把城市设计成受市民欢迎的城市,同时把市民心中良好的城市意象以客观形式反映出来。

城市景观形象设计的两个不同阶段充分显现了从单一化向多元化发展的趋势。可以看到在这个过程中,城市景观形象的设计思想与理念发生了根本的转变,城市景观形象从单一机械追求表面的城市视觉形象转向创造以满足“人”的多元需求为基础的、整体而系统、具有内涵的城市外在视觉表现。

2. 当前“城市美化运动”的误区

城市是历史与现实两个不同时空的复杂交织体。在纵向上,城市景观形象设计应尊重历史,而在横向上,城市景观形象应尊重现实和自然。城市景观形象设计的终极目的是在人对环境的感受和行为间建立起最大限度的认同。

柯林 · 罗在《拼贴城市》中说到,“城市是一个博物馆”,通过对城市自身及其展品这一对关系的剖析,表现城市不仅可以容纳新的东西,还能容纳旧的东西,即新与旧的共存,历史与现实的共生。因此,城市在每个历史时期都会在城市中留下记忆,共同构成现实中的城市物质环境。可见城市的更新发展应当是一个持续的、不间断的发展过程。

然而随着城市化步伐的不断迈进和城市化程度的不断提高,在许多城市出现“城市病”的同时,城市景观形象作为城市物质实体的基本表现陷入了“城市美化运动”(City Beautiful Movement)的泥潭。这一运动的根源实际上可以追溯到欧洲16 ~ 19世纪的巴洛克城市设计,经典的例子包括拿破仑三世的巴黎重建和维也纳的环城景观带。而它作为一种城市规划和设计思潮,则发源于1893年在美国举办的芝加哥世博会。“城市美化运动”强调规则、几何、古典和唯美主义,尤其强调把这种城市的规整化和形象设计作为改善城市物质环境和提高社会秩序及道德水平的主要途径。然而,实际上“城市美化”往往被城市建设决策者、开发商和规划师的各种利己的欲望所偷换,以机械的形式美为主要目标来进行城市中心地带大型项目的改造和兴建。而中国近年来的城市景观形象设计亦不例外。其呈现出城市美化运动的典型特征是:唯视觉的美而设计,为

图 2-70　“突变”式街区改造鸟瞰

图 2-71　“突变”式街区改造街景

图 2-72　“假树”

图 2-73　“假花”

参观者而美化，以城市建设决策者或设计者的审美取向为美。具体反映在：景观大道、城市广场、城市河道“美化”、为美化而兴建公园、以展示为目的的居住区美化、灯光工程、雕塑公园等等。《新周刊》2000 年第 6 期在专题中曾报道中国城市在世纪之交的“十大败笔”——“强暴旧城”、“疯狂克隆”、“胡乱标志”、“攀高比傻”、“盲目国际化”、“窒息环境”、“乱抢风头”、“永远‘塞车’”、“假古董当道”、“跟人较劲”……尽管语言有些戏谑，但真实地切中时弊。尽管已被视为中国城市化过程中的诟病，但上述这些现象仍然存在。可将这些现象归纳为以下几个方面：

（1）“三化”

即城市景观形象呈同质化、理性化、工具化趋势。城市景观形象普遍缺乏地域性特征及文化内涵，其中“求大”、“崇洋”、“抄袭”是其基本视觉特点。产生这种现象的根本原因主要是缺乏对历史的尊重，无视城市景观形象设计的历史性，在设计观念、形式美感、材料、加工等诸方面都不反映历史背景，追逐“突变”的景观。或通过对城市实体环境大规模的“粗暴”改造，或通过对城市实体进行“化妆”等方法，以求得表面景观的改变，强调简单的视觉秩序，追求宏伟、壮观的美学效果（如图 2-70，图 2-71）。

（2）“假”

即城市景观建设中“假花”、“假树”、“假景”遍地开花，缺乏真实感，缺乏参与性，背离了公众共同的社会价值（如图 2-72，图 2-73）。以“假”为美，且成为一种时尚，例如国内北方城市中海南的椰子树、江南的俏梅花、火红的枫林、造型夸张的仙人掌……竞相展示，可谓登峰造极。到处作“假”，颠覆了地域与物种的关系。有了“绿色”，并非已步入“绿色生活”。这种做法其实是舍本逐末。

（3）“乱”

即城市景观呈现商业化的现象，并陷入无序、迷乱的情形之中。在这个“眼球经济”的消费时代，吸引注意力成了设计中的焦点。建筑和城市被彻底商品化。城市中充斥着卡通式的符号，尺度空前混乱，大小广告成灾，并与建筑相抗衡，巨大广告成为城市的“遮羞布”。尽管后现代建筑引入象征主义和消费文化景观，以象征代替现实，强调表里分离，使城市景观充满着幻觉，但后现代建筑的鼻祖文丘里始终认为建筑的外貌应“切题”，即其视觉象征要契合建筑的功能——熟识性、明确性和启示性，而非一个简单的“乱”字（如图 2-74，图 2-75）。

（4）“光污染”

即城市及城市上空的夜晚变得光怪陆离，花里胡哨。到处在搞“亮化工程”，城市的夜空如同白昼，让人无所适从。尽管我们的城市曾经历过一个漆黑寂寞的时期，但是“粗放型”的所谓“亮化工程”，并不能高效地利用有限的资源、科学地解决照明问题，或者寻求人工环境与自然环境的和谐，因此终将被人们所唾弃。城市的照明设计作为一个重要的景观设计要素应成为实现“可持续发展”理念的途径、“以人为本”思想的有效载体和传递人类真实情感的媒介，起到提升城市景观形象品质和丰富城市景观文化内涵的重要作用（如图 2–76，图 2–77）。

反思当前“城市美化运动”的误区和总结其中的种种不当现象和行为，并非在于图一时痛快，为批判而批判，而在于从中吸取教训，尊重历史、尊重现实、尊重自然、尊重城市、尊重人，营造具有可持续发展、“人性化”特征的城市景观形象。

三、城市景观艺术设计对城市景观形象建构的作用和影响

中国正处在不断城市化的阶段，变革、整合城市功能，尤其是重塑城市形象迫在眉睫。然而目前在中国城市的发展与更新中，因缺乏整体、系统、统筹的思考和必要的联系和协调，无法创造出完整的、富有个性特征的、可持续的城市景观形象。

城市景观艺术所涉及的范围广泛，可谓协调各门类艺术的综合体。城市景观艺术设计所涉及的空间范围契合人的活动范围，因此，城市景观形象将是城市景观艺术设计所涉及的部分工作。具体说来，城市景观形象是基于城市建设中关于物质环境规划层面上的城市的外在表现，城市景观形象的最终实现离不开人的感知。而城市景观形象的感知如同其他知觉现象是一种潜在的运动意识，需要通过视觉、听觉、触觉、嗅觉等人的各种感觉器官感受后，经过人的大脑整理并融合感官感受的记忆及经验，最终合成具有“意义”的、“综合”的认知。前文提及，环境感知中视觉信息约占全部感知信息总量的 85%，由此可见，人对城市景观形象直接的视觉感受与体验将成为城市景观形象建构的重要基础。可见城市景观形象设计其核心和目标是在城市景观环境的艺术化设计基础上，为城市中的主体“人”设计新鲜而多样的经验。

城市是物质的，更是精神的。在城市景观形象的建构中，以综合艺术为手段的城市景观艺术设计，因其各学科交叉的特点、系统性和整体性的解决方法及“科学 + 艺术”的独特视角，凸现了城市景观形象所应具有的历史性、客观性和参与性的特点，充分显现了其重要的作用和影响。城市景观艺术设计作为一个新兴的、交叉型的艺术学科，融合了城市设计、城市规划、建筑学、园林设计、社会学、心理学、美学和生态学等学科的成熟经验，其以艺术的视野，从系统、整体的角度，正在解决城市发展和建设中城市景观形象创造过程中的问题，并

图 2–74　迷乱的街景

图 2–75　与建筑“争辉”的广告

图 2–76　媚俗的城市夜空

图 2–77　虚假的夜景

越来越显现其重要的作用。

注释：

[1] [日]芦原义信著；尹培桐译．外部空间设计．北京：中国建筑工业出版社．1985：30

[2] [丹麦]扬 · 盖尔著；何人可译．交往与空间．北京：中国建筑工业出版社，2002：153

[3] [丹麦]扬 · 盖尔著；何人可译．交往与空间．北京：中国建筑工业出版社，2002：153

[4] [丹麦]扬 · 盖尔著；何人可译．交往与空间．北京：中国建筑工业出版社，2002：154

[5] [丹麦]扬 · 盖尔著；何人可译．交往与空间．北京：中国建筑工业出版社，2002：13

[6] [丹麦]扬 · 盖尔著；何人可译．交往与空间．北京：中国建筑工业出版社，2002：143

[7] [丹麦]扬 · 盖尔著；何人可译．交往与空间．北京：中国建筑工业出版社，2002：155

[8] [丹麦]扬 · 盖尔著；何人可译．交往与空间．北京：中国建筑工业出版社，2002：159

[9] [丹麦]扬 · 盖尔著；何人可译．交往与空间．北京：中国建筑工业出版社，2002：159–161

[10] [丹麦]扬 · 盖尔著；何人可译．交往与空间．北京：中国建筑工业出版社，2002：167

[11] [美]克莱尔 · 库珀 · 马库斯，卡罗琳 · 弗朗西斯著；俞孔坚，孙鹏，王志芳等译．人性场所——城市开放空间设计导则．北京：中国建筑工业出版社，2001：43

第三章　城市景观艺术设计的发展

一、1949 年以来中国城市公共空间景观设计的流变

1. 1949—1977 年中国城市公共空间景观设计的发展

（1）1949—1977 年中国城市公共空间景观设计发展的四个阶段

1949—1977 年我国城市公共空间景观设计的发展历程分为以下四个阶段：恢复阶段（1949—1952 年）、发展阶段（1953—1957 年）、动荡阶段（1958—1965 年）和停滞阶段（1966—1977 年）。

这四个时间段的划分主要参照了邹德侬主编的《中国现代建筑史》中关于 1949—1977 年中国现代建筑发展阶段的划分。1949—1952 年是国民经济的恢复时期，一方面，解放前留存下来的一批城市公共空间得到了整治与修复，另一方面，新的城市公共空间开始建设。中国城市公共空间的建设在经历了八年抗战、三年内战后终于得到了全面恢复。1953—1957 年是国家第一个五年计划时期，国家开始进行重工业建设。在苏联的援助下，大中型城市纷纷进行了城市规划的编制工作。城市公共空间随着城市规划的发展也步入了建国后的第一个大发展时期。1958—1965 年是大跃进和大调整时期，政治运动呈风起云涌之势。城市公共空间设计的发展受到经济和政治因素的影响出现一些新情况、新特点。1966—1977 年是文化大革命时期，城市公共空间的发展处于一个基本停滞的状态，许多已建成的城市公共空间遭到了人为破坏，局部有一些公共空间得到新建。

（2）1949—1977 年中国城市公共空间景观设计各阶段的特点

① 1949—1952 年：恢复阶段

在建国初期的三年时间里，随着社会主义新制度的建立，党的工作中心由农村转为城市，而城市建设的迅速恢复成为这一时期的主要特征。

至 1949 年底，全国设市的城市由解放前的 58 个增加到 136 个，设县镇的小城市 2000 多个。经过三年的调整、恢复与发展，至 1952 年全国设市城市为 160 个，比 1949 年增加了 17.6%，城市人口及其分布都有了很大变化，为“一五”时期城

图 3-1　1950 年的天安门广场
（引自王军 . 城记 . 北京：生活 · 读书 · 新知三联书店，2003：234）

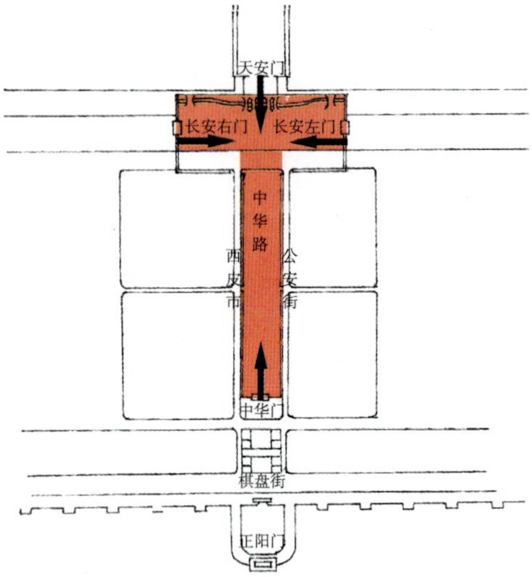

图 3-2a　1949 年的天安门广场

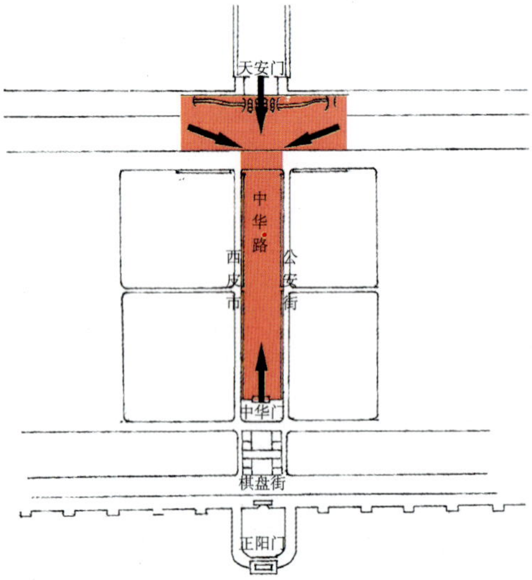

图 3-2b　1952 年的天安门广场

市规划的开展打下了基础。[1]

随着城市建设的恢复与发展，城市规划工作也开始起步。1952 年 9 月，建工部召开全国第一次城市建设座谈会（也是中国近现代城市规划史上的第一次）。[2]中国的城市规划与建设开始步入了一个以工业城市为目标进行规划建设的新阶段。[3]

由于经济能力有限，这一时期较为重要的城市建设工作主要为：恢复、扩建和新建一些城市环境，初步改变全国城市的环境面貌；维修、改建、新建住宅，改善劳动人民的居住条件；整修城市道路，增设公共交通，改善供水、供电等基础设施。政府在一些大城市内进行了棚户区改造与工人新村的规划建设，如上海的肇嘉浜、北京的龙须沟、天津的墙子河等。[4]

城市公共空间的恢复与发展也同我国城市规划的恢复发展紧密联系，取得了不少突出成绩。不少城市人民政府把原来仅供少数人享乐的场所，改造为供广大人民群众游览、休息的园地。各城市的园林绿化管理机构相继成立。[5]仅仅用三年的时间，建设者们就将被战火洗涤过的城市公共空间修复起来，同时又开始建设新的城市公共空间。在很短的时间内，主要城市的公共空间发展得以发展，不少大型城市公共空间工程项目开始进行建设，如天安门广场的整修与改建、广州海珠广场及周边地区的规划与兴建（见图 3-1，图 3-2a，图 3-2b）。

总的来说，此阶段城市公共空间景观设计的主要特点为：保留并修复解放前建设的一部分城市公共空间，如重庆解放碑广场、大连中山广场、南京新街口广场等；侧重于集会空间的建设，往往利用城市中心地带，规划城市中心广场，将其建设为集会广场，供广大人民群众使用；利用交通广场的地理优势，将其变成人民的集会广场，增添其使用功能；无论从空间形态处理还是材质使用上都比较简单（见图 3-3a，图 3-3b，图 3-4a，图 3-4b）。

② 1953—1957 年：发展阶段

在中国第一个国民经济五年计划时期，为配合苏联援助的 156 个重点工程为中心的大规模工业建设，处理好与原有城市的关系，国家急需建立城市规划体系。为此，引入了“苏联模式”的规划方式。[6]1954 年，建工部城市建设局设立城市规划处，调集规划技术人员，聘请苏联城市规划专家来华指导。重点城市的规划，一般由国家和地方城市规划设计部门组成工作组，在苏联专家指导下进行编制。北京和全国省会城市也逐步建立和加强了城市规划机构，参照重点城市的做法开展了城市规划工作，城市规划工作逐步走向普及。

由于全面学习苏联，包括与计划体制相适应的一整套城市规划理论与方法，使中国当时的城市规划与建设，具有明显的计划经济体制特征，也带有一些“古典形式主义”的色彩，如强调平面构图、立体轮廓，讲究轴线、对称、放射路、对景、双周边街坊街景等古典形式主义手法。城市建设也一度出现了“规模过大、占地过多、求新过急、标准过高”的所谓“四过“现象，忽视工程经济等问题。[7]

同时，从 1953 年起，我国城市园林绿化以进入有计划、有步骤的建设阶段。许多城市开始新建公园，加强苗圃建设，进行街道绿化，并工厂、学校、机关等单位以及居住区的绿化，使城市面貌发生了较大变化。[8]

总的来说，1953—1957 年我国城市公共空间的发展，是我国建国后城市公共空间发展的第一个黄金时期。在这个阶

图 3-3a　1952 年的重庆解放碑广场
（引自人民画报，1952 年第 12 期 P1）

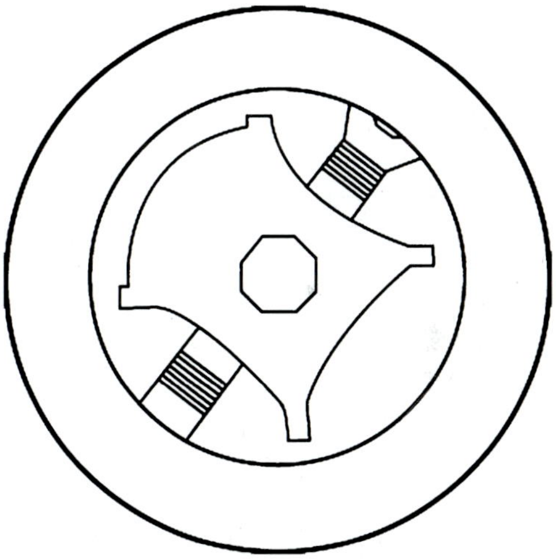

图 3-3b　重庆解放碑广场平面示意图（1952 年）

图 3-4a　1953 年的南京新街口广场
（引自中共南京市委党史工作办公室，中共南京市委宣传部编 . 南京当代风采：1949-2000. 北京：中共党史出版社，2001）

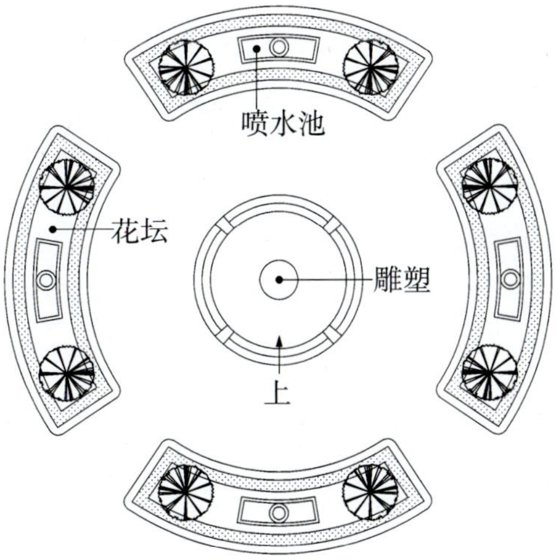

图 3-4b　南京新街口广场平面示意图（1953 年）

段，公共空间得到了政府全面的重视与发展，具备了良好的社会背景，国家一系列的政策法规都促进了城市化的进程，也就利于城市公共空间的发展。随着“一五”时期我国城市规划工作的大力开展，公共空间的建设成为很多城市“一五”期间城市建设的重要项目，例如上海人民广场等（图 3-5a，图 3-5b）。

这一阶段的城市公共空间景观设计的特点是：城市规划总图比较讲究构图和城市建筑艺术，强调对称式轴线干道系统。通常规划设置有城市广场，基本上每个城市的市中心都布置有广场，作为该城市最主要的公共空间。广场仍然以集会广场和交通广场居多，但也开始出现纪念广场和在大型建筑前设立广场，这些广场基本都被设置在城市轴线和道路交叉口上。上个世纪 50 年代的中国社会处于一种民族解放的欢乐气氛中，因而只有大的尺度才能反映新型的社会关系和建设成就，各个城市的主要广场都尽量体现大的空间体量，以此来显示社会主义制度的优越性。设计手法和设计风格受到苏联模式的影响，有些城市的公共空间设计直接由苏联专家进行指导，其形式与风格具有明显的苏联特色，如图 3-6a，图 3-6b 所示的广场形态和细节元素都运用了传统西方古典主

图 3-5a　上世纪 50 年代的上海人民广场
［引自夏东元主编．二十世纪上海大博览．上海：文汇出版社，1995：847］

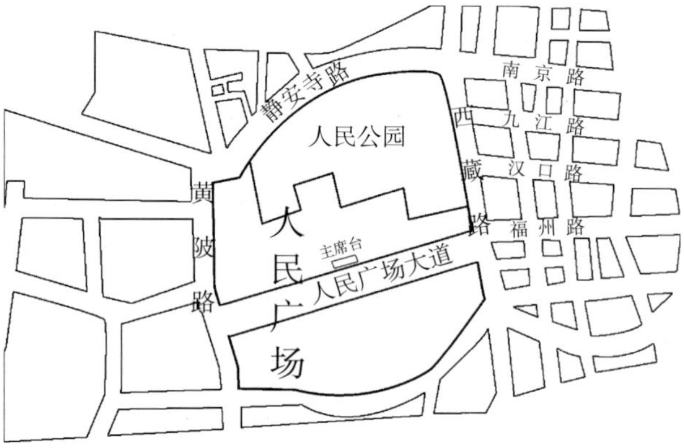

图 3-5b　1954 年人民广场平面示意图

图 3-6a　北京苏联展览馆广场（1952-1954 年设计建成）
（引自邹德侬．中国现代建筑史．天津：天津科学技术出版社，2001：183）

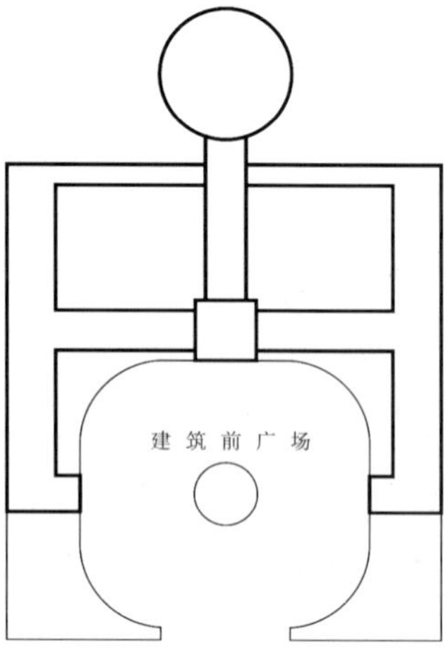

图 3-6b　北京苏联展览馆广场平面图

义样式。另一方面,与建筑设计及城市规划一样,城市公共空间的设计也开始进行社会主义内容以及民族形式的探索。

③ 1958—1965 年:动荡阶段

1958 年,在全国"大跃进"的形势下,中央提出的"大地园林化"的号召,对当时城市园林绿化工作的发展,起了推动作用。

1958—1959 年两年期间,各地为迎接建国十周年,扩建和新建了一批城市公共空间,原先一些已有的城市广场得到了充分的规划与建设,在大跃进的思想指导下,城市公共空间的发展达到了建国后的一个建设高峰。虽然有的为了赶工期,工程质量受到一定的影响,但总体来说,仍促进了全国城市公共空间的发展。

另一方面,1960 年在桂林召开全国城市规划座谈会,受"大跃进"思想的影响,强调城市规划要为消灭"三大差别"、向共产主义过渡服务。因此,有些地方出现了盲目追求共产主义,产生脱离实际、盲目扩大城市规模的倾向。[9]

在 1960—1962 年三年自然灾害、国民经济困难时期,全国城市规划工作被迫中断,不少地方的城市公共空间建设也因此中断,尤其是城市广场的建设受到了挫折。在严重困难的形势下,园林绿化的资金大大压缩,建设工程被迫停滞。为了渡过困难阶段,一时间片面地、过分地强调"园林结合生产"、"以园养园",也使园林绿化受到影响。1962 年底,全国城市园林绿地总面积已降至 8.6 万公顷,比 1959 年减少了 1/3。

1963 年起,国民经济进入调整时期,随着经济恢复,一些城市着手开展城市规划工作,如北京、沈阳、上海等城市积极酝酿修订总体规划。但是,在 1964 年开展的"设计革命"运动中,又不适当地提出一些"左"的口号,批判城市规划所谓"高标准、宽马路",强烈要求降低规划标准,致使一些城市在总体规划修订中,纷纷将道路宽度大大压缩,一再降低标准,造成不少不良后果。

另外,进入 1963 年后,困难的形势开始出现转机。城市园林绿化事业有了明确的固定资金来源,为城市园林绿化走出困难时期,迈向新的发展,奠定了资金基础。[10]城市小游园在这一时期得到了很好的建设与发展。

图 3–7 北京火车站广场
(引自邹德侬 . 中国现代建筑史 . 天津:天津科学技术出版社,2001:236)

总的来说，1958—1965年这一阶段，我国城市公共空间得到了继续发展，同时也出现了一些动荡。城市公共空间景观设计的特点是：随着苏联援建工作的停止与苏联专家的撤回，我国城市公共空间的发展也开始发生了风格上的动荡。之前被追捧的苏联风格受到了批判。建筑师和规划师们开始向着地域性、民族性和政治性的设计风格转变，希望找到一条有中国特色的城市公共空间设计之路。受大跃进的影响，城市公共空间的建设陷入了“大就是好”的误区，在空间尺度上盲目地追求大、开阔。随着北京火车站广场的建成，站前广场

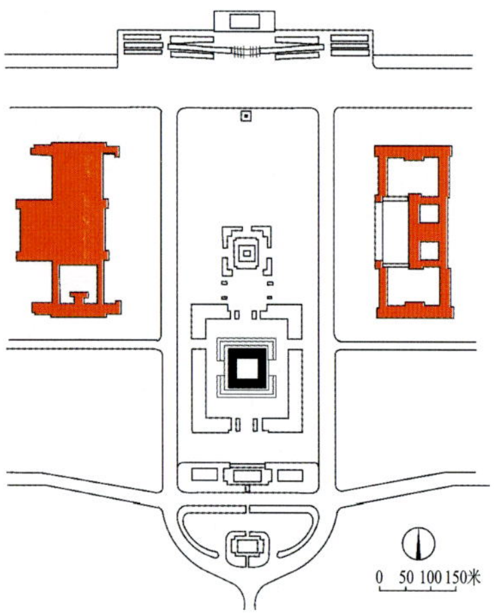

图3-8a　1977年天安门广场平面图

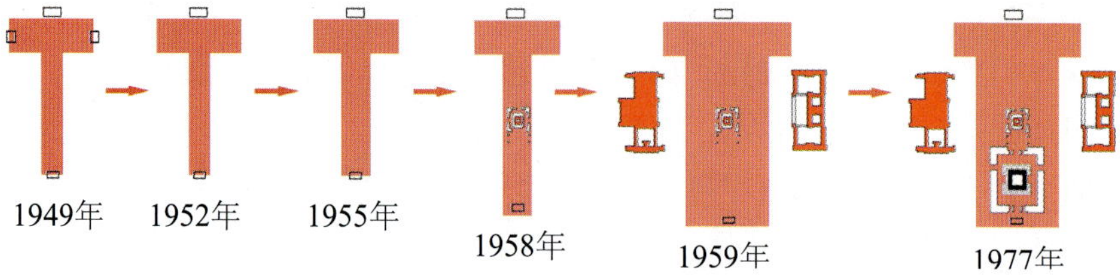

图3-8b　1949-1977年天安门广场平面演变

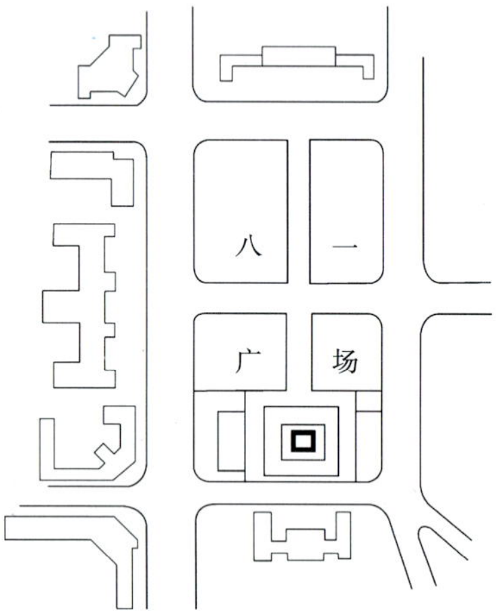

图3-9b　南昌人民广场平面示意图

图3-9a　南昌人民广场（引自程维，南昌市政协学习文史委员会．豫章遗韵．南昌：江西人民出版社，2001：197）

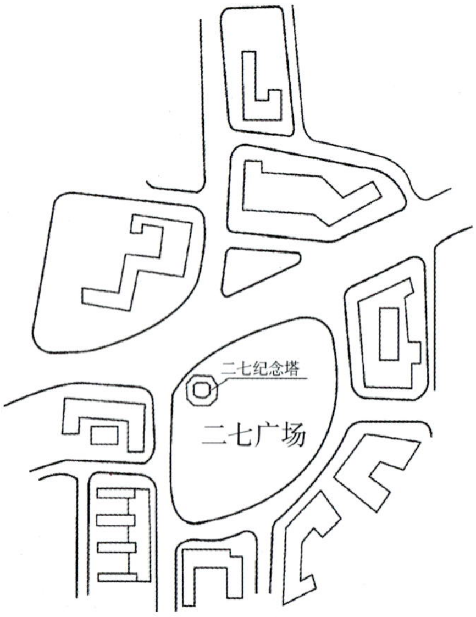

图3-10b　郑州二七广场平面示意图

图3-10a　郑州二七广场（引自邹德依．中国现代建筑史．天津：天津科学技术出版社，2001：308）

的建设热潮开始在全国范围内兴起(见图 3-7)。

④ 1966—1977 年:停滞阶段

在文化大革命的“十年动乱”期间,不少城市的规划机构被撤消,规划人员流失,资料被销毁,城市规划工作基本处于停滞状态,管理工作失控,违章建筑泛滥,冲击着城市的合理布局。

在这十年中,我国城市公共空间的发展经历了前所未有的破坏与挫折。总体来说,城市公共空间在很大程度上遭到了破坏,包括一些广场设施、广场绿化以及城市小游园等。城市规划事业全面停止,基本上无人问津城市公共空间的发展。

但在文革后期,还是有少数城市公共空间进行了建设。如北京天安门、南昌人民广场、郑州“二七”广场就是文革后期不多的扩建实例(见图 3-8a,图 3-8b,图 3-9a,图 3-9b,图 3-10a,图 3-10b)。同时,站前广场的建设得到了较大发展,个别省会城市乃至部分地级城市都相继修建了火车站前广场,成为文革中为数不多的新建项目,满足了当时人民群众交通出行的需要。这些站前广场的形式也逐步摆脱了五六十年代苏联模式的影响,而是结合各城市的环境特点,因地制宜,各具特色(见图 3-11a,图 3-11b,图 3-12a,图 3-12b)。

在文革后期,一些新的小游园也开始建设起来。这时期的小游园改变了先前面积狭小,形式、内容单一的情况,无论是平面布局、空间形态,还是建筑小品、装饰手法都有了较大进步,为上世纪 80 年代城市小游园的大发展奠定了前期基础(见图 3-13a,图 3-13b)。

图 3-11a 广州火车站广场模型
(引自广州市设计院,《广州建筑实录》编辑小组.广州建筑实录:北郊部分新建筑,1976)

图 3-11b 上世纪 70 年代的广州火车站广场
(引自李昭醇,倪俊明主编.百年广州图录.广州:广东教育出版社,2002:266)

图 3-12a　长沙火车站广场
（引自邹德依 . 中国现代建筑史 . 天津：天津科学技术出版社，2001：307）

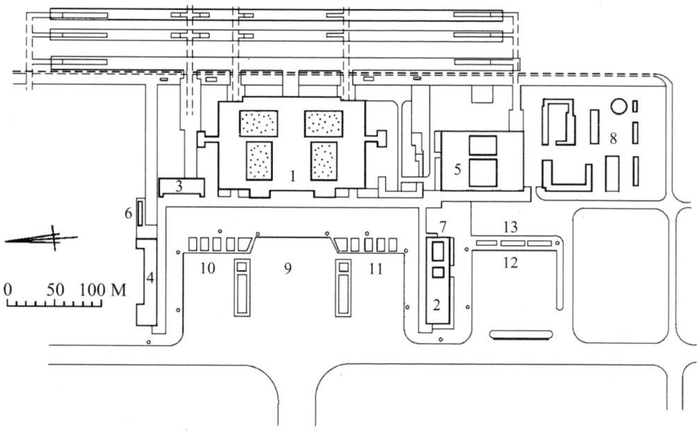

1–站屋；2–售票房；3–出口厅；4–邮政转运站；5–行包房；6–旅馆服务处；7–公共厕所
8–铁路业务及生活用房；9–专用客车停车场；10–团体客车停车场；11–出租汽车停车场
12–公共汽车停车场；13–行包车停车场

图 3-12b　长沙火车站广场平面图

图 3-13a　合肥河滨小游园
（引自中国城市规划设计研究院主编 . 中国新园林 . 北京：中国林业出版社，1985：267）

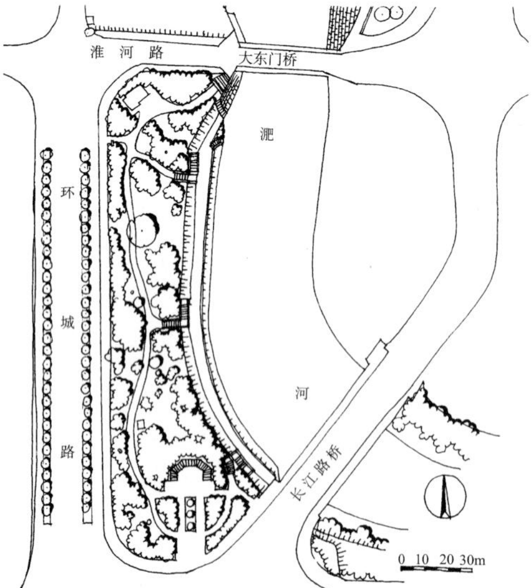

图 3-13b　合肥河滨小游园平面图

2. 1978—2004 年中国城市公共空间景观设计的发展

（1）1978—2004 年中国城市公共空间景观设计发展的三个阶段

随着 1978 年的改革开放，中国城市公共空间的发展步入了新的阶段。自 1978 年到 2004 年这二十多年的时间里，中国经历了由计划经济向市场经济转变的特殊阶段，建立了具有中国特色的社会主义市场经济体制。同时，随着改革开放的深入及加入 WTO 后市场的进一步开放，各种社会因素和制约机制多元并存，各种文化思潮猛烈碰撞，加上我国社会历史发展的特殊性，中国城市公共空间景观设计得以蓬勃发展，其过程主要经历了三个阶段：

① 第一阶段：1978—1991 年，稳步发展与自我改革探索

从 1978 年提出经济体制改革，到 1992 年确定建立社会主义市场经济体制之前，是计划经济向市场经济过渡的时期，也是当代中国城市公共空间发展的第一阶段。在这一阶段，中国城市公共空间发展受国外设计思潮的影响较小，呈现出"稳步发展与自我改革探索"的特点。

② 第二阶段：1992—1999 年，单纯模仿和大量西化

从 1992 年确定建立社会主义市场经济体制，到 1999 年加入 WTO，中国完成了由计划经济向市场经济的转变，确定建立以公有制为主体、多种经济成分共同发展的中国特色的社会主义市场经济体制，市场机制的作用进一步扩大。这一时期是当代中国城市公共空间发展的第二阶段。这一阶段我国城市公共空间的发展受到国外设计理论和思潮的强烈冲击，其建设一度呈现出“单纯模仿和大量西化”的特点。一直到上世纪 90 年代后期，尤其是 1997 年亚洲金融危机之后，面对旧城改建、新区开发带来的城市空间特色的危机，“可持续发展”受到普遍关注，地域文化、传统文化受到重视，一些城市开始冷静地对待城市公共空间的建设热潮，并反思上世纪 90 年代中期忽视城市环境、地域特色的盲目建设过程。

③ 第三阶段：2000—2004 年，整体性与多元化

1999 年 12 月中国加入 WTO 之后，中国城市公共空间的发展又掀开了新的一页。随着设计市场的进一步开放，开始有境外设计公司参与中国城市公共空间的设计与建设；同时，通过对上世纪 90 年代城市公共空间建设过程的经验总结，迈入 21 世纪的中国城市公共空间建设呈现“整体性与多元化”的发展特点。

（2）1978—2004 年中国城市公共空间景观设计各阶段的特点

① 1978—1991 年：稳步发展与改革探索阶段

1978 年 3 月，国务院召开第三次全国城市工作会议，强调认真抓好城市规划工作。1980 年 10 月，国家建委召开全国城市规划工作会议，提出了“控制大城市规模，合理发展中等城市，积极发展小城市”的基本方针，颁发了新的《城市规划编制审批暂行办法》。我国城市规划进入了一个“恢复开展时期”，迎来了中国城市规划的第二个春天。在这个时间段，全国大部分城市完成了总体规划的修编、新编工作，同时，规划编制也发生了很大的改变。综观上世纪 80 年代，我国城市规划工作处于一个“大普及、大提高、大收获”的划时代的重要时期，通过正反两方面的经验教训和大量的实践，特别是特区城市的实践，为改革开放市场经济条件下的城市建设，进行了有益的实践和探索。[11]

20 世纪 70 年代，环境保护成为全球普遍关注的热点之一。1972 年，联合国斯德哥尔摩人类环境大会发表了《人类环境宣言》；1976 年联合国又在温哥华召开了第一次人类住区大会，通过了《温哥华人类住区宣言》……这一系列宣言对上世纪 80 年代的中国城市公共空间景观设计产生了深远的影响。

1979 年 2 月 23 日，我国确定每年 3 月 12 日为“植树节”；1981 年 12 月 13 日，我国通过“开展全民义务植树运动”的

图 3-14 福州五一广场鸟瞰
（引自 www.fzbtv.com）

图 3-15a 成都市后子门小游园
（引自成都市地方志编纂委员会编．成都市志 · 园林志．四川人民出版社，1998）

图 3-15b 重庆市较场口游园
（引自重庆市市中区绿化局编．重庆市市中区园林绿化志．1994）

决议。上世纪 80 年代初全民义务植树运动的兴起，更使学术界及广大人民群众对城市绿地的要求从原先的“卫生防护、文化休息”发展到要从生态学的整体观点着眼，建立功能上全面、经济上合理、生态上稳定的城市绿化系统。因此，1978 年到 1991 年，受环境保护思想的影响，中国城市公共空间的建设以生态学理论为主导理论。[12]

综观 1978 年至 1991 年，中国城市公共空间的建设逐步恢复，总体来说呈现稳步发展的态势，同时也进行了新的探索，出现了新类型的城市公共空间——商业步行街。这一阶段，中国城市公共空间景观设计的发展具有以下特点：

A. 生态学主导下，公共绿地为主的城市普遍绿化时期

改革开放以来，受环境保护思想的影响，中国城市公共空间的建设在生态学理论的影响下，对许多广场进行了“公园化”改造（见图 3-14）。同时，城市公共绿地的建设最为迅猛，相对于城市公共绿地“见缝插针”式的大量建设，广场、步行街以及滨水空间的建设量就显得比较有限（见图 3-15a，图 3-15b，图 3-16）。

B. 城市公共空间功能转变

改革开放以来，城市公共空间的功能发生改变。首先，昔日集会性质的广场已不符合城市发展的需求，因此普遍对其进行了公园化的改造，使其成为文化游憩性质的广场（见图 3-17a，图 3-17b，图 3-17c，图 3-17d，图 3-17e）；其次，随着经济、社会的发展，为适应旅游业的需求，将中国传统的商业街改造成为现代化的商业步行街，形成了行业上的综合性与专业性的结合，适应了城市生活的复杂、多样的需求（见图

图 3-16 上海市延安路小游园
（引自《中国城市建设年鉴》编委会．中国城市建设年鉴 1986-1987．中国建筑工业出版社，1989）

3-18a,图 3-18b)。

C. 机械满足城市基本功能,公共空间景观建设简单化

改革开放以来,城市公共空间的发展不论是理论还是实践都处于新的起步阶段,除了城市公共绿地有较成熟的理论指导外,其它类型公共空间的发展还不成熟,尤其是商业步行街及滨水空间的建设。总的来说,1978 年改革开放后,经济建设成为第一任务,公共空间的建设力度不大,主要采取局部拆迁式的改造,或是在城市中心区进行“见缝插针”式的建设,多为小片团状绿地、广场以及线状一条街的形式,在城市中呈点状分布,规模比较小。实际上,这一阶段城市公共空间仍是比较缺乏的。同时,公共空间景观设计仍表现为简单化、平面化,例如广场都套用一个模式,即采用规整的对称模式,并以雕塑等为视觉中心(见图 3-19,图

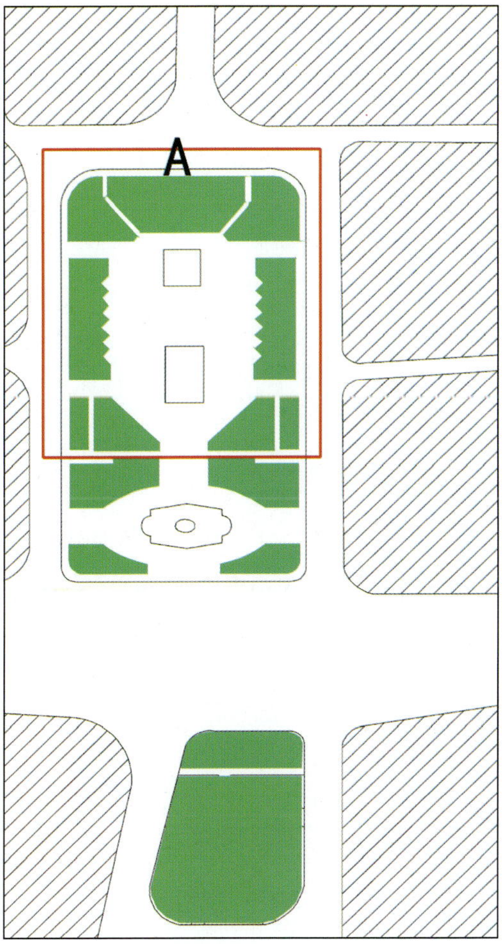

图 3-17a　山西太原五一广场平面示意图(1988 年)

图 3-17b　山西太原五一广场 (引自梁毅摄影 . 太原迎泽大街 . 太原市规划设计管理局、太原市城市规划研究院,1984)

图 3-17c　山西太原五一广场 (引自梁毅摄影 . 太原迎泽大街 . 太原市规划设计管理局、太原市城市规划研究院,1984)

图 3-17d　山西太原五一广场南部交通环岛 (引自梁毅摄影 . 太原迎泽大街 . 太原市规划设计管理局、太原市城市规划研究院,1984)

图 3-17e　山西太原五一广场主题雕塑 (引自梁毅摄影 . 太原迎泽大街 . 太原市规划设计管理局、太原市城市规划研究院,1984)

图 3-18b　天津古文化街街景 （引自《天津城市规划》丛书编委会．天津城市规划．天津科学技术出版社，1989）

图 3-19　南京渡江胜利纪念碑 （引自中共南京市委党史工作办公室，中共南京市委宣传部编．南京当代风采：1949-2000. 北京：中共党史出版社，2000）

图 3-20b　兰州东方红广场 （引自《兰州市志》编委会编．兰州市志 · 第 10 卷：园林绿化志．兰州：兰州大学出版社，2001）

图 3-20a　兰州东方红广场 （引自《兰州市志》编委会编．兰州市志 · 第 10 卷：园林绿化志．兰州：兰州大学出版社，2001）

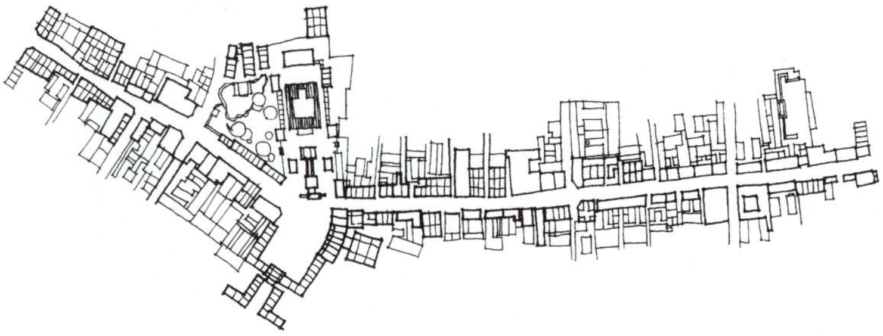

图 3-18a　天津古文化街平面示意图 （引自《天津城市规划》丛书编委会．天津城市规划．天津科学技术出版社，1989）

3-20a，图 3-20b）。

② 1992—1999 年：模仿与反思阶段

随着改革开放的不断深入、经济的持续快速发展以及市场的进一步开放和城市建设政策的放开，城市建设掀起了新的高潮。同时，我国城市化进入发展迅速的阶段，据国家统计局的资料表明，改革开放以来，中国城市数量增长迅速，从 1978 年的 193 个发展到 1997 年的 668 个，城市化水平从 1978 年的 12.5% 提高到 1999 年的 29.6%。[13]我国城市化具有“集聚城市化与郊区化并存”的特点。[14]一方面，经济的成功转轨带动了城市中心区的高速发展，尤其是 1992 年邓小平“南巡讲话”以后，引发了上世纪 1992、1993 年的城市建设高潮，同时也掀起了旧城更新的高潮。城市规模急剧膨胀，城市人口迅速增加，导致城市住房紧张和高层建筑盲目发展，从而使城市中心区容量过高、交通拥挤、环境恶化；而传统社区的解体，又使城市景观特色和文化多样性丧失……另一方面，在城市中心区高速发展的同时，我国大城市出现了明显的郊区化趋势。上世纪 90 年代开始发展的城市开发区建设，最初的主要目的是吸引外资、人才和生产要素，而开发区由于基础设施条件好、环境优良，吸引了中心城区企业单位的迁入，从而使相应的住宅和服务设施也发展起来。依托城市搞开发区，建立新的经济增长点，推动了城市调整结构、加快发展，形成了一批新的中心城市和城市带，成为聚集人口、聚集投资、聚集消费、聚集生产的中心。

1999 年的《北京宪章》把上世纪 90 年代称为“混乱的城市化”时代。由于对城市建设标准研究不够，简单套用规划指标，尚不能适应市场经济体制变化的需要，导致许多规划与实际工作需要存在较大的反差；同时，强化规划设计的阶段性成果，淡化总体规划的战略性内容，远不能适应城市化急剧发展的需要。高速的城市建设和过度的城市开发，使城市公共空间景观设计呈现出简单化模仿和大量西化的现象，尤其在旧城更新过程中，片面追求利益，追求“现代化”、“国际化”，对原有的城市肌理造成了极大的破坏，造成了不少问题：

一是，公共空间建设与规划脱节，盲目跟风。我国城市建设底子薄、经验少，没有系统的城市规划理论和方法来指导城市建设，规划部门所作的城市总体或是远景规划尚需时间来验证。但是由于受到社会经济快速变革的冲击，以及管理水平不高、法规缺乏等，在高速的城市建设和过度的城市开发，以及房地产开发追求短期高额利润目标的驱动下，许多地方为追求一时的成效，忽视城市总体规划，忽视城市历史发展的规律，导致公共空间的盲目建设，城市设计的简单化倾向愈发严重，尤其在旧城更新过程中，无法较好地处理现状的各种矛盾与社会经济问题，只是生搬硬套西方城市公共空间的形式或是国内一些所谓的成功经验。例如大连市在上世纪 90 年代中后期建设了一批几何风格强烈的广场，这些形式的广场与大连这个城市的整体风格、历史文脉等是有一定关联的，但一些城市忽视自身城市发展的特点而盲目跟风，结果对自身原有的城市肌理造成了巨大的破坏。同时，一些公共空间的建设论证不充分，加上工期较短，导致空间品质低下。

二是，公共空间的形式趋于雷同，导致千城一面，引发城市特色危机。步入上世纪 90 年代，经济全球化的趋势越发明显。随着市场的进一步开放，生产方式的全球化、技术的发展和对经济利益的追求，使城市在更新的过程中自身地域文化特色渐趋衰微，城市建设日趋国际化。曾一度有 40 多个城市把它们的发展目标确定为“在未来的一二十年内建设成为国际城市”。这种“国际城市热”，以为国际化就是高楼大厦、广场和步行街，导致这些“国际化范式”粗暴地取代了传统城市的个性风貌，引发城市特色危机。像阮仪三教授那样为了保全周庄而到处奔走，最终使破坏周庄的公路改道的事例不多，更多的是为了所谓的形象工程，而不惜“大刀阔斧”对城市的固有肌理动刀，导致城市空间环境形象单调乏味，形式雷同。城市公共空间一时间沦为许多地方“美化城市”的工具，违背了城市公共空间为人而设的宗旨。为求形式美观，这一时期的公共空间大量地铺设草坪、设置模纹花坛，却缺乏能遮荫避雨的树木，一到炎热的夏天，这些公共空间就少人问津。同时，公共空间，尤其是广场空间面积过大，尺度失衡。

尽管“混乱的城市化”给城市公共空间景观设计带来负面冲击，但它的出现带动了整个城市的基础设施改造、老工业区改造和新工业区开发，推动了我国城市公共空间的建设。这一阶段我国城市公共空间发展最为迅速，城市面貌变化也最为显著。总的来说，该阶段城市公共空间景观设计具有以下的特点：

A. 城市公共空间功能的转变

伴随着中国城市化进程的加快，我国在这一阶段进入了一个以建设广场、步行街为主的开发型建设时期。广场、步行街在全国范围内大量兴建，一时成为城市形象的象征和标志。我国城市公共空间的功能发生了转变，主要突出空间的商业功能。例如兰州东方红广场在上世纪 90 年代中期进行改造时，将地下改建成为商城，将原来文化游憩性质的广场改造成以商业功能为主的广场，类似的还有北京西单文化广场、上海人民广场等等。与此同时，大量商业步行街的建设，更是突出其商业购物功能。这一阶段，由于过分强调广场、步行街的“功能主义”以及视觉上的冲击力，导致城市公共空间景观视觉形象的混乱（见图 3-21，图 3-22，图 3-23，图 3-24）。

B. 简单模仿与反思进取

经济的全球化趋势导致文化的全球化现象。该阶段，我国城市公共空间的发展受西方国家的影响与冲击最大。我国作为发展中国家，城市公共空间领域的很多理论和思潮都是源自欧美等发达国家，由于国情不同，理论和实践面临着本土化的一个消化转变过程，是一个“理论学习→实践发展→总结反思→成长发展”的过程。在这一过程中，不可避免地会走一些弯路。在全国范围内掀起广场和步行街建设热潮的同时，也有一些城市开始冷静地对待城市公共空间的建设热潮，尤其是 1997 年亚洲金融危机之后，面对旧城改建、新区开发带来的城市空间特色的危机，“可持续发展”受到普遍关注，一些关注地域文化、传统文化的相关理论受到重视，人们开始

图 3-21　上海人民广场（文化游憩广场）

图 3-22　济南泉城广场荷花雕塑及音乐喷泉（引自中国城市规划学会，中国建筑工业出版社编制 . 城市广场 Ⅰ . 北京：中国建筑工业出版社，2000）

图 3-24　深圳东门步行街

图 3-23　上海南京路

反思上世纪90年代中期忽视城市环境、地域特色的盲目建设(见图3-25,图3-26,图3-27)。

③ 2000—2004年:整体性与多元化的发展阶段

2000年以后,全国各市开始了新一轮的城市总体规划编制工作,新时期总体规划的特点:注重总体规划与城市发展战略规划相结合;更加注重总体规划的调控作用;更加注重优秀历史传统文化的保护和传承,发掘和创造城市特色。

随着新世纪的到来,我国许多大中型城市都面临着新一轮的城市更新,原因是:一方面,虽然大量投资倾注于新区,但新区依旧活力不足;另一方面,城市人口的继续膨胀、私家车的大量出现,使得大规模整治、疏解老城区的一系列措施收效甚微,老城区仍然显得拥挤、混乱。此外,我国整体上处于工业化的中期阶段,但是随着产业结构的调整和升级,沿海发达地区一些大城市以及内陆区域中心城市,逐渐显现出"非工业化"的特征,码头、港口的航运及仓储功能逐渐衰退,一些技术落后、污染严重、缺乏竞争力的工业企业或关闭或搬迁,逐渐远离城市,留下大批空置的工业用房,这些地区都面临着城市功能的转变。

经过上一个时期"混乱的城市化"以及反思阶段之后,中国城市公共空间的发展理念与方法逐渐成熟,并逐步体系化;注重处理原有老城市空间环境与新空间形态之间的关系,在进行开发型城市公共空间的建设时更为谨慎;注重城市特色的发掘、历史风貌的保护。总的来说,该阶段城市公共空间景观设计具有以下的特点:

图3-25　成都府南河绿化带
(http://www.cdbnet.com.cn)

图3-26　广州珠江新城临江绿化带

图3-27　南京汉中门广场

A. 公共空间建设趋于整体性与系统化

城市公共空间的建设逐步趋于整体化与系统化，例如上海“一纵两横三环”的城市绿骨架，把滨水空间与公共绿地的建设纳入到同一体系中。同时，各城市都把突出城市特色作为城市公共空间建设的重点之一。如南京老城区环境整治计划用四年的时间，围绕“显山、露水、见城、滨江”的目标，完成“一环”、“二区”、“三轴”、“四线”、“五街”、“六片”的整治改造，把南京建设成为人居环境优良，融山、水、城、林为一体，环境优美，尺度宜人，具有古都特色的现代化滨江城市（见图 3-28a，图 3-28b，图 3-28c，图 3-28d，图 3-28e，图 3-28f，图 3-29）。[15]

B. 公共空间功能复合化与多样化

2000 年以来，随着“五一”、“十一”黄金周政策的出台，人们有更多的时间用于休闲娱乐。休闲文化逐渐成为一种时

图 3-28b 深圳生态广场局部

图 3-28c 深圳生态广场局部

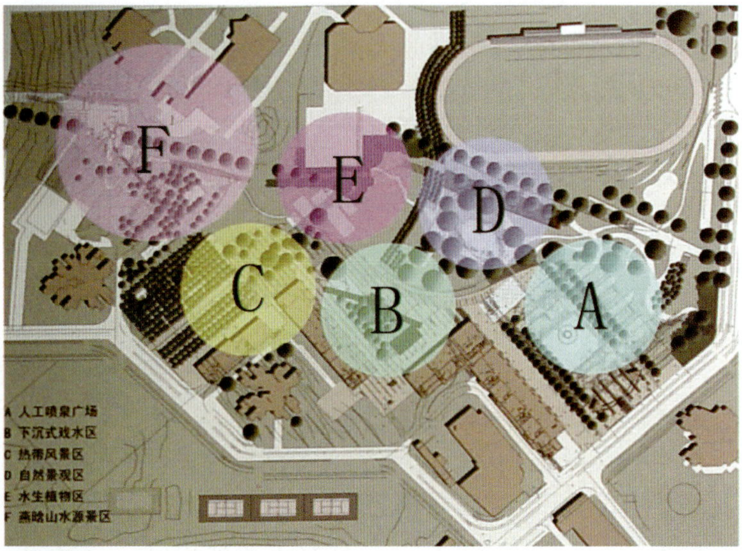

图 3-28a 深圳生态广场示意总图（引自蔡强. 深圳优秀景观园林设计. 沈阳：辽宁科学技术出版社，2004）

图 3-28e 深圳生态广场局部

图 3-28f 深圳生态广场局部

图 3-28d 深圳生态广场局部

尚与主流，人在空间中的舒适、放松成为城市公共空间建设的出发点。相应地，对公共空间环境品质的要求也更高。城市公共空间的功能再次发生转变，注重人的生理、心理对空间的不同体验，以及精神层次的需求。根据不同的分区设定、不同的主题，强调以植物的色、香、形、质和排列组合形成轻松、趣味、惊奇的直觉、错觉、幻觉等；以不同的水体表现亲切与自然；以植物、水体、铺地的不同质感表现不同的触觉等，通过以上种种设计手法，组成具有嗅觉、触觉、听觉、视觉以及精神上不同体验的人性空间。

该阶段城市公共空间形式及功能更加复合化、多样化，尤其表现在城市中心区。由于城市中心区空间有限，但同时又要满足人们多方面的需求，各类型空间之间不再是独立的个体，而是相互联系形成一个有机整体。例如整合后的重庆三峡景观广场、宁波老外滩的综合整治工程等，这些公共空间集商业、文化、娱乐、休闲等功能于一体，满足人们多样化的需求。此外，由于功能的复合、多样，公共空间的功能分区也相应地更加明确也更加细化，如儿童游戏区、老年健身区、公共

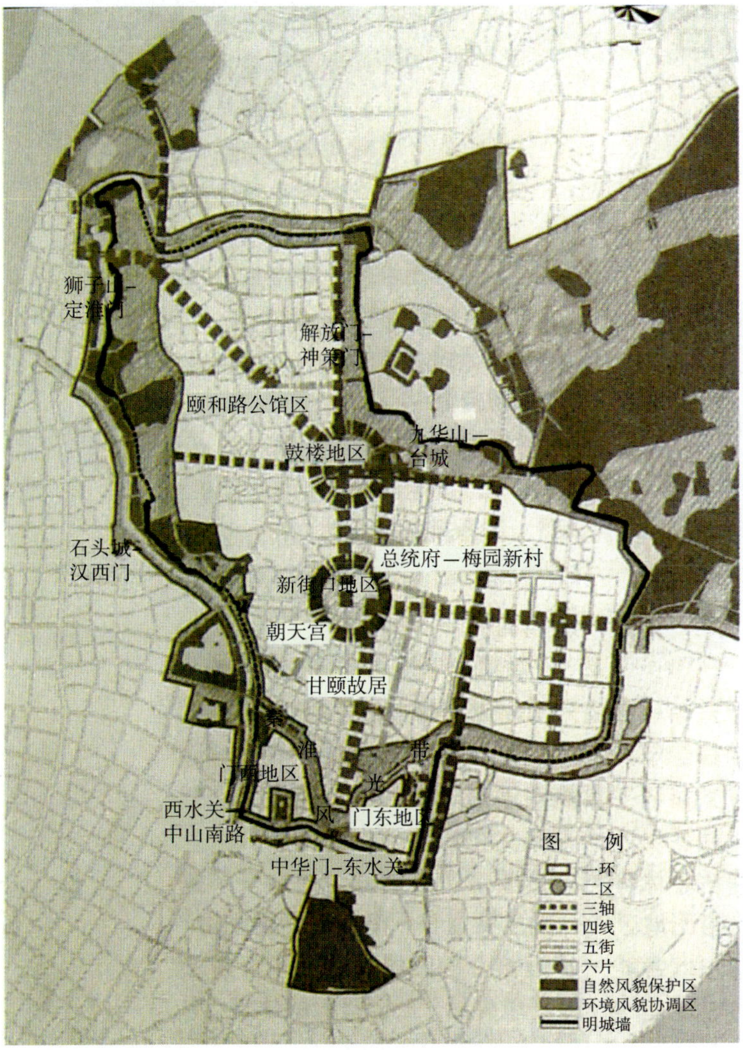

图 3-29　南京环境整治项目分布图
（引自“浅析南京老城环境整治”涂力新、陶韬.《城市规划》，2004 年第二期）

舞台、健身步道、林荫游憩等等，让人在不同的分区中感受不同的空间体验（见图 3-30a，图 3-30b，图 3-31a，图 3-31b）。

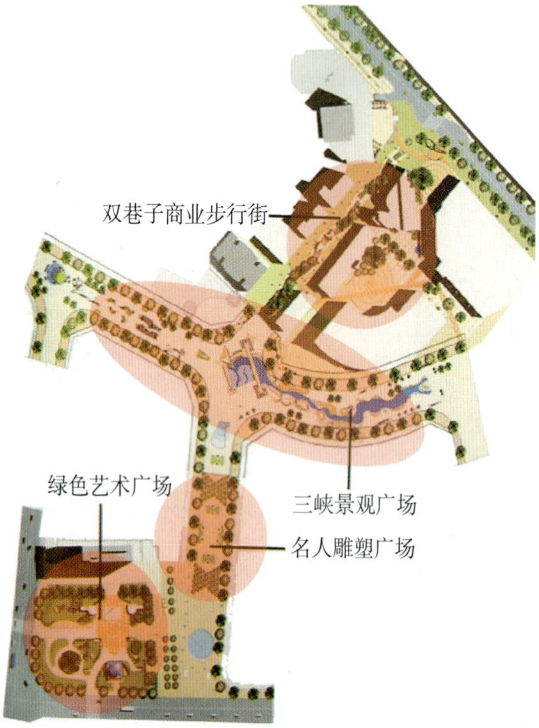

图 3-30a　重庆三峡广场平面
［引自王征，熊娟．重庆三峡广场解析．规划师，2004(11)］

图 3-30b　重庆三峡广场鸟瞰
［引自王征，熊娟．重庆三峡广场解析．规划师，2004(11)］

图 3-31b　宁波老外滩

图 3-31a　宁波老外滩

二、近现代美国、欧洲、日本城市景观艺术设计的发展

1. 近现代美国城市景观艺术设计

美国作为世界头号经济强国，在全球化的浪潮中一直处于领跑者的地位，对全球的经济、文化发展都产生着巨大的冲击。经过长期的发展，美国已将传统的自然景观艺术设计的语义扩展到了现代城市景观艺术设计中（图 3–32，图 3–33，图 3–34，图 3–35，图 3–36，图 3–37）。如果以近现代美国城市景观艺术设计涌现出来的文艺思潮、设计风格、代表人物等元素的研究与分析为主线，以美国自 18 世纪中叶至今的历史文化为副线，对美国近现代城市景观艺术设计的思想与文化进行阶段性的回顾与总结，我们不难发现，在美国投身于城市景观艺术设计理论研究和实践领域的中坚力量大多与世界城市景观艺术设计理论体系和流派有着或直接或间接的联系，这就使得美国对世界景观艺术设计方面的影响与其他的发达国家相比更为突出。

图 3–32　滨海公共空间　美国圣迭戈

图 3–33　滨海公共空间　美国圣迭戈

图 3–34　滨海公共空间　美国圣迭戈

图 3–35　城市公共空间　美国萨克拉门托

图 3–36　城市公共空间　美国萨克拉门托

图 3–37　城市公共空间　美国萨克拉门托

（1）景观设计师的作用

在美国城市景观艺术设计发展过程中，景观设计师作为城市景观艺术设计的主体一直发挥着主导作用，主要代表人物和所作出的贡献如表 3–1 所示。

表 3–1 美国城市景观艺术设计主要代表人物及其主要思想[16]

代表人物	职业	主要贡献	简介
托马斯 · 杰佛逊（Thomas Jefferson）（1743—1826）	政治家、建筑师、造园师、园艺师、景观设计师	对美国景观设计风格的追求表现出了高度的双重性；偏爱古典复兴和英国自然主义造园风格	美国最伟大的政治家之一；《美国独立宣言》起草人；美国第三届总统；“美国大学校园规划之父”
安德鲁 · 杰克逊 · 唐宁 (Andrew Jackson Downing) (1815—1852)	风景园林师、园艺师、作家	率先将英国自然造园理论系统地引入美国；最早倡导修建城市公园；主张将哈得逊河谷作为美国景观设计中“美”的原型	“城市公园之父”；倡导地域主义设计的先驱者
老弗雷德里克 · 劳 · 奥姆斯特德（Frederick Law Olmsted SR.）(1822—1903)	景观设计师、作家、自然资源保护论者	继承发扬了唐宁的自然主义设计思想；将自由民主精神和早期生态及环境保护思想融入公园设计中	“景观设计之父”；美国景观设计学科化和职业化的奠基人
查尔斯 · 埃利奥特（Charles Eliot）(1859—1897)	景观设计师	首次将系统概念引入公园设计中；首创了分层叠加绘图的分析方法，提高了景观设计的科学性	系统地进行景观生态规划的先驱
弗莱彻 · 斯蒂尔（Fletcher Steele）(1885—1971)	景观设计师、作家	开启了美国现代主义景观设计的探索之门	
托马斯 · 多利弗 · 丘奇 (Thomas Dolliver Church) (1902—1978)	景观设计师	作品暗示出后现代主义景观设计在美国的出现	美国地域主义景观设计的先驱；新古典主义景观设计向现代主义过渡的代表
加勒特 · 艾科伯（Garrett Eckbo）(1910—2000)	景观设计师	致力于美国景观设计的现代主义探索；强调科学在设计中的作用	“哈佛三剑客”之一；“哈佛革命”倡导者
詹姆斯 · 罗斯 (James Rose) (1913—1991)	景观设计师	强调设计中形象和情感的表达	“哈佛三剑客”之一；“哈佛革命”倡导者
丹尼尔 · 基利 (Daniel Kiley) (1912—？)	景观设计师	强调对设计作品结构和秩序的表达；视自然为设计源泉	“哈佛三剑客”之一；“哈佛革命”倡导者
伊安 · L · 麦克哈格 (Ian L.Mcharg)（1920—2001）	景观设计师、规划师、作家	倡导设计结合自然；在设计过程中主张多学科的交流与合作	美国景观生态规划和设计的先驱；著有《设计结合自然》（Design With Nature）
彼得 · 沃克（Peter Walker）(1932—)	景观建筑设计师	表现了现代艺术与景观设计的融会，丰富了美国现代主义景观设计的内涵	“极简主义大师”；和佐佐木英夫共同创办美国著名景观公司 SWA
玛莎 · 施瓦茨 (Martha Schwartz)（1950— ）	景观建筑师、艺术家	作品表达了对现代主义的继承和批判，充满了多元的魅力	美国后现代主义景观设计的先驱
乔治 · 哈格瑞夫斯（George Hargreaves）(1953—？)	景观建筑师	致力于科学与艺术的结合，强调风景内涵与人之间的互动	“风景过程的诗人”；大地艺术代表

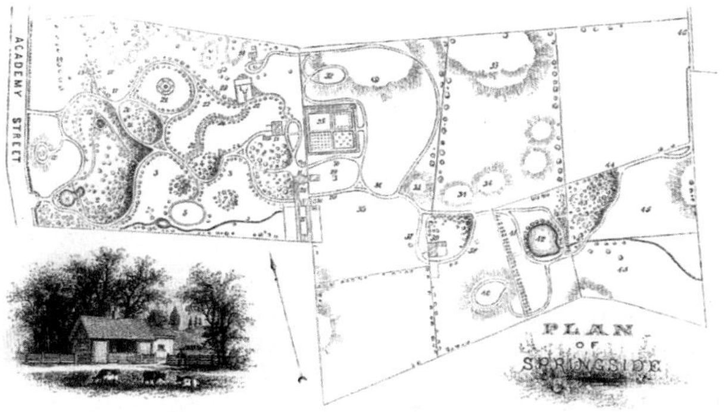

图 3-38　斯普林塞德规划方案（引自［美］查尔斯 · A. 伯恩鲍姆，罗宾 · 卡尔森编；孟雅凡，俞孔坚译 . 美国景观设计的先驱 . 北京：中国建筑工业出版社，2003）

图 3-39　唐宁对华盛顿特区的改造（引自［美］查尔斯 · A. 伯恩鲍姆，罗宾 · 卡尔森编；孟雅凡，俞孔坚译 . 美国景观设计的先驱 . 北京：中国建筑工业出版社，2003）

（2）多种文化艺术思潮影响下的美国城市景观艺术设计

美国城市景观艺术设计的发展先后历经四百余年，这个过程有其自身的发展规律，其中多种文化艺术思潮并存的局面较为突出。

① 初始时期

从 18 世纪末到 19 世纪末是美国城市景观艺术设计的初始阶段。这一时期，殖民地风格不再成为城市景观艺术设计的主流。美国城市景观艺术设计受古典复兴、浪漫主义、维多利亚风格等近代思潮的影响较为突出，并开始了职业化发展之路。随着英国殖民统治的瓦解，美国资产阶级在摆脱殖民地制度的同时，也力图摆脱“殖民时期风格”。

由于不像欧洲各国一样具有悠久的历史和传统，美国只能借用希腊和罗马的古典样式去表现“自由、民主”的兴荣和文化独立。同时，景观规划上与之相适应的形式和趣味也发生了变化。当蕴含民主、平等的希腊罗马的古典样式建筑屹立在这个百业待兴的国度时，一个以古典复兴风格为主导的设计理念贯穿于国家新首都——华盛顿特区的规划当中（见图 3-38，图 3-39）。

② 新风格探索时期

第二个发展时期是新风格探索时期。从 19 世纪末开始美国城市景观艺术设计进入了现代史的范畴。这一时期工业

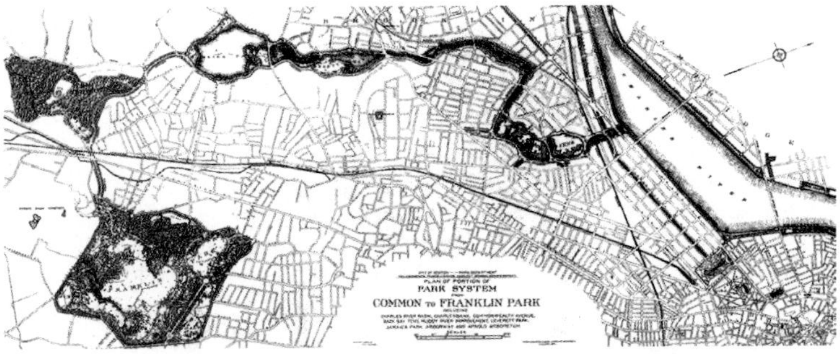

图 3-40　波士顿“翡翠项链”北部规划方案
（引自［美］查尔斯 · A. 伯恩鲍姆，罗宾 · 卡尔森编；孟雅凡，俞孔坚译 . 美国景观设计的先驱 . 北京：中国建筑工业出版社，2003）

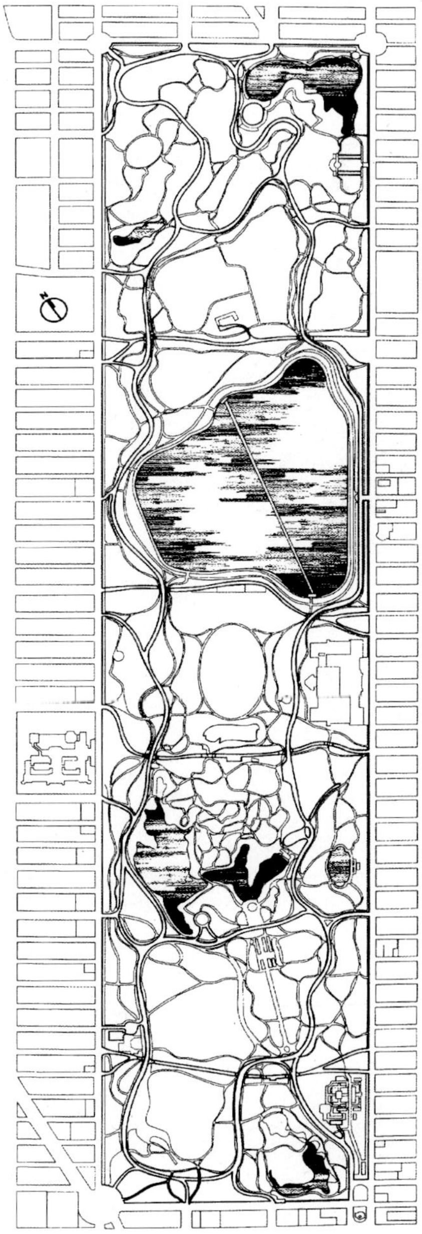

图 3-41　纽约中央公园

和科学技术的迅速发展及社会生活方式的变化进一步要求突破陈规。此外，第一次世界大战后美国政治思想状况给城市景观的设计者提供了有利的氛围。美国一方面紧跟欧洲的城市景观艺术发展，另一方面也有自己的思考，这标志着美国城市景观艺术设计开始走向成熟。这一时期涌现出诸如唐宁、奥姆斯特德、埃利奥特、丘奇等多位景观设计大师，他们的理论与实践具有划时代的意义。美国这一时期的发展与欧洲城市景观艺术的发展是同步的，是西方城市景观艺术设计体系的重要部分（见图 3–40，图 3–41）。

③ 多种风格融合时期

进入 20 世纪，美国城市景观艺术设计的发展呈现新的局面。表现主义风格、新古典主义风格和 30 年代地域主义风格是美国城市景观艺术设计的一些尝试。这一过程与欧洲城市景观艺术的发展相辅相成，是现代城市景观艺术设计体系的重要补充。这一时期政府大力拓宽城市道路、增设停车场，随着城市公共交通的改善，相关的配套设施发展迅速。随着汽车拥有量的增长和道路的修建，美国开始出现了汽车带动下的城市郊区化发展，在它的作用下，美国城市建设发展迅速。“哈佛三剑客”掀起的“哈佛革命”给美国城市景观注入了现代主义元素，正是通过他们在城市景观艺术设计中的表现，以及城市景观评论家们在理论层面的归纳总结，使得现代主义城市景观艺术设计形象化，进而为普通人所认识，促进了美国城市景观艺术设计的成熟，并呈现出空前繁荣的局面。这个时期的发展，从根本上改变了美国在世界城市景观设计领域的地位，使其一跃成为引领世界城市景观设计发展的主要流派之一，对全球城市景观艺术设计的发展发挥着深刻而重要的影响（见图 3–42，图 3–43，图 3–44，图 3–45，图 3–46）。

④ 多元化发展时期

二战后美国城市景观艺术设计进入多元化发展时期。20 世纪 60 年代的生态意识倾向、70 年代的极简主义和 80 年代的后现代主义思潮，直接源自后现代主义建筑和现代艺术的影响。麦克哈格倡导设计结合自然，成为生态意识倾向的先锋人物；彼得 · 沃克的“极简主义景观”实践更是东西方园林景观设计的集大成者；哈格瑞夫斯的“大地艺术”实践使后现代主义景观艺术设计成为 21 世纪新的发展方向；施瓦茨的后现代主义探索在美国城市景观艺术设计领域引发了对后现代主义的广泛讨论。这些城市景观艺术设计师不仅从理论上为后现代主义设计寻找合理的解释，而且还身体力行地投入到设计创作中。他们不仅在自己的专业领域有所建树，还将后现代主义语汇扩展到景观艺术设计中。他们的共同努力，将美国城市景观艺术设计推向了新的高度（见图 3–47，图 3–48，图 3–49，图 3–50，图 3–51，图 3–52，图 3–53，图 3–54，图 3–55，图 3–56）。

有关美国城市景观艺术设计各发展阶段的主要文化思

图 3–42　唐奈尔花园(引自［美］查尔斯 · A. 伯恩鲍姆，罗宾 · 卡尔森编；孟雅凡，俞孔坚译 . 美国景观设计的先驱 . 北京：中国建筑工业出版社，2003）

图 3–43　车行景观　美国洛杉矶

图 3–44　车行景观　美国旧金山

图 3–45　地域风格的设计手法　美国加州梦迪维酒庄

图 3–46　地域风格的设计手法　美国圣巴巴拉

图 3-47　斯坦福大学校园(一)

图 3-48　斯坦福大学校园(二)

图 3-49　斯坦福大学校园(三)

图 3-50　斯坦福大学校园(四)

图 3-51　现代风格宁静的公园　德克萨斯州

图 3-52　下沉公共空间　美国洛杉矶

图 3-53　好莱坞星光大道　美国洛杉矶

图 3-54　好莱坞商业街(一)　美国洛杉矶

图 3-55　好莱坞商业街(二)　美国洛杉矶

图 3-56　好莱坞商业街(三)　美国洛杉矶

表 3–2 美国城市景观艺术设计的发展历程

阶段	时间	主要文艺思潮	作用	影响
1 初始 阶段	18 世纪末 ~ 19 世纪末 （注：即 1783 年美国独立到 19 世纪 70 年代芝加哥学派兴起）	1. 古典复兴思潮（处于美国建国时期，1783 — 1830 年） 2. 浪漫主义思潮（1830 — 1870 年） 3. 维多利亚风格（1837 — 1901 年）	摆脱了英国殖民地风格的束缚	逐步把美国城市景观艺术设计的发展引上一条职业化、学科化道路
2 探索 阶段	19 世纪末— 20 世纪 30 年代 （注：即 1890 年维多利亚晚期— 1930 年美国大萧条时期）	1. 大型人造景观的发展（20 世纪初） 2. 新古典主义风格（20 世纪初 ~ 20 世纪 30 年代） 3. 地域主义风格（20 世纪初 ~20 世纪 30 年代）	缩小了与欧洲城市景观艺术设计理念和实践之间的差距	紧跟欧洲城市景观设计发展，甚至出现并驾齐驱的局面
3 繁荣阶段	19 世纪末— 20 世中叶 （注：即 19 世纪末现代艺术的兴起— 1945 年二战结束）	1. 现代主义思潮（19 世纪末 ~20 世纪中叶）	从根本上改变了美国在世界城市景观设计领域的地位，一跃成为引领当代世界城市景观设计发展的主要流派之一	对全球城市景观艺术设计发展发挥着深刻而重要的影响
4 多元化 发展阶段	20 世纪中叶— 20 世纪 80 年代 （注：即 1945 年二战结束到 20 世纪 80 年代）	1. 生态意识倾向（20 世纪 60 年代） 2. 极简主义（20 世纪 70 年代） 3. 后现代主义（20 世纪 80 年代）	丰富了美国城市景观艺术设计的内涵	开创了美国城市景观艺术设计多元化发展的局面

潮、主要成就可用表 3–2 来进行概括。

从美国城市景观艺术设计的发展历程可以看到，其孕育于欧洲造园传统，受到西方的古典复兴、浪漫主义等文艺思潮的影响，也经历过城市化带来的公园运动，在几次转折性的发展后，在大量吸收了亚洲与欧洲的风景园林经验的基础上，走上了极具本土特色的城市景观艺术设计发展之路，并在当代呈多样化的发展态势。

图 3–57 自然风景式园林（一） 英国利兹古堡

2. 近现代欧洲城市景观艺术设计

（1）近代欧洲城市园林景观

欧洲园林体系是世界三大园林体系之一，覆盖面广，对世界各地区的园林发展产生了重要影响。它以规则式和自然式园林为主要造园流派，分别追求人工美和自然美的情趣。其中，自然式风景园的出现改变了欧洲由规则式园林统治的长达千年的历史，其摆脱了古典主义的束缚，取消了园林与自然之间的界线，将自然作为主体引入到园林中，体现一种自然天成、返璞归真的艺术境界。当时英国的文学、艺术领域出现了尊重自然的信念，将风景园看成是一种自然感情的流露，充满浪漫的色彩，是一个理想的世界。

图 3–58 自然风景式园林（二） 英国利兹古堡

十九世纪中叶以后，自然式风景园设计已经达到了巅峰，成为欧洲园林设计的主导风格。而新建园林的成就往往不能超越以往的经典风景园，并且自然风景园对于一个小块地段或者城市中的小块环境并不合适的弊端也逐渐显现出来。于是，在建筑附近的园林、城市中的小块绿地设计中出现了几何式的复活。自然风景园随着社会的变化渐渐结束，但是其思想和手法影响了之后的城市公园的设计。英国的布朗、亨弗利·雷普顿等人发展与完善了英国自然风景园，使其成为现代城市公园设计的主要参照，德国的德骚王子和法国的豪斯曼等人深受英国公园理论启发，分别成功地在德国与法国展开了公园建设活动（见图 3-57，图 3-58）。

（2）现代欧洲城市景观艺术设计的探索

十九世纪末，工业革命极大地繁荣了欧洲资本主义经济与文化，巩固了资产阶级革命成果，使欧洲社会实现了跨越式发展。欧洲各国纷纷运用大机器开展生产，在工业蓬勃发展，经济繁荣兴旺的同时，城市的规模不断扩大膨胀，人口密集、工业相对集中又造成城市大气污染和环境恶化。另一方面，浪漫主义的产生和公民自我意识的发展，促使平均主义高涨，以及民族资本主义民主国家和共产国家思想的出现。

① 城市公园

园林的功能不再仅仅是家庭生活的延伸，而是肩负着改善城市环境，为市民提供休憩、交往和游赏的场所，这是传统园林设计领域一场空前的变革。政府的革新意识为市民休闲场所和大型市政公园的出现铺平了道路。城市公园的产生是对城市卫生及城市发展问题的反应，它使得景观作为民主社会普通人生活的一部分来到了公众中，对现代工业社会城市居民的身心放松起到了巨大的作用。较之传统的庭园或私人庄园，城市公园用地规模大、环境条件复杂，在功能与使用、行为与心理、环境及技术等众多方面形成了更为综合的理论与方法（见图 3-59，图 3-60）。在西方，园林（Garden & Park）的概念自此开始逐渐发展成为更广泛的景观（Landscape）的概念。

② 新艺术运动与景观设计

新艺术运动的主题是模仿自然界生长繁盛的草木的形状，追求自然曲线形成为其主要的探索表现手段。用各种各样弯曲多变的造型表达自然的发展和动态变化，具有民族浪漫主义风格。莱尼·马金托什常以特别的一朵花或一棵树作为整个房间的设计主题；安托尼·高迪设计的建筑看上去如有生命一般，仿佛会动一样。新艺术运动作为现代主义之前有益的探索和准备，传播范围广阔，为日后现代主义中“风格派”和“包豪斯学派”奠定了基础。新艺术运动中的景观设计思想摆脱了单纯的装饰性，向功能主义方向发展（见图 3-61，图 3-62）。

（3）现代主义思潮的影响

尽管有学者认为，与现代主义对建筑领域的影响程度相比，其对景观设计几乎没有深刻的影响。但事实上，现代主义

图 3-59　城市公园　英国伦敦

图 3-60　城市公园　英国伦敦

图 3-61　高迪浪漫主义风格建筑　西班牙巴塞罗那

图 3-62　高迪浪漫主义风格建筑　西班牙巴塞罗那

对景观的贡献是巨大的，它为现代景观开辟了一条新路，创造了自由的平面和空间布局，形成了简洁明快的设计风格和丰富的设计手法。虽然它的表现没有建筑那样鲜明迅速，潜移默化的影响却使景观走出了传统园林的天地。工业革命带来的现代化的生产方式和生活方式，改变了现代人的审美观，导致现代设计与传统设计有很多的不同之处。伴随着技术上的进步，设计的民主主义倾向和社会主义倾向，非理性主义思潮与存在主义思潮的并存与冲击，是西方现代思想界最突出和鲜明的现象。在商品社会中，消费化的生活方式也促成了追求风格的创新与反抗经典的审美取向。两极化的景观设计现象出现，相对主义价值观的涌现，使个人化、另类化的行为具有了合法性。

（4）19 世纪下半叶 ~20 世纪初的欧洲城市景观艺术设计

现代形式理论对 19 世纪末、20 世纪初的现代主义美术运动产生了巨大的影响。在众多的现代主义艺术运动中，立体主义是影响较大的一个。立体主义在西方艺术史上具有突破性的革新作用，它影响了其他各类艺术的表现形式，也促使景观设计用象征性的和单纯形体的艺术语言来表现内在含义。总的来说，欧洲非理性主义思潮与存在主义思潮并存，抽象艺术与写实艺术看上去面目迥异，但两者却有着一脉相承的内在联系。写实艺术描绘的是看得见的外在的真实，而抽象艺术揭示的是看不见的内在的真实。即便是追求非理性的达达主义和超现实主义艺术也有一套完整的科学理论即精神分析学和梦幻心理学作为依据。可以说，现代艺术透露着科学主义的光芒（见图 3-63）。

图 3-63 《亚威农少女》 毕加索

1851 年在英国伦敦的海德公园内开展的大型博览会拉开了现代建筑的序幕。现代主义景观强调人的需要、自然环境条件及两者结合的重要性，倡导遵循现代主义建筑的“形式追随功能”原则，即设计内容决定设计形式的功能主义的设计理论，为现代主义景观设计风格打下了理论基础。现代主义的景观设计风格初步展现的标志性事件是 1925 年在法国巴黎举办的“国际现代工艺美术展”。具有真正创新意识的景观形式在展会上出现。通过完整的吸收立体主义的构图思想，设计师在传统园林概念的基础上实现了革新，展示了现代设计思想。展出的作品首次将现代艺术立体派绘画的设计语言直接引入到景观设计中，用几何形的构图展现动态的平衡，在规则式园林的基础上进行现代形式语汇的改良。并有意识地引入现代科学技术的成果，如新型工业材料被作为塑造艺术品的主要材料，突破以往工业制品“不美”的思想桎梏。自法国“国际现代工艺美术展”之后，将抽象的现代艺术与历史上规则式或自然式园林相结合建造现代景观的理念，逐渐被人们接受。

图 3-64 混凝土“树” 法国“国际现代工艺美术展”作品

这一时期的景观设计以庭院为主，受到现代艺术与现代建筑风格转变的影响，作品注重形式与功能相结合。同时，景观作品多与建筑结合在一起，利用自然中的景物，将室内空间延伸到室外，使人们积极地享受阳光、空气和风景，如建造室外餐厅、室外平台等。另外，现代抽象艺术雕塑与室外景观的结合，也是这一时期的设计特色。雕塑走出室内置于自然环境中，调和了建筑与自然间的平衡关系。景观设计思维的创新，为今后的现代主义景观的发展做了铺垫（见图 3-64）。

（5）二战后的欧洲城市景观艺术设计

第二次世界大战结束后，欧洲各国都经历了前所未有的经济大发展，城市急需重新建设和规划，由此带来了许多大型的建筑项目，而忽略了城市景观艺术设计的发展。经过一段时间的建设，资本主义经济进入全盛时期，社会和经济状况的稳定和繁荣促使现代景观蓬勃发展。诸如城市广场、城市公共空间、建筑小庭院等拥有各自城市文化特色的城市景观应运而生，在欧洲这片不同文化集中的地区大放异彩。而从 20 世纪 60 年代末开始，经济、社会和文化的危机和动荡促使景观设计进入反思和转变的时期，设计的思想更加广阔，手法更加多样。全球经济技术的进步，使城市景观艺术设计呈现多元化的发展格局，也使各个国家和地区更注重自己独有的地域文化特征。

① 英国

英国的历史文化悠久，国内有许多漂亮的古建筑。随着城市功能的日益复杂化、现代化氛围的日益浓郁，城市面临许多需要改造的项目，这其中也包括如何处理现代城市功能与传统城市风貌的问题。例如英国维多利亚广场，其设计综合了各方面的因素，合理利用地形，在传统建筑的氛围下，运用现代设计语言塑造了具有现代审美风格的广场空间（见图 3-65，图 3-66）。

② 德国

德国是现代主义设计的发源地，在世界现代设计史上有举足轻重的地位。德国的设计理论也影响到世界设计理论的形成。20 世纪 50 至 60 年代举办的园林展，主要是为了移除战争轰炸后的瓦砾残骸，修复被毁坏的城市公园和城市空间，医治战争带来的心灵创伤，重建家园。它刺激了城市绿地空间的发展，帮助了恢复、重建德国的城市与园林，恢复城市面貌。

在上个世纪 60 年代末、70 年代初，德国城市景观艺术设计最主要的改变是：观赏不再是景观的唯一功能，人们更看重个人空间和生活需求，消遣和娱乐功能被认为是重要的。至 70 年代末，保护环境、改善城市生态状况的思想被引入了景观设计并得到重视（图 3-67、68）。20 世纪末期，随着信息工业时代的到来，德国传统制造业衰落，在城市中留下了大量的工业废弃地，带来一系列的环境和社会问题。设计师在以

图 3-65　维多利亚广场（一）　英国伯明翰

图 3-66　维多利亚广场（二）　英国伯明翰

图 3-67　老街　德国法兰克福

图 3-68　步行街　德国法兰克福

图 3-69　北杜伊斯堡景观公园(一)　德国

图 3-70　北杜伊斯堡景观公园(二)　德国

不推翻本地的原有历史为前提下，开始尝试运用新的设计理念和手法对德国老工业区进行景观改造。通过一系列对工业废弃地的改造实践，设计师以新的审美观和生态技术将历史呈现出来，完成了一批对欧洲乃至世界景观设计都有重大影响的作品，如德国国际建筑展埃姆舍公园（IBA Emscherpark）中的一系列项目、德国萨尔布吕肯市港口岛公园（B ü rgpark Hafeninsel）、德国海尔布隆市砖瓦厂公园（Ziegeleipark）、德国Lausitze 地区露天矿区生态恢复等（见图 3-69，图 3-70）。

③ 法国

1925 年巴黎的"国际现代工艺美术展"是城市景观艺术设计迈向现代化的重要标志性事件。1980 年密特朗总统在巴黎城市改建过程中实施的十大工程，则给了设计师将理论应用到实际的机会和展现才华的舞台。其中最著名的有拉 · 维莱特公园（Parc de la Villette）、雪铁龙公园（Parc Ardre-Citroen）和贝尔西（Bercy）公园（见图 3-71，图 3-72）。

④ 北欧

北欧国家独特的自然地理条件和社会发展模式孕育了自己的景观特征，它们具有相似的风格，朴实、美观、实用，且具有人情味。设计师推广具有本土特色的现代主义，他们根据本地区特有的自然、地理环境特征，采取自然或有机形式，以简单、柔和的风格创造本土化的富有诗意的景观，其中最有影响的是瑞典和丹麦（见图 3-73，图 3-74，图 3-75，图 3-76）。

而荷兰在本世纪由于 West 8 公司富有创意和特色的作品也吸引了全世界的目光。

（6）现代欧洲的城市景观艺术设计的主要倾向

生态设计思想作为可持续发展理念的一条可行性思路，在全球范围内成为主流趋势。以生态设计思想为宗旨的设计

图 3-71　拉 · 维莱特公园(一)　法国巴黎

图 3-72　拉 · 维莱特公园(二)　法国巴黎

图 3-73　TIVOLI 公园(一)　丹麦哥本哈根

创新理念和实践层出不穷，如极简主义设计思想、大地艺术设计作品，每一个主题都有代表性的作品。20世纪60年代起，在文化领域出现了很多震荡和转变，建筑界宣称后现代主义代替现代主义的时代已经到来。后现代主义主张艺术多元化，反对完全统一的世界观，而影响城市景观艺术设计的主要后现代思潮为解构主义思想。同时，与科学的紧密结合也使许多强调构成形态和特殊视觉效果的城市景观艺术设计成为可能。

3. 日本近现代城市景观设计的发展

日本城市景观设计发展初期以模仿吸收西方国家，特别是欧美先进国家的理论与技术为基础，并深受西方文化的影响。随着日本经济的发展，其城市景观设计结合了国情和社会生活的基本需要与特征，试图建立起一条符合日本特色的发展道路。同时，也正是由于日本特有的文化情境和本位倾向，其城市景观设计既没有对西方现代设计亦步亦趋，也没有拘泥于传统裹足不前，使得外来文化和本土文化相互影响并催生了独具特色的双轨制发展模式。因此，日本当下的城市景观设计得以既保留传统文化，又运用西方的先进技术方法，实现了对单纯抄袭外来模式的超越，逐渐形成了独树一帜的日本发展模式，呈现出一条传统与现代交织磨合的发展之路，在世界城市景观设计中独具特色。

在日本近现代城市景观设计的发展进程中，由于战争，尤其是二战的重大影响，加上西方与本土文化的交互作用，其城

图3-74　TIVOLI公园(二)　丹麦哥本哈根

图3-75　滨海景观(一)　丹麦哥本哈根

图3-76　滨海景观(二)　丹麦哥本哈根

图 3-77a　日本传统庭院中的枯山水

图 3-77b　日本传统庭院中的枯山水

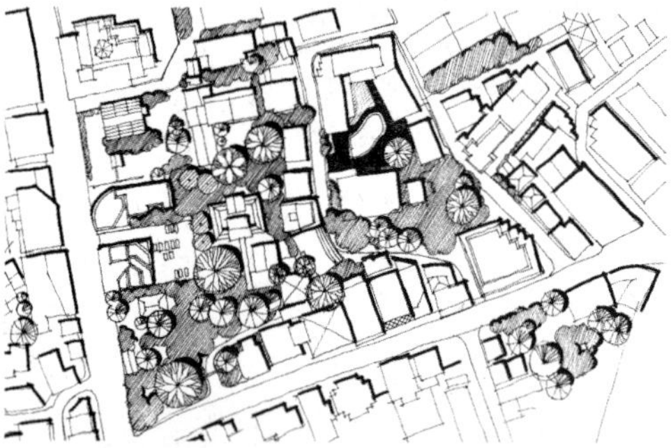

图 3-78　乃木公园

市景观设计发展不论是在理论或在实践层面，都反映出复杂交错的前进轨迹。其发展大致分为三个阶段：

（1）第一阶段：近代城市景观设计发展时期（1868 ~ 1945 年）

从 1868 年明治维新开始，西方先进文化的引入造成了当时日本设计领域“和式”与“洋式”的混合性特点。而在经历了明治初期全面的西化学习之后，日本传统文化重新受到日本设计界的审视与注重，注重自然资源的节约利用、强调简洁朴素的美学思想、注重自然和谐之美、尊重材料本身的特性等等内容在各设计领域得到了继承和发扬。在这一设计环境与特点的转变中，日本城市景观设计同样经历了西方与本土文化的拉锯过程，明治维新初期的城市景观设计受到外来文化的强烈冲击和震荡，因此该领域出现了大量西方城市景观的设计手法与设计符号。同时，该时期日本城市景观设计中的主要建设成果——园林景观开始趋向大众领域发展，随之出现了公园等城市景观设计的新兴内容。另外，该时期日本城市景观设计面临的基本情况、改革方式、专业领域的学习等一系列变化也体现出日本近代城市景观设计的发展中无法规避的西化过程。

日本近代城市景观设计是随着私家园林景观开放和具有西方理念的公园的出现而逐渐发展起来的。一方面，从日本传统文化背景来观察，日本城市景观设计中的园林景观历史由来已久。早在 11 世纪，日本有了自己最早的城市景观设计理论著作《作庭记》。日本在西化过程中吸收了许多东西方城市景观设计的精髓，并将园林景观逐渐发展成具有独特民族风格的城市景观设计的重要组成部分。其中以枯山水[17]（见图 3-77a，图 3-77b）手法最为典型，随着禅宗文化的发展，注入了禅宗文化的枯山水更有其独到之处，可以说已成为日本城市景观设计的精髓。另一方面从社会现实背景来看，当时倡导把西方资本主义的实用主义引入日本，同时也带来了西方城市景观设计各领域的理论。其中美国的中央公园及英国的自然风景园对日本影响非常大，城市景观设计中随之出现了自然风趋向。同时，19 世纪下半叶日本城市景观领域最大的革命即诞生了具有西方理念的公园，这与明治天皇提倡洋为和用、开放国门的政策是紧密联系的，也体现了当时对西方文化推崇与追随的现象。至 20 世纪初，公园作为该时期城市景观设计的主流内容仍不断出现，随着时间的积累，以东京为中心的公园辐射圈逐渐形成规模。如图 3-78 为这一区域内的乃木公园。

近代日本城市景观设计发展阶段的后期，即 20 世纪 20、30 年代，正是西方现代主义思潮发展并逐渐产生巨大影响的时期，同时伴随着日本本土科技文明的发展和生活模式的现代化，日本各领域出现了最早的现代主义表征，这些多元化的影响渗透到日本社会与大众生活中，反映出该时期政治、经济和精神文化生活的重要变革，并影响到大众的审美倾向和价值取向。这种影响折射到城市景观设计领域，促使其设计理念以立足传统为本，同时又逐渐呈现出现代设计的发展趋势。另外，基于园林景观反映出的人与自然的和谐共生理念，日本城市景观设计对可持续的发展形态日益重视。然而，该时期现代主义的影响只是处于初期阶段，随着战争的爆发，各领域的发展都进入了停滞期。从日本近代城市景观设计的发展过程来看，在外来与本土文化的双重影响下，正逐渐构成其立足传统与现实需求的独具日本文化特征的发展轨迹，并通过现代设计中的构成方式与设计手法加以完善，逐渐形成了从传统内核出发，结合先进的技术文化对时代变迁中的城市景观设计进行改善和推进的双轨制模式的雏形，这也为战后日本城市景观设计的发展方向与模式埋下了重要的伏笔。

（2）第二阶段：二战后初期（20 世纪 40 ~ 70 年代）现代城市景观设计发展时期

20 世纪 40 ~ 70 年代，其间近 30 年的时间是战后日本的复兴时期。当时的日本设计正处于跨入现代设计的初期阶段，并且处于现代主义思潮的广泛影响下，因此该时期的设计呈现出注重材料特性、形式简洁、注重功能等特点。面对西方现代设计的深刻影响，日本设计重新表现出追随与模仿的过

图 3-79　广岛和平纪念公园

程。在这样一个设计发展的重要转折时期，日本城市景观设计迎来了冲击与改变的机遇。这些设计理念所倡导的排除虚假的装饰，强调功能性与实用性的观点正符合日本重建复兴时期的宗旨。城市景观设计在新材料、新技术方面的空白，也开始在学习西方尤其是西方建筑技术的开发中得到弥补与促进，并为之后日本的高速成长期奠定了物质基础。值得一提的是 1955 年经济高速成长开始时，日本城市景观中 80% 的木构建筑景观开始逐年减少，1963 年占 50%，1964 年只占 45%。这方面的变化反映出日本国民面对“传统”的轻装前进的态度。“求变”的民族传统占据主导地位，在变化中求得生存与发展[18]。

二战后初期的城市景观设计以重建为口号，而随着社会经济的复苏，城市景观设计又面临着继承传统文化、形成具有日本本土特色、开拓多元化未来的发展趋势。该时期的广岛和平纪念公园（见图 3–79）这一城市景观具有代表意义。广岛和平纪念公园坐落于市中心，以原爆堂为北起点，沿轴线南下，依次排列和平火炬、慰灵碑、纪念物陈列馆。在平面布局上，可以看到作品对于城市轴线布局的引用，以及在整体布局中加入了不同面积的广场作为公共交往空间来完善这一城市景观设计。而在细节方面，则能看到比例优美的纪念物陈列馆，上部为长箱型结构，下部为柱群，正面是纵向分割的百叶窗造型，整体采用了清水混凝土材料的底层架空的处理手法。这也体现了设计师在日本传统城市景观设计中构筑物纤细、轻快风格的影响下，设计手法的创新与实践。

60 年代中期，后现代主义思潮在日本逐渐兴起，同时西方在城市景观设计领域开始注重造型元素的变化与设计，地域主义理论亦逐渐兴盛，反映了城市景观设计中对个性丧失与文化趋同现象的反思。此时的日本处于经济恢复并过渡到高速发展的阶段，社会各阶层的需求日渐丰富。但随之而来的还有城市高速发展的副作用，即生活环境由于工业城市发展造成的破坏日益严重。恰逢同时期东方哲学思想得到提升，表达出人与自然和谐共处的期望。因此在城市景观设计中对环境生态、历史文脉和谐共存的要求趋向更综合的发展观念。同时，反映到城市景观设计中的还有后现代主义的影响，如在完善功能的基础上，注重形式、造型与传统文化、地域特色等元素有机结合的种种理论，日本本土随之出现了相关的理论思想与探索实践。其中以黑川纪章为代表提出的“共生思想”[19]，不仅体现出后现代主义的影响，并深化体现为以本土文化为基础的发展特征。例如该时期的城市景观作品广岛市现代美术馆（见图 3–80），通过作品与环境的联系、内部与外部材质的过渡等手法体现出城市景观设计中人工景观与自然景观的共生思想。“共生思想”也成为当代日本城市景观设计的核心内涵之一。至 70 年代，生态学理论影响愈深，

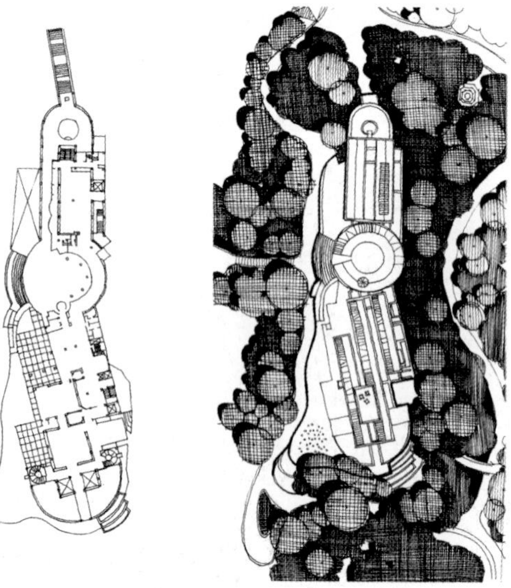

图 3–80　广岛市现代美术馆

日本开始注重生物空间的布局，在城市景观设计中强调自然生物的栖息方式和人工景观之间的动态联系，强调城市景观设计的连续性和层次性。这一阶段的日本城市景观设计伴随着经济快速发展的现实影响与对现代设计理论的深刻感悟，并直面现代设计环境中表现出的某种同一性，开始寻找独具特色的发展模式，从而在该阶段逐渐完善了立足传统文化，吸收东西方文化精髓的双轨制发展模式。

（3）第三阶段：20世纪70年代后的现代城市景观设计发展时期

20世纪70年代后，伴随着全球化思潮、信息技术革命、本土社会经济状况不断起伏等，日本设计面对着正在不断发生深层变革的社会背景，其发展呈现出更综合、更多元的特点。在社会环境与设计环境的不断变迁中，日本城市景观设计的发展，受到外来文化的影响更加广泛，与外来文化的交流、融合也愈加密切。而该时期对现代主义的反思以及后现代主义的兴盛，都成为影响城市景观设计的重要因素。同时经济高速发展所产生的环境问题，也成为城市景观设计所要面临的现实问题。因此该时期的日本城市景观设计需要关注的内容更加纷繁复杂，也正是在这样的社会现实背景下，城市景观设计更需明确发展的方向与核心内涵。

日本经过二战后30年左右必要的重建发展阶段后，逐渐成为世界屈指可数的经济强国。但这期间城市化、工业化急剧发展，城市人口膨胀和产业集中迫使其建设只能以经济效益优先，由此制约了城市景观设计的发展。期间许多城市进行了大拆大建，从而引发了当地民众对这种大规模重建与开发的反思，并意识到保留城市历史风貌和文化传承的重要性。正是这种公众参与方式，修正了倡导性途径的一些不足。同时也能以当地居民的意见为参考，能够更合理地听取当地民众从最基本的生活环境出发对所处城市景观的发展建议，彰显城市特色，从而推动城市景观设计对当地传统文化的继

图3-81　东京多摩新城

承与发扬。同时,随着经济的飞速增长,各行业的废弃物在各地城市造成环境污染引起公害,在环境污染问题的冲击下,在生态意识等文化艺术思潮的影响下,面对自然与人工环境的各种实质性问题,民众产生了“生存思想”,愈加重视环境的重要性,从而导致城市景观设计理念的转变。但在生态意识的讨论转向基于实践的研究这一过程中,日本城市景观设计仍然经历了惨痛教训。东京附近多摩新城城市景观(见图3-81)的开发建设就是一个反面案例。20世纪70年代前,这里曾经是充满绿色植被的丘陵地,为解决东京人口的居住问题,政府不得不开发这一地区。将基地中30平方公里丘陵地的80%用于建造住宅和公共建筑,城市景观中的绿化和公园占地不足20%。由于生态学家对这类开发建设毁掉绿色山丘提出强烈抗议,政府在开发过程中保留了有价值的树木并移植到新建公园中。尽管如此,多摩新城的城市景观设计还是不尽人意,并造成了环境资源的极大浪费。事实上,生态意识的领军人物伊安·L·麦克哈格(Ian Lennox McHarg)的研究早就指出,过去多数的城市景观设计都是用来征服自然,但自然本身是许多复杂因素相互作用的平衡结果。砍伐树木、铲平山丘、将洪水排入小山沟等行为,不但会造成表土侵蚀、土壤冲刷、道路塌方等后果,还会对自然生态系统造成干扰甚至破坏。因此,从70年代起,日本政府确定了“美的城市营造”这一城市景观设计的基本目标,以求更好的生存环境。除了社会现实因素外,70年代日本城市景观设计的发展还受到极简主义、后现代主义等一系列思潮的广泛影响,并在发展过程中进行了各种探索与实践。以群马县立近代美术馆(见图3-82)、北九州市立美术馆等城市景观作品为代表,体现了该时期城市景观设计中关于空间概念、装饰元素、结构特征等方面的思考与表达。从图中作品资料的解析来看,作品以立方体为空间模块,并通过程式化方式进行排列组合。群马县立近代美术馆是以12米为边长的正方体为模块,采用蛇形的链接形态来进行组合,既强调城市景观单元空间的独立性,又兼顾到单元空间组合的多样性。而北九州市立美术馆则将这种

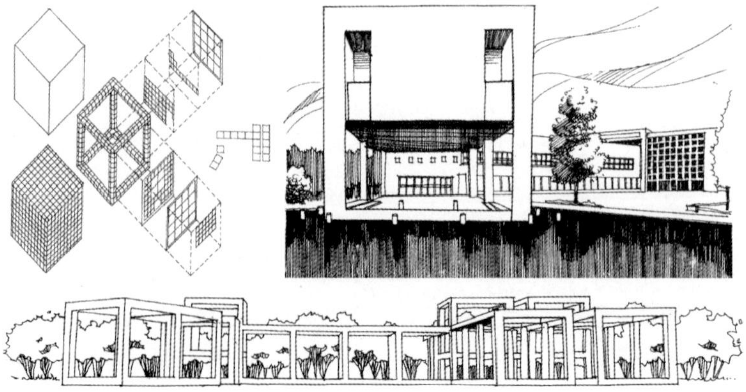

图3-82 群马县立近代美术馆

空间模块延展、错位、上升和移动,进而创造出层次感更为鲜明、丰富的空间组合。体现了城市景观设计中基于日本设计中模数概念的应用方法,同时又超越了以往日式空间的组合及感知范围,从而对城市景观设计的空间概念进行了扩展,体现出对城市景观设计对各要素差异性、丰富性的追求。

20 世纪 80 年代,由于日本经济稳定和市场的繁荣,城市景观设计体现出更自由的创作空间。区别于现代主义所提倡的简洁明快、没有装饰等原则,后现代主义影响下的城市景观设计体现出讲究装饰、含糊、折衷复杂的特征。[20]其中筑波中心大厦广场(见图 3-83a,图 3-84b)就被认为是日本城市景观设计中后现代主义影响下的标志性作品之一。筑波中心大厦广场抛弃了对欧洲建筑空间的再构筑式的隐晦诠释手法,更加直接地导入欧洲建筑景观的空间特性。广场下沉部分的设计是对 16 世纪中期米开朗基罗(Michelangelo Buonarroti)设计的罗马坎皮多利奥广场(见图 3-84)的借鉴,广场地面与落水墙的色彩也明显脱离了日本传统的用色范畴,以欧洲建筑景观中常见的土黄、土红色为基调,与具有凹

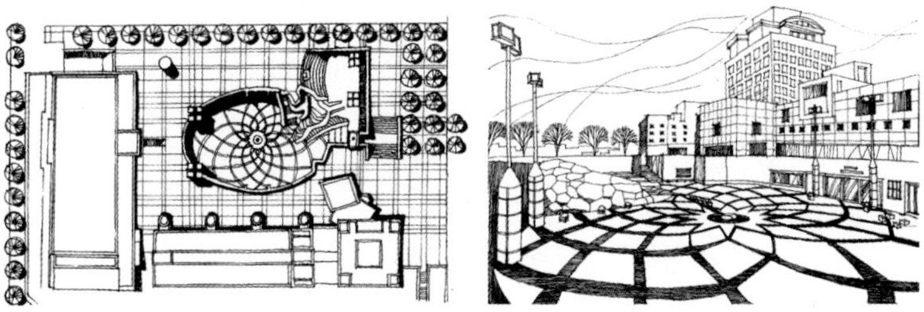

图 3-83a　筑波中心大厦广场

图 3-83b　筑波中心大厦广场

图 3-84　罗马坎皮多利奥广场　意大利

凸质感的花岗岩墙体相得益彰。与这个罗马广场形成对照的是，筑波广场是用黑色石带勾勒浅色地面，中央设置喷泉。广场下沉部分为不规则的椭圆形，由平缓踏步、流水瀑布、植物花架等多种要素构成，空间构成参差错落、层次丰富。设计师矶崎新还采取了对自然植株抽象模拟的处理手法，让人联想到日本城市景观设计中的枯山水创作手法。筑波中心大厦广场充分体现了后现代主义的影响以及对城市景观设计手法的多样性探索：设计师立足于本土文化，提取西方文化的历史语言和形式进行巧妙的重构，体现出一种具有时空序列感的设计理念，同时也为立足于传统文化内涵的城市景观设计，提供了多角度的思考。

20 世纪 90 年代，城市景观设计显示出更为多元化、深化人与自然的和谐关系等发展倾向。从 sutory 博物馆 · mermaid 广场（见图 3-85）这一作品中，可以看到该时期城市景观设计的倾向。这一作品位于水资源极为丰富的大阪市南港天保山，在过去的城市景观设计中，水与生活者的关联性时常被忽视或被隔断。为了重塑城市生活中充满活力的亲水空间，设计师安藤忠雄将美术馆与大海之间的护岸设计成台阶状广场，顺势延伸向大海，作为亲水护岸广场，并将这一公共空间作为设计的中心概念。通过抽取自然中光、水、风等元素在城市景观设计中的应用，拉近了人工景观与自然环境的关系，建立起人与自然的新型关系。

进入 21 世纪后，在资源与环境生态意识的驱动下，自然的回归与城市环境的同化成为城市景观设计的一大思考与实践课题。设计师们在规划 21 世纪的城市景观设计时，考虑到城市与自然这一对立概念的消解，同时也将应用新的技术与材料来实现这种从对立到同化、融合关系的过程。因此在日本近期推出的“东京都景观总规划”方案中，吸取了与自然生态背道而驰的教训，将遵从人与自然的和谐共生关系来实现水和绿色丰富的东京。这需要从保护自然景观、继承传统文化、扩展人与环境关系等领域入手，逐步实现东京城市景观设

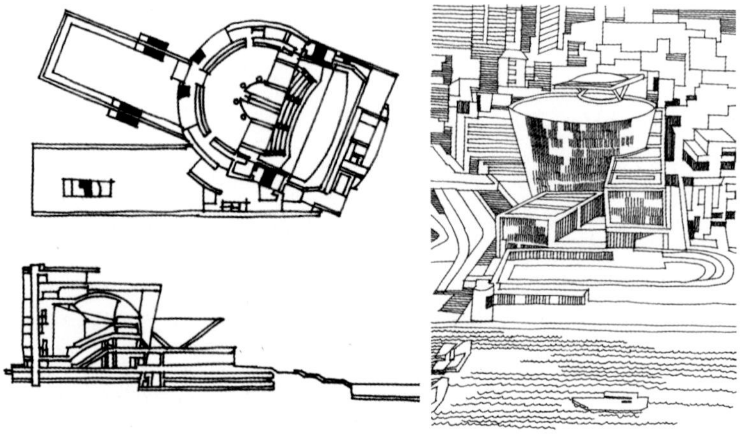

图 3-85　大阪 sutory 博物馆 mermaid 广场

计的多维发展。这也体现出日本现代城市景观设计更注重生态景观实施的广度和深度，从功能的再次开发到对基地环境的协调，都显示出更和谐的共生发展理念。

总体来看，该时期的日本城市景观设计立足现实基础，继承日本传统文化中人与自然的和谐观点，从环境的可持续性发展着眼，注重生态与环保概念，在吸纳外来文化的同时秉承其传统内核，立足于双轨制的模式并进一步探索适应时代的、符合其本土背景的城市景观设计发展之路。

从日本的城市景观艺术发展历程一路看来，虽然日本城市景观设计在发展过程中不断受到各种外来文化的影响和冲击，但是其传统文化始终作为核心内容被保留并且为新的发展内容奠定了稳固基础。具体表现为以日本传统文化为内核、以外来先进文化技术为手段、立足于时代背景，结合人文手段发展适合日本国情的发展模式。其成功之处很大程度上在于地域性与时代性的完美结合，在于双轨制模式的体系作用。

注释：

[1] 董鉴泓主编．中国城市建设史（第三版）．北京：中国建筑工业出版社，2004：404

[2] 董鉴泓主编．中国城市建设史（第三版）．北京：中国建筑工业出版社，2004：404

[3] 董鉴泓主编．中国城市建设史（第三版）．北京：中国建筑工业出版社，2004：404

[4] 董鉴泓主编．中国城市建设史（第三版）．北京：中国建筑工业出版社，2004：403

[5] 柳尚华编著．中国风景园林当代五十年（1949-1999）．北京：中国建筑工业出版社，1999：3

[6] 董鉴泓主编．中国城市建设史（第三版）．北京：中国建筑工业出版社，2004：405

[7] 董鉴泓主编．中国城市建设史（第三版）．北京：中国建筑工业出版社，2004：405-406

[8] 柳尚华编著．中国风景园林当代五十年（1949-1999）．北京：中国建筑工业出版社，1999：3-4

[9] 邹德侬等著．中国现代建筑史．北京：机械工业出版社，2003：81

[10] 柳尚华编著．中国风景园林当代五十年（1949-1999）．北京：中国建筑工业出版社，1999：6-7

[11] 城市规划.2004 年第 10 期，P50-52

[12] 江苏省地方志编纂委员会编．江苏省志 · 风景园林志．南京：江苏古籍出版社，2000：28

[13] 王佐著．城市公共空间环境整治．北京：机械工业出版社，2002：4

[14] 张平宇．城市再生：我国新型城市化的理论与实践问题．城市规划，2004（4）：28

[15] 涂力新，陶韬．浅析南京老城环境整治．城市规划，2004（2）：77

[16] 陈晓彤著．传承 · 整合与嬗变——美国景观设计发展研究．南京：东南大学出版社，2005：317

[17] 枯山水是日本式园林景观中的一种表现艺术。枯山水中的“水”和“山”通常用砂石和石块来表现，有时也会在砂石的表面画上

纹路来表现水的流动。一般在园林景观中用碎石和细砂铺地，再加上一些叠放有序的石块来构成。（参考资料：百度百科“禅宗庭院”词条）

[18] 吴耀东著．日本现代建筑．天津：天津科学技术出版社，1997：69

[19] 共生思想将城市景观的生存发展与生命原理联系起来，涵盖了社会与生活的各个领域，贯穿于黑川纪章的设计理论体系。（参考资料：建筑大师 MOOK 丛书——黑川纪章．华中科技大学出版社．2008）

[20] 王受之著．世界现代建筑史．北京：中国建筑工业出版社，2002：331

第四章　不同空间层次的城市景观形象特征

图 4–1　大城市的轮廓丰富、体量巨大　北京

图 4–2　接轨全球、辐射周边的引擎式巨大张力　上海

图 4–3　巨大的体量、开阔的空间　拉 · 德方斯

一、大城市与中小城市(镇)景观形象的差异

城镇体系规划中著名的“倍数原则”，阐明了一个国家或地区健康有效发展的前提：依照城镇等级倍数原则建立大、中、小城镇群落结构体系，形成完整的网络，从大城市到小城镇，不同等级的城镇承担着不同的社会职能，提供不同等级的社会服务，如国际级的经济中心城市承担着国家经济发展的引擎作用，是国家经济融入全球经济网络的节点，承载着大量人流、物流和信息流，而中心镇则具有承上启下的重要作用——既是大中城市扩散工业的接纳地，又是分散农村工业的集中地，及相应服务业的小区域综合中心，这样便可形成系统完整的区域化服务和基础设施体系，实现国家或地区的整体高效运转。

尽管城市不论大小均由各种形态的建筑实体、城市交通等基础设施网络和绿地系统组成，均应满足人们日常工作和生活的各方面需要，但不同的社会职能直接决定了大城市与中小城市在城市景观形象上的诸多差异，具体表现在以下几个方面：

1. 城市空间尺度

大城市与中小城市在景观形象上最显著的差异便是城市空间尺度的差异。大城市作为国家经济、文化或政治中心，承载着大量人流、物流和信息流，往往是高层乃至超高层巨型摩天楼的聚集地。人们常说的“城市长高了”形容的便是这种城市景观形象：单体建筑面积动辄十几乃至几十万平方，体量巨大且功能高度复合；建筑实体所围合限定的城市公共空间如城市广场、街道、绿地系统等，尺度也相应宏大；城市轮廓线起伏而丰富……处处体现出现代化大都市的恢弘气势，以及接轨全球、辐射周边地区的引擎式巨大张力。人们身处其中更多感受的是人类文明对于自然的征服力、作为个体的人其自身的渺小以及现代都市的紧张感、快节奏和高效率(如图 4–1，图 4–2，图 4–3)。

而中小城市对应服务的区域半径相对较小，人口密度明显低于大城市，其所承担的社会职能相对单一，因此其城市空间的限定单元——建筑实体体量普遍较小，通常以多层建筑为主，中高层及高层建筑往往仅出现在其城市中心繁华地段，且常常作为中小城市的地标建筑，更多的是起到丰富相对单一的城市轮廓线的作用。与其城市实体体量相对应的城市广场、街道、街心花园等城市公共空间的尺度也明显小于大城市，它显示给人们的是一种更为亲切、温和而平等的氛围。这样的环境尺度相对于大城市来说，更易给予人们一份从容和闲适，以及对人性的尊重（如图 4-4，图 4-5）。

图 4-4　多层为主、高层点缀的中（小）城市街景　无锡

图 4-5　中（小）城市显示更为亲切、温和的氛围　无锡

2. 城市交通网络

城市中的交通网络建构了城市的基本骨架，建筑实体附着在其两侧，围合限定着城市空间。城市交通网络作为城市基础设施，其数量、等级和分布密度等的确定均有一定的科学依据，是与其城市规模和职能运转的需要相匹配的。大城市与中小城市的交通网络在数量、等级、分布密度以及种类上的差异导致了城市景观形象的较大差异。如同样是城市主干道，由于每小时机动车流量的不同，大城市往往采用八车道、四幅路的道路形式，而中小城市则采用四至六车道的三幅路的道路形式；又如某大城市其道路红线等级有 14m、24m、30m、40m、60m、80m、100m 之分，而某中小城市，其最高等级道路红线达到 60m 便已能完全满足城市交通负荷的需要；再如由于交通流量及每日人流量的巨大，二维平面化的交通网络已无法满足大城市的高效交通运转，加之地价的昂贵，迫使交通向立体空间化方向发展，于是城市高架、地铁、轻轨等成为大城市中司空见惯的城市景观，而中小城市交通方面的压力则小得多，一般二维的城市交通网结合局部的立交形式便可满足其城市运转的需要（如图 4-6，图 4-7，图 4-8）。

图 4-6　大城市的立体交通　北京

图 4-7　大城市的城市主干道　北京

图 4-8　中（小）城市的城市主干道　泰兴

3. 建筑单体的综合度

随着全球快速的城市化进程及对城市土地集约化使用的要求，在各大中心城市的中心区出现了众多的集居住、办公、出行、购物、文娱、社交、游憩等不同性质、不同用途的社会生活空间于一体的城市综合体。它们通常规模、体量及尺度巨大，有的甚至跨越一至几个街区，其建筑内部使人产生“城市”之感（如图 4-9，图 4-10）。此类建筑尽管投资巨大，科技含量高，功能、流线组织错综复杂，运行过程中对管理上的人员素质及软件要求极高，但其具有极好的综合经济效益，为大城市社会职能的有效发挥提供了物质保障。而中小城市由于其所承担的社会职能相对简单，人口密度及土地集约化要求较低，投资回报率不如大城市，一次性投资规模较小，因此，统一规划指导下的功能独立、便于管理的建筑单体模式在这些城市中具有更强的现实性和可操作性。

4. 城市中的建筑风格

大城市与中小城市在建筑风格上存在着明显的差异，大城市中的建筑物往往体现出强烈的现代感和国际化倾向，而中小城市的建筑物则更多体现出当地的地域文化特征，这也是由其所各自承担的城市职能所决定的（如图 4-11，图 4-12，图 4-13）。时下，关于如何保持城市的地域风格，强调传统建筑文化的传承成为业内人士的热门话题，但我们应清楚地认

图 4-9　覆盖街区的城市综合体（一）　英国伯明翰

图 4-10　覆盖街区的城市综合体（二）　英国伯明翰

图 4-13　体现出强烈的现代感和国际化倾向　上海

图 4-12　体现出强烈的现代感和国际化倾向　北京

图 4-11　体现出强烈的现代感和国际化倾向　南京

识到一个地区的地域特征是在一定的条件下产生的，它受当地的地理、气候条件、生产力水平、生活方式及人们对建筑物的使用方式等多种因素制约，并以特定的物质形式与其相匹配。

如前所述，作为国家经济、文化或政治中心的大城市，担负着接轨全球、辐射周边地区的引擎职能，其超大的城市尺度、建筑综合度和全方位的立体交通成为确保其职能有效运转必不可少的物质载体。与传统城市街区模式中的小体量、功能单一、平面化的二维交通模式相比，其所对应的生产力水平、生活方式及人们对建筑物的使用方式等相对于传统模式均发生了质的改变。这就决定了大城市中的建筑物往往体现出强烈的现代感、高科技和国际化倾向，更多地展现了融入全球大家庭的姿态，而体现出地域文化的相对消隐，这是一种无奈然而又是一种必然。当然，大城市也可通过对其历史传统街区的保护和改造来保留一些城市的“记忆”，但作为国际化的大都市，国际性必然是其主流的城市景观形象。同样，城市职能决定了中小城市有着与传统城市模式相近的生产力水平、生活方式及人们对建筑物的使用方式，其城市中较小的空间尺度和建筑体量、较为单纯的建筑功能、平面化的二维交通模式等均与传统街区的景观形象相关联。同时，从投资的经济性来看，就地取材是中小城市投资方更易接受的方案。这些因素使中小城市在保留城市景观形象的地域特征方面显得更为顺理成章和得心应手（如图 4–14，图 4–15，图 4–16）。

图 4–14　地域化的中（小）城市建筑景观（一）
苏州

图 4–15　地域化的中（小）城市建筑景观（二）
苏州

图 4–16　地域化的中（小）城市建筑景观（三）
苏州

二、城市不同区域的景观形象特征

1. CBD 的景观形象特征

CBD 为英文 Central Bussiness District 的缩写，即中心商务区，或称中央商务区，通常指“大城市中金融、贸易、信息和商务活动高度集中，并附有购物、文娱、服务等配套设施的城市综合经济活动的核心地区”（《规划术语》4.4.9 条）。纽约的曼哈顿、巴黎的拉 · 德方斯、东京的新宿、上海的陆家嘴、香港的中环等均为国际著名的 CBD。它们是城市的经济、科技、文化的汇集地，发挥着城市的核心功能，通常云集了大量的金融、贸易、文化、商务办公及高档酒店、公寓、服务等设施，吸引着大批国际著名的跨国公司、金融机构、企业、财团来此开展各种商务活动、设立总部或分支机构。中心商务区通常设置在公认的国际大都市的黄金地段，地价昂贵，是所在城市的精华集中地，代表着该座城市的公共形象。多功能综合性的现代化中心商务区，规模巨大，通常在 3 至 5 平方公里；建筑密度高，容积率高，建筑量至少在四五百万平方米以上，甚至上千万平方米，其中约 50% 为写字楼，商业设施及酒店、公寓各占 20%，其余为各种配套设施；区内交通便捷，人口流动量巨大。

（1）CBD 地区景观形象的共同视觉特征

基于功能、性质、规模、区域地理环境等诸多方面的共性，使 CBD 地区在其景观形象上呈现出许多共同的视觉特征，主要表现为以下几个方面：

① 特征明显的城市地标群，具有强烈的城市空间导向性。由于 CBD 通常所处地段为城市的黄金地段，地价极为昂贵，导致建筑密度和容积率偏高，致使建筑物向高空发展，形成城市空间尺度巨大、高楼林立的景象——令人瞩目的“城市屋脊”，从而丰富了城市的天际线，为其增添了一道靓丽的风景，同时构成城市标志性群落或称“地标群”，强化了城市意象（如图 4-17，图 4-18，图 4-19，图 4-20）。

② 建筑单体时尚、前卫，是新观念、新技术、新材料的三位一体。如前所述，CBD 地区作为城市综合经济活动的核心，高度集中了大城市中金融、贸易、信息和商务等各类活动，是各地区和国家参与国际大家庭经济、文化、贸易等各项活动的窗口和纽带，这就决定了区域内所有建筑均需向世界表达一种开放和包容的姿态，一种勇于接纳一切新思维、新观念的气

图 4-17　地标群——陆家嘴 CBD 剪影

图 4-18　悉尼 CBD 天际线

图 4-19　香港中环 CBD

图 4-20　巴黎拉 · 德方斯区街景

图 4-21　拉 · 德方斯巨门显示出鲜明的国际化倾向

图 4-23　充满张力的城市地标建筑　上海

图 4-24　充满张力的城市地标建筑　上海

图 4-25　CBD 街道中常见的“一线天”景象　香港

图 4-22　拉 · 德方斯巨门的张拉膜结构

概。CBD 中的建筑单体也同 CBD 总体规划一样，常采用国际竞标的方式决定其最终方案，加之这些项目往往由政府或国际大财团斥巨资建设开发，因此其建筑单体风格呈现出明显的国际化倾向，而地域文化特色相对隐退（如图 4-21）；建筑形式往往融合最高新技术的理念，建筑的外装修材质总是为最新科技产品所占领，建筑的色彩与其高度综合的功能相匹配——闪烁着理智和中性的光辉（如图 4-22）；名师的设计、高新工艺、技术的运用赋予大多数 CBD 建筑在城市空间中适宜而别具匠心的视觉形象，其中总有若干幢成为 CBD“地标群”中的标志性建筑——城市地标（如图 4-23，图 4-24）。CBD 地区功能的有效发挥及城市活力的持续追逐均依赖于其功能的多元化及建筑形态的高度集成，这也决定了建筑单体功能定位必然向城市综合体方向发展和演化。

③ 街道断面多呈狭窄的长矩形。由于用地紧张及建筑单体多为高层建筑，CBD 街道空间常常表现为类似“一线天”的狭窄长矩形的横断面形式，常令行走其间的人产生封闭和压抑感（如图 4-25）。日本建筑师芦原义信就外部空间街道尺度曾提出一组很有参考价值的数据：街道的宽度与两侧建筑的高度比值 d/h=1 时，存在某种匀称感；当 d/h<1 时，随比值减小，两侧建筑就易相互干扰，甚至有封闭、恐怖感；当 d/h>1 时，随比值增大，两侧建筑成游离状，街道显得空旷、萧条；而 d/h=1.5–2 时，空间尺度是比较亲切的，人漫步其中，会产生愉快感，这也是我们在商业步行街中最常感受到的尺度。[1]这一理论再次印证了 CBD 街道尺度非人性化的客观存在。

④ 城市空间体界面连续完整。受经济利益和开发强度的要求，城市高密度是 CBD 地区一大主要特征。其街道空间界面由一座座建筑实体的裙房共同围合而成，通常为连续完

整界面围合成的线性空间，裙房之间通过地面或地下的人行步道系统完成最紧密高效的相互联系。尽管 CBD 地区有着超大尺度的空间特征，给人以强烈的视觉冲击力，但同时使人感觉到在人工物面前自身的渺小和无助，因此，CBD 的尺度虽然满足了其高效原则，但毕竟是非人的。穿行在这些庞然大物的脚下，人们终于体会到设计师们为缓和这种非人尺度带给人们从视觉到心理上的冲击和不安而所做的种种努力：通过对近人部位的裙房及街道公共空间尺度的把握、细部的刻画及绿化的引入等方式，为人们贴身打造了人性化的交往场所和活动空间，塑造了正面的城市意象（如图 4-26，图 4-27，图 4-28，图 4-29）。

⑤ 现代城市设计特征明显。现代城市设计的一个主要特征便是注重城市公共开放空间的创造。高层建筑底部架空若干层，且将城市外部环境、绿化做法引入其中作为城市公共空间使用，是 CBD 中司空见惯的做法，这样做既满足了高层建筑大量人流的快速集散，又保证了各大楼间人群流动至新目的地的快捷高效，同时缓解了街道“一线天”给人带来的心理压抑，改善了空间质量，增加了城市空间的“流动感”（如图 4-30，图 4-31，图 4-32）。

图 4-26　裙房之间通过地面或地下的人行步道系统完成最紧密高效的相互联系　香港

图 4-27　对近人部位裙房及公共空间尺度的细部处理　拉 · 德方斯

图 4-28　对近人部位裙房的细部处理　拉 · 德方斯

图 4-29　对近人部位公共环境的处理　香港

图 4-30　CBD 中常见的底部架空，引入绿化的做法　拉 · 德方斯

4-31　底部架空，使内外空间流通　香港共和国

图 4-32　底部架空，引入绿化的做法　拉 · 德方斯

图 4-33　与水、石结合的尺度宜人的下沉广场　香港

⑥ 多渠道人性化设计对城市“巨构”空间的调适。一座充满活力和魅力的 CBD 必须同时把握两大基本原则——高效原则和以人为本的原则。为调适城市“巨构”空间对人心理造成的种种负面影响，CBD 地区在建设过程中纷纷引入多渠道的人性化设计，如前所述的建筑物底部架空形成半公共空间、近人部位裙房及街道尺度的调整、细部的刻画、绿化氛围的营造、人车分流的交通体系等均是以人为本的设计途径。另外，还时常能看到形态各异、尺度宜人的下沉式广场，通过不同地坪标高的巧妙变化，再缀以水、石、花木、公共艺术与各种设施小品的组合，在繁忙喧嚣的都市中为人们限定了一处处闹中取静的城市开放空间（如图 4-33，图 4-34，图 4-35，图 4-36，图 4-37）。

成功的 CBD 地区并非是匀质高密度状态，而是疏密有致，疏密组合生长的。当今国际中心城市纷纷推出与其商务中心功能相呼应的新兴产业区——RBD，则充分体现了以人为本的原则。它将休闲娱乐、科普博览、主题旅游、精品购物等各类项目加以整合，形成与商务相结合的休闲产业，从而创造出现代都市新亮点。RBD 的分布总是与大规模的中心绿

图 4-34　闹中取静的城市开放空间　拉 · 德方斯

图 4-35　闹中取静的城市开放空间　拉 · 德方斯

图 4-36　闹中取静的城市开放空间　拉 · 德方斯

图 4-37

图 4-38　公共艺术为城市增加了亮点　拉 · 德方斯

图 4-39　RBD 有效调适了高效“巨构”空间造成的非人影响　悉尼

地、公园、滨江(海)大道等联系在一起，这里除了有完善而人性化的休闲配套服务，更有钢筋混凝土所无法提供的鸟语、花香、湿润的海风……造型别致、尺度宜人、手感亲切的各种环境设施总是会在人们最需要它的时候默默地出现，让人体会无尽的逍遥、自在和放松……这一切有力地调适了基于高效原则而产生的城市“巨构”空间所造成的非人性化影响(如图 4-38)。在一些国际大都市的 CBD 中，已能看到 RBD 的影子，“休憩产业区”已成为中央商务区的有机补充。如纽约的曼哈顿南区、东京的银座、多伦多的伊顿中心、香港的中环等 RBD，与金融贸易中心同步成长，并且成为闻名全球的观光产业区。

⑦ 高度发达的立体交通系统。便捷高效的交通体系是 CBD 地区高速运转的基础保障。CBD 地区通常都拥有包括地下、地面、高空等四通八达的立体交通系统，将大量人流迅速送至目的地。许多城市的 CBD，如拉 · 德方斯和香港中环，甚至还采取了完全人车分流的交通方式，城市高架和过街天桥、地铁隧道、轻轨等成为 CBD 视景要素中不可或缺的一员(如图 4-39，图 4-40，图 4-41)。完善的城市信息导向系统也是高效交通的必要组成部分，同时也体现了现代文明对人性的关怀。路面上的这些各色醒目标示箭头以及色彩缤纷、形态各异兼有城市公共艺术身份的指示标志，不仅有助于所有初来乍到的人们快速建立对该地区的信任、友好的态度，并迅速恢复自信和良好的自我感觉，以应对即将面临的各项事务，同时也为中心商贸区交织了一曲轻松欢快的浪漫曲，成为又一道别具特色的都市风景(如图 4-42，图 4-43，图 4-44)。

图 4-40　高度发达的立体交通系统　北京

图 4-41　高度发达的立体交通系统　香港

(2)国内外 CBD 实例解读

① 香港中环。香港 CBD(中环)位处香港岛中部，占地 152.97 公顷，北临维多利亚港，是香港最早发展的地区，从 20

图 4–42　高度发达的立体交通系统　香港

图 4–43　完善的城市信息系统是高效交通的必要组成部分　拉 · 德方斯

图 4–44　完善的城市信息系统　悉尼

世纪 50 年代起即成为香港最重要的商业中心。中环拥有优越的地理位置，高效的运输系统和健全的基础设施，这里绝大部分的土地用于商业和综合开发、政府机构及社区用房、公共空间。其中道路占地比例是最大的一部分，约占总面积的三分之一左右，而住宅用地很少。中环 CBD 的建筑面积达到了 400 万 m^2 以上，拥有包括太子大厦、置地广场、交易广场、国际金融中心、中银大厦、汇丰总行、长江集团大厦、遮打大厦、怡和大厦等在内的众多著名楼宇，金融业和服务业高度集中，同时吸引了其他的著名商业品牌进入，商业氛围浓厚。中环拥有高效的运输系统和健全的基础设施，共有五条地铁线路，数十条公交线路以及渡船，共同形成了完善的网络交通系统，使得出入中环都具有极高的便捷性，为各地区间自由的商业往来和人才流动提供了有力的保障。中环面积 125 公顷，真正住客才 3 万多人，但流动人口（上班一族）则有约 30 万人，主要从事金融工作。截至 2002 年 6 月的统计数据，共有 3119 家外国公司在香港设立区域营运中心，其中在香港设立区域总部的有 948 家，设立区域办公室的有 2171 家（见图 4–45）。

② 巴黎拉 · 德方斯。拉 · 德方斯区位于巴黎市的西北部，处在巴黎城市主轴线的西端。自 1958 年起建设开发，目前已建成写字楼 247 万 m^2，其中商务区 215 万 m^2、公园区 32 万 m^2，法国最大的企业 50% 在这里落户；建成住宅区 1.56 万套，可容纳 3.93 万人，其中在商务区建设住宅 1.01 万套，可容纳 2.1 万人，在公园区建设住宅 5588 套，可容纳 1.83 万人；并建成了面积达 10.5 万 m^2 的欧洲最大的商业中心。拉 · 德方斯的交通系统采用行人与车流彻底分开，互不干扰，这种做法在世界上实属首创。这里还拥有欧洲最大的公交换乘中心，RER 高速地铁、地铁 1 号线、14 号高速公路、2 号地铁等在此

图 4–45　自维多利亚海湾远眺香港中环夜景

交汇，并建成了 67 公顷的步行系统，集中管理的停车场设有 2.6 万个停车位，交通设施极为完善。拉 · 德方斯的规划和建设不是很重视建筑的个体设计，而是强调由建筑群、路面层次、水池、树木、绿地、铺地、小品、雕塑、广场等所组成的街道空间的整体设计，强调主轴线的凝聚力，德方斯巨门即其区域的中心和标志物。优美的环境更是提升了拉 · 德方斯的国际形象，占地 25 公顷的公园、10% 的商务区用地为绿化覆盖、400 余种植物形成的丰富的植被景观群落、60 个现代雕塑作品组成的露天博物馆……每年吸引着约 200 万游客来此观光（见图 4–46）。

③ 北京朝阳 CBD。建设中的北京 CBD 位于北京朝阳区中西部，处在以东三环路为南北轴线，以建国门外大街为东西轴线的一个大十字的四个象限内，总占地约 3.99km^2，建筑总量约 1000 万 m^2，其中写字楼约占 50%，公寓约占 25%，其余为商业、服务、文化娱乐设施等，是中国涉外资源最为丰富的地区，也是北京市商贸氛围最浓厚的场所。主体建筑高度均在 100m 以上，部分商务建筑高度在 150 ~ 300m 之间，除原有的国贸、嘉里、京广、汉威、航华大厦等高档写字楼外，新建的还有银泰中心、中环广场、建外 SOHO、北京电视中心、财富中心、国贸 3 期、世贸中心、新城国际（Central Park）等众多项目。目前世界 500 强企业进驻北京 CBD 及周边地区的已有 130 多家。此外，该 CBD 中绿化面积达 33.39hm^2，占总用地的 11%，包含有四个主题公园及环状绿化系统、沿街绿化带和滨河绿化带等。为确保交通畅通，CBD 区域内的交通占地面积就高达 39.6%，且建立立体交通系统，其地下建筑全部相互联通，形成地下人行系统，并考虑了大量的地下停车位（见图 4–47）。

图 4–46 巴黎拉 · 德方斯区街景

④ 上海陆家嘴 CBD。陆家嘴 CBD 是 21 世纪上海中央商务区（CBD）的主要组成部分，规划用地 1.7hm^2，建筑面积约 400 万 m^2，主要发展金融、贸易、商业、房地产、信息和咨询等第三产业，目前已逐步形成了金融保险、商贸、旅游、会展等四大支柱产业。陆家嘴 CBD 体现的是一种典型的“金融中心模式”，是目前国内规模最大、资本最密集的 CBD。该区已聚集 8 家国家级要素市场、135 家中外金融机构、40 多家跨国公司地区总部和 4000 多家贸易、投资和中介服务机构。为打造世界一流的中央商务区，陆家嘴 CBD 成了全球著名规划设计大师们共同努力的智慧结晶：规划从东到西，渐次将集中绿地、以居世界第三的 88 层的金贸大厦为代表的高层建筑带和以东方明珠电视塔为主体的文化设施及滨江憩息带构成富有节奏的空间环境，并已成为上海现代化城区的新景观。这里每一幢建筑物都别具匠心，区域内部在地下、地面和空间的联系几乎达到了最佳组合；近百幢三、四十层的超高层建筑如众星捧月，聚散相宜地簇拥在那几幢近百层的摩天大楼

图 4–47 建国门外 CBD 北京

周围；十万平方米花木掩映、绿草如茵的中央绿地与邻近几幢超高层建筑对比相生，体形虚实、错落有致，又不失平衡之美；绿地外围的弧形高层建筑带与沿黄浦江的“弧形线条”内外呼应，内部环路交通与城市东西轴有序结合，使地面建筑、绿化、道路组合十分协调。

不仅如此，上海又提出了将在全球率先建立电子化国际商务中心区，即E—CBD模式，总投资达1000亿元。二十一世纪远东及太平洋周边地区乃至全球最重要的金融、商业和贸易中心将在这里崛起，这将是该区域的又一次跨越式发展。

2. 城市住区的景观形象特征

居住问题是人类面对的永恒主题，人类在漫长的历史进程中，在与大自然无数次争斗和妥协中，逐步改进着自己的居住环境，使之不断满足人类在不同历史时期、不同生产力水平、不同文化发展阶段的不同需求。在某种程度上，可以认为城市的发展便是人类居住环境嬗变的结果。建国六十年来，中国的住宅建设走过了一个摸索、发展、停滞、恢复、振兴到腾飞的过程，上世纪八十年代的改革开放为住宅发展带来了契机，我国近年来的住宅建设总投资平均达到国民生产总值的7%左右，不仅大大超过了建国头三十年平均1.5%的水平，也明显超过了国际上通常的3%～5%的标准，成为世界公认的头号住宅生产国。特别是近二十年来，随着计划经济向市场经济的转变，全国各地快速城市化和住宅商品化，使中国的住宅建设发生了质与量的飞跃，加之欧美等发达国家均已先后进入或接近城市化成熟期，城市建设规模已基本到位，因此，从某种意义上可以毫不夸张地说，近期直至将来较长一段时期内，世界住宅发展的主旋律便是中国的住宅建设。如何使人们在紧张、繁忙的工作之余，能以充分放松的心情和姿态享受家的温馨、浪漫和宁静，是信息时代交给广大设计师们的一份问卷。

图 4–48　住宅区是城市中质地均匀的斑块组群　阿姆斯特丹

住区规模因用地大小不同而差异很大，小至几千平米，大到几十公顷甚至数百公顷，加上原先自然条件各不相同，导致最终结果差异也很大。鉴于近些年的发展趋势，加上政府国土、规划部门对建设用地的有力监控，住区建设向规模化、有序化方向发展。以下就对具备一定规模的住区景观形象视觉特征作归纳分析：

(1)城市中呈质地均匀的斑块组群，具视觉上的稳定性

住区开发不同于某一单幢建筑，它具有一定规模，在城市的斑块中以组群面貌呈现；住区开发又不同于其他商业、娱乐、学校等性质的建筑群，它旨在为人们创造一个温馨、宁静、放松而消除疲劳的环境氛围，因此，从城市景观形象的构成来说，住区形象通常表现为稳定、连续的界面组合，将视觉上的一些单元要素如符号、色彩、材质的组合等通过一定节律加以重复，在视觉上予人以稳定感(如图 4–48，图 4–49)。

图 4–49　住宅区是城市中质地均匀的斑块组群　苏州

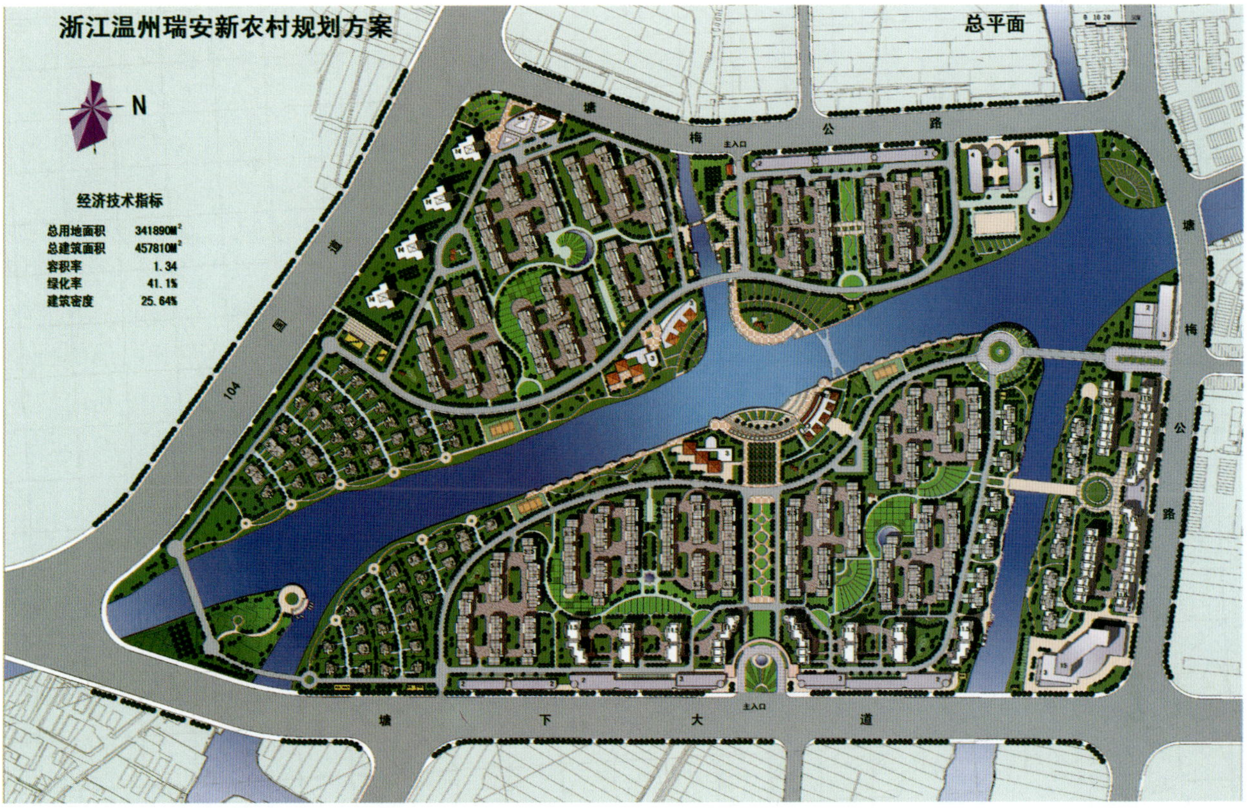

图 4-50 成组成团的空间形态和布局方式 瑞安

(2)成组成团的空间形态和布局方式

住区设计依据其开发规模可以有多种不同的规划结构模式，如居住区—居住小区—居住组团模式、居住区—居住组团模式、居住小区—居住组团模式等，但无论何种模式，都采用集聚在一定的交通流线附近的成组成团的空间形态和布局方式。它们仿佛一团团“绿叶”被串联在等级各异的交通“枝脉”上，而这一片片的“绿叶”则是住区中最基本的单位——相对私密的院落或组团式院落空间，为邻里交往提供了尺度亲切的半公共空间，提高了居民的领域感和安全感，同时也便于增强“家”对于人们的可识别性(如图 4-50)。

(3)“软”、“硬”穿插渗透的环境设计

近年来，市场对于住区环境景观设计的要求越来越高，人们从最初的“住得下”到“有合理的房住”，直到今天的要求“住得好”，从对起码的“安身之所”要求到一个内部功能合理的“家”的要求，进而转为对周边居住环境的“家园”的要求，体现了社会的进步和文明的进步，体现了全社会对人的尊严的觉醒和对人性关怀的呼唤。可见，买方市场迫使开发商转变思维——从一味追求高容积率获取高额利润转为以风格独到、温馨舒适的良好居住环境为卖点。上世纪八十年代风行一时的“四菜一汤”式的若干组团环绕一块中心绿地的做法，大有被打着强调“均好性”、“让更多的住户享受更高质量的绿地景观”旗号的带状绿地做法所取代之势。

图 4-51 相对私密的院落空间 无锡

图 4-52　宁静是住区景观环境最基本的环境氛围　无锡

图 4-53　入口景观序列强化了社区的可识别性　无锡

图 4-54　组团入口处的可识别性处理　无锡

图 4-55　环境的公众参与性的营造　堪培拉

在大量受人追捧的住区中，人们看到呈自由曲线形的带状绿地很随意的“流淌”着，与一幢幢钢筋混凝土铸成的住宅相互穿插渗透，绿草茵茵、花木掩映间带给每家每户一份宁静和清新（如图 4-51）。除了在形态布局方面把握“软”、“硬”穿插渗透的大原则外，在住区环境设计中还注重宁静氛围、可识别性和环境的公众参与性的营造。“宁静”是住区景观环境最基本的环境氛围，无论是绿化还是环境场地，包括景观形象、空间布局、材质选取都围绕着“宁静”氛围的营造而展开（如图 4-52）。每个住区在拥有“宁静”氛围共性的同时还应拥有可识别性即差异性，一方面是一住区区别于其他住区的环境景观标志特征，有助于居民产生对家园的归属感和自豪感，另一方面是各个院落或组团入口处与众不同的环境空间、形态、植被、小品等的具体处理，有助于人们虽身处造型外观相似的住宅群中依然能很快识别回家的路线（如图 4-53，图 4-54）。住区中优美环境的观赏性还居其次，更重要的是为社区居民提供大量交往、休闲、锻炼、活动及亲近自然的场所，即环境的公众参与性的营造，应根据不同活动人群、不同活动人数设置不同尺度和形式的活动场所，且在接近人们活动的范围内选用安全、亲切、较为原始的材质，如木材、水、低矮的绿化、鹅卵石等造景材料。此外，住区中的小品、雕塑等往往身兼数职，具有较强的互动性，可谓是孩子们的好朋友（如图 4-55）。

⑷阴影丰富、尺度亲切、开放性强的建筑形象

住宅的建筑外观形象与其他类型建筑有着明显的差异，即阴影丰富、尺度亲切、开放性强，它是住宅户型随着人们生活方式的改变而逐步进化并外化的结果。比如上世纪六七十年代的住宅，较为偏重功能的实用性，多为行列式的“方盒子”，保证每户有一个供晒衣的敞开式小阳台即可，房间的开窗面积也较小，因此，住宅外观除了每户有一个外挑的阳台外，总体显得封闭而单调，“千房一面”比比皆是……改革开放以来，人民生活水平不断提高，空调等家用电器的不断普及、双休日工作制度的实施、人们对回归自然的向往和渴望以及社会对弘扬个性的重新认识、对个人自身价值体现的要求等，促使住宅从平面户型到建筑外观都发生了质的变化：除了原先一个晒衣阳台外，现代家庭更注重能够拥有一个观赏室外景物的阳台（通常用玻璃封闭）与客厅组合在一起，又称“阳光室”；对自然的向往要求建筑具有更大的开窗面积，使人能更方便与自然环境进行交流，低窗台的出现大大满足了人们这种心理，而空调的普及为此提供了技术可能；与此同时，大量空调室外机与建筑外观一体化设计的难题又摆在了建筑师面前……原先住宅山墙的外观是常常被忽略的部分，而现在的住宅往往在边单元安排一些大户型，而山墙面通常结合外部环境设置客厅及观景阳台等，使山墙面进退曲折，极尽笔

墨重彩之能事；邻里间的交往要求住宅单体平面不再是“兵营式”而多了许多进退和围合……这一切造就了住区建筑单体阴影丰富、尺度亲切、开放性强的形象（如图 4–56，图 4–57，图 4–58，图 4–59，图 4–60）。

⑸以人为本、强调环境形象的交通组织方式

曾几何时，小汽车进入了大批中国普通家庭，何时买车、买什么车成了许多家庭茶余饭后的主要话题。来来往往汽车的鸣叫打破了原先属于住区的那份宁静，更让人担心的是人车混行所带来的危险，于是孩子们失去了原有的下楼与同伴玩耍嬉戏的童年乐趣，老人们为避免不必要的麻烦，只能忍受着孤独寂寞，坐在阳台上打发时光，原本热闹的小区中心绿地变得日渐荒凉，住区的出入口成了城市干道支脉的延伸，而少了住区入口作为住区形象标志应有的那份从容……这一切迫

图 4–60　开放性强的建筑形象　苏州

图 4–56　阴影丰富的住宅建筑外观　无锡

图 4–57　山墙面通常结合外部环境设置客厅及观景阳台　无锡

图 4–58　低窗台促进了人与室外环境的交流　无锡

图 4–59　阴影丰富、开放性强的建筑形象　苏州

图 4-61　人车分流的机动车道设于小区外围　无锡

图 4-62　人行流线伴着主要的景观轴逐层展开　无锡

图 4-63　观前街主入口　苏州

图 4-64　行人在不经意间便已“流入”步行街　上海

使人们对原有的交通组织方式产生反思和质疑，如何在享用现代文明带给人们的种种便利的同时，仍能拥有梦中的家园？

在近几年的住区实践中，可以看到人们为此所做出的种种努力——基于以人为本和强调环境形象原则的交通组织方式——完全人车分流和半人车分流模式。完全人车分流模式即小区人行流线与机动车行流线分开，通常机动车有单独的出入口或一进小区就沿小区的外围通行，而人行流线伴着主要的景观轴逐层展开，步移景异。展现在人们面前的是花木掩映，绿草茵茵，小桥流水，鸟语花香，孩童在追逐玩耍，老人们在树荫下对弈，围观者摩拳擦掌比当局者还急……好一幅世外桃源的画面，人性在这里得到了充分的尊重（如图 4-61，图 4-62）。这种交通模式虽然获得了广泛的好评，但在实践中发现，由于受人们所能忍受的步行距离的限制，完全人车分流仅适用于一定规模的住区，而当规模逐步扩大时半人车分流就更具可行性，即仅在居住区中实行组团级人车分流。

3. 商业步行街（区）的景观形象特征

长期以来，城市广场被人们称为“城市的客厅、起居室”且备受重视。随着城市化进程的不断推进，消费型经济时代的到来，潜移默化中人们的生活方式正发生着重大的改变，“商业步行街”之风正悄然盛行并迅速席卷全国各地，成为城市人民生活中不可或缺的又一“公共客厅”，或称“城市第二起居室”。

商业步行街的兴起，反映了人们对以往如“清明上河图”所展示的那种充满生机和活力的街道生活的内心向往。它改善了城市的人文和物理环境，使市民摆脱了汽车带来的不安全感，提供了购物、休闲、社交聚会的场所，增进了人际交流和地域认同感，培养了市民的荣誉感和自豪感，同时促进了城市零售商业的发展，为该地区乃至整个城市的生活注入了活力。如今，商业步行街（区）作为最富有活力的街道开放空间，已经成为城市景观形象中最基本的内容之一，其通常具备以下景观形象特征：

（1）面向最广泛人群的体验

商业步行街通常以各种方式和媒介向人们传达着这样的信息——欢迎每一位特意光临或是碰巧经过的男女老少，在这里你一定会买到你所中意的商品或拥有一段自由、轻松、愉快的美妙时光！首先，成功的商业步行街总有着许许多多的出入口与周边城市道路或街区相连通，除了主要入口作重点处理、空间尺度大一些外，其余入口均不会很大，且在这些出入口附近都会设置一些停车场，以保证商业步行街的可达性和易达性，行人往往在不经意间便“流入”这一空间（如图 4-63，图 4-64）。成功的商业步行街总是洋溢着强烈的市井气，夸张刺激的广告招贴、琳琅满目的橱窗陈设、流动商贩及街旁店家此起彼伏的叫卖，遮阳伞下露天咖啡座里的年轻人

图 4–65　民主、平等的阳光充满了商业步行街　上海

图 4–66　民主、平等的阳光充满了商业步行街　北京

图 4–67　你能很坦然很放松地身处其间　上海

旁若无人地谈论着对生活的憧憬，别致的指示牌旁那鲜花环绕的休息椅中打工仔打工妹沐浴在温暖的阳光中品味着都市生活的闲趣，树荫下爷爷奶奶边照看着在青铜小海豚上攀上爬下的孙儿边唠嗑，就连盲人也借助完善的盲道设施从容地感受和呼吸这充满生趣的生活气息……这一切让人流连忘返，其中很重要的一点便是商业步行街所营造、蕴含的那种市井气，所体现的一种民主和平等的精神，无论什么人，无论贫与富，你都能很坦然很放松地身处其间。这一点与时下流行的许多城市综合体中的室内商业街有很大不同，那里炫目的灯光华彩、恢宏的中庭空间气度、时尚高雅的装饰，常令囊中羞涩的人们感到自身的卑微和渺小，或干脆望而却步（如图 4–65，图 4–66，图 4–67）。

图 4–68　休闲广场将人流吸引、导入步行街　杭州

（2）强烈、夸张的视觉效果

一提起商业步行街，人们总是会联想到诸如“色彩缤纷”、“流光溢彩”、“灯红酒绿”、“熙熙攘攘”之类的词汇。商业步行街如同一个“T”形舞台，生活中许多原本平实的元素，在这里都以十倍的精气神向人们展示着强烈而夸张的视觉效果。首先是入口的处理，每个商业步行街（区）都有一至两个主要出入口，这些入口往往被处理成一个个尺度亲切而精致的街头小型休闲广场的形式，以吸引人流在此停留，并借助广场的铺地、绿化、路灯、小品、指示牌及空间界面等形成强烈的视觉轴线和导向暗示，将大量人流引入商业步行街中（如图 4–68，图 4–69）。同时，尽管商业步行街中的店面都不是很大，

图 4–69　借助广场的小品、空间界面等形成强烈的视觉导向暗示将人流引入商业步行街　江阴

图 4-70　每一间商店的入口门头都经过精心的设计　北京

图 4-71　每一间商店的门头都经过精心的设计　江阴

图 4-72　每一间商店的门头都经过精心的设计　上海

图 4-73　每一间商店的入口门头都经过精心的设计　上海

但几乎每一间商店的入口门头都经过精心的设计，有的很时尚，有的很另类，有的很古朴，有的很含蓄，也有的原始而带着野性和夸张……总之，充满着个性并让人产生看一眼不能忘的感慨（如图 4-70，图 4-71，图 4-72，图 4-73）。此外大大小小、效果强烈而刺激的商业广告总会冷不丁地闯入人们的视线，且往往色彩鲜明、联想丰富、令人叫绝。入夜，五彩缤纷的霓虹华灯绽放，为都市的夜生活增添了无尽的神秘色彩。结束了一天紧张工作的人们徜徉在商业步行街中，与家人、亲朋共度难得的闲暇，领略日新月异的都市风情，真不失为是一种绝佳的选择。

⑶界面的连续性及大量二次空间的涌现

成功的商业步行街都有着尺度亲切的空间，这些空间主要是由构成街道空间的两侧建筑物连续的立面围合而成，以及大量二次空间作为补充。这里“二次空间”是指由商业步行街中的非建筑实体元素所限定的空间，如花台、行道树、路灯、休息座、喷水池、休息廊以及附属在建筑外墙的骑廊、不同色彩材质的地面铺装、横跨街道的灯栅、广告条幅等限定的空间（如图 4-74，图 4-75，图 4-76）。商业街连续的界面，使得“商气”不断，而事实上这些建筑物连续的面大多呈“虚”象（多为开敞的门和窗），其连续的实体空间感大量依靠“非建筑实体元素”进行补充和加强（如图 4-77）。此外，为了振兴零售业，恢复城市中心区的活力，许多过去通行机动车的商业街都被封闭为商业步行街，但由于原先的道路太宽且一眼看到底，显得空旷冷清缺少人气，缺少让人逗留的场所，缺乏满足人们猎奇的空间悬念，不能满足商业步行街的现实功能要求。如将两侧已经形成的建筑实体推倒重来，则牵涉面太广，且代价太大，缺乏可操作性。最行之有效的办法就是大量运用街道中的二次空间，创造多层次复合型人性化的商业氛围，这也是众多商业步行街改造的成功经验（如图 4-78）。

图 4-74　步行街中二次空间的限定　江阴

图 4-75　步行街中二次空间的限定　上海

图 4–76　步行街中二次空间的限定　苏州

图 4–77　步行街中建筑物多呈“虚象”　苏州

图 4–78　最行之有效的办法就是大量运用街道中的二次空间　北京王府井大街

(4)人性化的街道铺装

在商业步行街中，由于步行速度缓慢、视点较低，人们对于近人尺度及正常视野内的空间、环境状况及商品和设施的尺度、细部、色彩、质感等感觉极为敏锐。尤其是在正常视野内，限定街道空间的主要元素——地面，时常占据了视野中相当大的面积，无形中大大影响着行人对商业步行街氛围的感受和评价。因此成功的商业步行街对于人性化的路面铺装从来都是不遗余力的。一般均采用与步行街风格相一致的色彩和材质，同时利用不同图案、材质的变化，配合不同功能区段的划分，组织和加强空间的限定及导向；亲切的商业步行街氛围的营造，其地面铺装材质的选择并不在于其价格的昂贵或材质的时尚和华美，只要尺度和风格适宜，遵循价格低廉、表面原始、就地取材的原则往往更容易使人获得对地域文化的认同感和亲切感，增强其地方特色(如图 4–79)。

(5)小开间密集型店面及同类经营品种的集聚

商业步行街由于受租金昂贵的影响，且因其多以零售业为主，因此其店铺多呈狭长的矩形平面，在建筑立面上表现为一小间店面紧挨着一小间店面。同类经营品种的相对集中使购物者具有更大的挑选余地，从而吸引更多共同的顾客群并产生更多商机，因此商业步行街中多呈小开间密集型店面及

图 4–79　人性化、地域化的街道铺装　上海

同类经营品种集聚的视景特征。小开间密集型店面又造成了店招纷纷外挑、呈密不透风且高低错落的景象，有的甚至利用跨街横幅预示店招，形成商业步行街的又一道风景（如图4-80，图4-81，图4-82）。

⑹集所有景观视觉设计要素之大成

相对于城市中的其他功能区域，商业步行街可算是同时调用景观视觉设计要素最多且变化频率最高的功能区域，空间、色彩、材质、照明、绿化、水体、设施、公共艺术等无一缺漏。在打造成功的商业步行街的过程中，在营造人性化的购物和交往场所时，这些要素均占有不可或缺的一席之地：正是大量多层次复合型的二次空间的存在，使人们获得了安全、亲切而放松的心理空间感（如图4-83）；鲜艳、夸张的色彩组合以及光怪陆离的灯光照明煽动着人们潜在的购物冲动和消费欲；树木花草的清新和芳菲为都市中的人们带回了大自然的气息，同时，片片绿荫为疲惫的行人限定了可供安心停留的模糊空间，为商业街保留了人气；水体设计迎合了人们亲水的天性，水体组织方式的类型众多，或喷薄而出、或层层跌落、或如汩汩涌泉、或似潺潺溪流，增加了环境中的动感和空气中的湿润度，尤其是在炎炎夏日，步行街成为纳凉避暑的好去处（如图4-84）；休息座、果皮箱、饮水器、路牌、公厕等设施

图4-80　小开间密集型店面及同类经营品种的集聚　上海

图4-81　纷纷外挑的店招形成步行街又一道风景　上海

图4-82　纷纷外挑的店招形成步行街又一道风景　上海

图4-83　调用景观视觉设计要素最多的空间区域　上海

图4-84　水景增加了环境中的动感和空气湿润度　上海

图 4-85　不起眼的街道设施却极大地影响着商业步行街人气的聚合　法兰克福

图 4-86　充满互动性的公共艺术　北京

图 4-87　充满互动性的公共艺术　北京

虽不起眼，但却极大地影响着商业步行街人气的聚合，设施的材质、数量和布局合理，就能延长人们逗留的时间促进其循环消费，而根据人的从众心理，空旷冷清的商业街谁也不愿去，人群涌动的地方最能吸引新的人流（如图 4-85）；公共艺术往往也是对当地文化或都市生活的一种传承或反映，时下许多商业街采用了充满互动性或是与街道设施功能合二为一的公共艺术，吸引了许多行人或游客驻足观赏或摄影留念，孩子们会好奇而亲热地抚摸攀爬，大人们则揣摩着其中蕴含的深意，从而增加了商业步行街的休闲性、文化性和多样性，集聚了更多人气（如图 4-86，图 4-87）。成功的商业步行街可谓是集所有景观艺术设计要素之大成的结晶。

⑺设施建筑风格一体化

成功的商业步行街中的一切都给人以舒适亲切感，即通常人们所说的“顺眼”。仔细观察，人们会发现——这里的所有设施包括交通指示系统，从材质到风格乃至细部均与整个街区的建筑风格一脉相承，从而加强了整个商业街区空间的整体感和品位，突出了该商业步行街的地域特征，强化了其城市意象，给所有来过此地的人们留下强烈而深刻的印象（如图 4-88，图 4-89，图 4-90，图 4-91，图 4-92）。

图 4-88　设施与步行街建筑风格一体化　江阴

4. 城市开放游憩空间的景观形象特征

大规模的工业文明推动了西方经济的快速增长，在享受现代化带来的物质文明的同时，西方人也无奈地承受了现代化带给他们的惨痛教训——城市人文精神的丧失、人际关系冷漠、吸毒犯罪泛滥等。曾几何时，我们将此现象归罪于资本主义制度，然而，在城市化高速发展的今天，在我们这样一个社会主义国度，许多城市又在重蹈西方的覆辙，这不能不引起

图 4-89　设施与步行街建筑风格一体化　上海

图 4-90　设施与步行街建筑风格一体化　上海

图 4-91　设施与步行街建筑风格一体化　苏州

图 4-92　设施与步行街建筑风格一体化　苏州

人们的关注。

随着城市化的不断扩展，对经济利益最大化的追求，导致城市土地的高密度、高容积率的开发，使人们失去心灵休息与安静的场所，城市空间的社会、文化和心理价值的丧失，强化了人们感情的衰退、人情味的淡化[2]；与此同时，生产力的发展和生产效率的提高，给人们带来了更多的自由时间。20 世纪 60 年代，美国著名社会学家丹尼尔 · 贝尔就曾预言未来社会是闲暇社会，美国著名经济学家凯恩斯也曾预言人类将第一次面临真正永久问题——如何度过闲暇，闲暇的增加正改变着人们的价值观、生活观和劳动意识[3]。我国也正面临同样的问题，而此类问题的最大焦点就在于闲暇需求与设施供给矛盾突出，许多市民抱怨没有散心的场所，缺乏城市公共绿地，缺乏尺度亲切而又富于安全感的交往空间，大多数人只能以看电视、打麻将、闲聊等方式打发闲暇，生活单调而被动，而心灵的孤寂和压力依然难以缓解，许多心理疾病大量孳生，给社会秩序的稳定埋下了隐患。

针对上述现象和矛盾，秉承可持续发展和以人为本的生态观，近年来我国许多城市加强了城市开放空间的景观建设，建成了一大批供市民闲暇游憩和交往的城市开放公共绿地——城市开放游憩空间，改善了市容市貌和投资环境，也为城市居民拥有健康积极的闲暇提供了场所和设施，更增加了市民们对城市的认同感、归属感和自豪感，缓解了现代文明带给人们的种种情感危机。尽管由于我国的景观建设起步较晚，这些建成的城市开放游憩空间环境还存在着良莠不齐的现象，但还是涌现了一批深受市民们喜爱的空间场所。归纳其共同之处，大致均具备下列景观视觉特征：

⑴是原基地及周边环境在时空上的有机延续

一个成功的城市开放游憩空间往往会以叙事性手法来演绎空间和场景，激发起市民强烈的认同感、归属感和自豪感，它是基地及周边环境历史演变的见证和积淀，是对地域文化的凝练和再现，它能勾起人们对许多往事及历史事件的回忆、对故人的怀念，是帮助人们跨越时空、寄托情感、静思遐想的绝佳场所。一个成功的城市开放游憩空间总是体现出与周边环境和谐共生的客观尊重，它的出现和存在，不是对原有城市肌理的破圹或打断，而是通过融合的手法使城市肌理得以修复而更趋整体和合理，使市民眼中的城市景观少一份噪杂、冲突和凌乱，多一份安宁、和谐与秩序，这正是现代都市居民所渴望的，同时也提升了整个城市的品味和对外形象，更突出了城市的地域文化特征（如图 4-93，图 4-94）。

⑵空间层次的多样化及尺度的人性化

一个成功的城市开放游憩空间体现了民主与平等的精神，它是面向全社会的。不同年龄、职业、性别的人有着不同行为方式的需求和喜好，不同数量人群的活动需要有不同规

图 4–93　基地及周边环境历史演变的见证和积淀　江阴

图 4–94　基地及周边环境历史演变的见证和积淀　江阴

模层次的空间与之相对应，而人与人交往的渴求、一定量的人气所带来的安全感又将不断吸引着新的人流的加入……这一切均要求城市开放游憩空间拥有多样化的空间层次，使各类人群都能从中找到自己的需要，如开阔的草坪很适合学生们开展班队活动，大树下、背靠花池的弧形坐椅所限定的亲切的小空间就适合三五成群的小组规模人群的活动，而林中小径的宁静幽深更适合情侣们窃窃私语，两种空间界面交汇处的相对私密的阴影区则往往是需要观察他人活动而又保持置身事外的“静思者”的首选之地……此外，空间层次的多样化还包含着其空间尺度的人性化，空间是由界面围合而成，不同的空间尺度可使人产生空旷冷清、亲切自在、压抑恐惧等不同的心理反应，不同的活动人群数量及不同的活动内容要求拥有不同的环境氛围和空间尺度，只有顺应了人们的种种心理需求，这样的空间才是人性的，也才会深受市民们的喜爱（如图 4–95，图 4–96，图 4–97）。

(3)公共设施配置齐全

一个成功的城市开放游憩空间必定拥有配套齐全的公共服务设施，如数量充足的休息坐椅、随处可见的信息指示系统、电话亭、果皮箱、公厕、售货亭、饮水器、报刊亭等，一应俱全，尽可能为人们提供一切便利。只有让人们感到有如在自己的家中一样的安全、方便，才能使人彻底放松，充分享受闲暇的乐趣，也才能使该游憩空间充满生机，进而成为人们流连忘返的人间乐园。在上述设施中最为重要的当数休息坐椅，坐椅的数量、分布和种类均会影响到来此游憩的人流量。考虑到游憩人群流动与停顿的需要，充足的坐椅数量是留住人气的必备条件。休息座应分为显性与隐性两种，显性休息座即常规的各种休息座，而隐性休息座则为花台、湖石、台阶等高度与休息座相近、可替代休息座的其它设施或公共艺术品，在休息座的总数中保留一定量的隐性休息座可避免该游憩空间使用波谷时段的冷清萧条感（如图 4–98）。同时，休息座的布局应尽量考虑有一定量的遮荫设施，且最好设于背后

图 4–95　小径的宁静幽深更适合情侣们窃窃私语　无锡

图 4–96　街头疏林地带是老有所乐的老人们的至爱　北京

图 4–97　开阔的硬地广场更适合集体性活动　无锡

图 4–98 湖畔黄石便是很好的隐性休息座 宁波

图 4–99 集安全感、舒适感于一体的休息座 苏州

图 4–100 最吸引人、最富生机的还是大面积的绿化植被(一) 江阴

图 4–101 最吸引人、最富生机的还是大面积的绿化植被(二) 江阴

有所屏蔽处而面朝开阔之地，这样的座位更具安全感(如图 4–99)。此外，不同平面形态的休息座还可对应不同亲疏关系、不同数量人群活动的需要，如“s”形的坐凳其凸出面可使两个素不相识的人较为自在地近距离休息，而其凹进面则会使他们极不自在，那儿更适合关系亲密的好友相聚……

⑷多样性的绿化种植为主，其它造景元素为辅

时至今日，城市开放游憩空间的造景元素可谓丰富多样，有建(构)筑物、土地、水体、植物、各种材质的公共艺术雕塑、设施，以及高科技的声、光、电艺术等。然而，在许多成功的城市开放游憩空间设计案例中可以看到：从数量上来说最吸引人、最富生机的还是大面积、多样性的绿化植被，而所有其它元素仅或为局部点睛之用或为辅助之用。如前所述，城市开放游憩空间是由多层次的空间组合而成，而空间的限定必须由界面围合而成，以多样化的乔、灌木和地被植物围合限定空间，以高大乔木提供给人们种种依傍和庇护，春花秋实季相的变幻蕴藏着无限生机，唤醒了人类与大自然间那久已淡忘了的交流和关爱，缓和了钢筋混凝土强加于人们心灵深处的种种压力和冷漠。现代化都市的居民厌倦了钢筋混凝土“丛林”的生活，城市开放游憩空间是人们呼吸大自然的清新空气、感受大自然的盎然生机最为便捷的途径(如图 4–100，图 4–101，图 4–102)。

⑸使人获得艺术的享受

成功的城市开放游憩空间的营造不是简单的城市绿化，它还担负着一定的教化作用，它会通过景观形象的艺术处理、空间层次的有机叠合、视景节奏的巧妙安排，引发人们的种种遐想，给人以美的享受，使人们在经常性的游憩过程中不断净化心灵、陶冶情操，感悟景观物质以外的种种意境，提升城市居民的审美品位(如图 4–103)。

三、“巨构”的建筑——城市综合体的空间形象特征

随着人类文明、科学技术的不断发展，人类的社会结构、生产方式及其生活交往方式也在不断变化，而城市作为其功能的物质载体，犹如一本翻开的活史书，伴随着历史发展的脉动，记录了城市空间与各个时代的社会生活相对应的空间特征和演替过程。

21 世纪是信息技术和知识经济的时代，与工业社会及其他先前社会相比，它对人类社会、经济和生活方式的影响及改变之巨大是前所未有的，这种影响和改变绝非一朝一夕之功，而是渐进式的，早在 20 世纪中后期已露端倪。上世纪 70 年代以来，城市功能与社会需求随着现代科技与工业生产的高速发展而发生了巨大的变化，全球快速城市化进程及对城市土地的集约化使用，迫切要求对各大中心城市的中心区进行更新和综合开发，城市、建筑、交通一体化成为城市建设的

一种新趋势，正如“小组 10”所描述的“城市将越来越像一座巨大的建筑，而建筑本身也越来越像一座城市”，许多占地多达整个乃至数个街区、功能多样且高度复合的城市巨构建筑——城市综合体应运而生，它成了大城市旧城综合再开发的主要途径，集中体现了城市更新的面貌。行走在这类建筑内部，体验其空间的组织和变化，感受着以往在室外才能感受到的自然景观，人们看到了建筑中的“城市”，并将其作为城市社会和经济生活的新的中心。

1. 城市综合体的构成

城市综合体通常由城市中不同性质、不同用途的社会生活空间组成，如居住、办公、出行、购物、文娱、社交、游憩等。把各个分散的空间综合组织在一个完整的街区，或一座巨型的综合大楼，或一组紧凑的建筑群体中，有利于发挥建筑空间的协同作用[4]。这种高度集中各项城市功能的做法，对提高城市土地的集约化有效使用，整合城市空间结构，节省城市基础设施投资，减少城市交通负荷，提高城市工作运转效率，改善城市景观，改善工作和生活环境质量等均是积极有效的，具有极好的综合经济效益。城市综合体“成功地将城市环境、建筑空间和基础设施有机地结合在一起，使城市建筑向高空、地面、地下三向度空间发展，构成一个流动的、连续的空间体系”[5]。人车交通垂直立体分离是城市综合体最为典型的、与城市及建筑达成一体化的交通系统模式，著名案例有日本大阪的新梅田中心、福冈博多水城、日本东京六本目等（见图 4-104）。近年来，我国陆续建造了大量的城市综合体，如上海的上海商城、正大广场，北京的新东安市场、东方广场等。大多数城市综合体，都少不了休闲与购物的功能要素，因此也被称之为“商业性城市综合体”，它不仅满足了人们日常购物的需求，更为人们提供了交流社会新闻和相互交往的社交场所，为大城市的高效运转注入了活力和润滑剂。国外众多大城市中有“城中城”美誉的现代室内购物步行街便是这种城市综合体的表现形式之一。

图 4-102　多样化的绿化种植显示出勃勃生机　无锡

图 4-104　六本目城市综合体入口广场　日本东京

图 4-103　给人美的感受、艺术的陶冶　宁波

图 4-105　六本目城市综合体室内商业街(一)
日本东京

图 4-106　六本目城市综合体室内商业街(二)
日本东京

2. 城市综合体的景观形象特征

透视城市综合体丰富多彩、千姿百态的表象，可以探寻其背后共同的、作为建筑中的“城市”所特有的景观形象特征：

(1)空间尺度复杂多元化

城市综合体不同于以往功能单一的建筑实体，它往往占据一个或数个街区，体量庞大；作为城市中多种社会活动和功能的担负者，其内部空间尺度注定具有复杂多元化的特征。为满足人们的交往需求以及举办大型公共集会、庆典、展示、娱乐等活动的需求，许多城市综合体中都设计有形态丰富、尺度巨大的中庭共享空间，结合各种奇花异草、浅滩激流，使人恍如置身于城市公共开放空间，而不同的是这里为人们提供的是全天候的良好环境，不受任何外部风霜雨雪的侵袭影响。为满足人们交往的私密性及观察他人活动的心理需求，在巨大的共享空间边缘常能看见用绿化、遮阳伞、膜结构等令人感觉亲切的环境设施限定的许多供人停留的小空间。为使购物者产生亲切愉快的购物心情，常借助隔断、吊顶或灯光等手段，将综合体内部卖场区域的购物通道的宽度限定为 1 ~ 2 倍的店面高度……而上述不同尺度的空间常常又是相互交融、彼此联通、多元并存的。此外，城市综合体中常见的办公、餐饮、居住、会展、酒店、影视娱乐等，对空间尺度均有各不相同的要求，因此，城市综合体空间尺度的复杂多元化是以往传统城市建筑实体所无法比拟的(见图 4-105，图 4-106)。

(2)结构、设备、材料现代化

城市综合体因其往往要在一座建筑中解决多项功能需求，且动辄跨越一至数个街区，故而要求建筑结构形式具有综合性和灵活性，即要求采用现代化的大跨度结构形式。19 世纪后半期以来，钢筋混凝土结构和钢结构在建筑上的广泛使用，引起了建筑业革命性的飞跃，加之社会的需求，技术的进步，使高层建筑和大跨度建筑得以产生并空前发展，这便为城市综合体的大量涌现提供了最为基本的可能性，人们在综合体中所获得的变幻莫测、丰富的空间体验和“建筑中的城市”感均离不开现代化结构形式的鼎力相助。同时，城市综合体的防火和通风问题，对于人类控制室内环境的能力无疑也是一种挑战。20 世纪中期环境工程技术取得了长足的进展，环境设备的现代化为城市综合体中舒适宜人的小气候提供了保障。城市综合体的闪亮登场和健康运行还少不了各种现代化材料的一臂之力，形形色色的采光天棚和大面积的玻璃幕墙不仅节省了运行成本，还常使人们在寒冬季节也能产生置身于春光明媚的自然界中之感。许多新型材料在吸取传统材料亲切质感的同时还兼有防火、保温隔热、自重轻等特性，且相对于传统材料具有更丰富鲜艳的色彩、更光洁的表面、更轻更薄、更好的延展性和可塑性等，塑造了城市综合体迷人的氛围。总之，城市综合体是现代化结构、设备、材料的结晶(如图

图 4–108　六本目城市综合体室外内院仰视　日本东京

4–107，图 4–108）。

（3）室内空间室外化

亲近自然是人类的天性，然而在现代化的大都市中，在高楼林立之间，人们无奈地发现人类在征服自然、改造自然、创造人类高度文明的同时也造成了环境污染、生态失衡等生存危机，人们正在一天天地远离自然！绿草茵茵、花木葱茏、溪流潺潺，对于终日埋头于写字楼里或穿梭于地铁、高架、电梯厅的都市人来说是一种遥不可及的奢求，青石板铺就的街道散发出的湿漉漉的泥土气息，只尘封在儿时的记忆里……城市综合体除去它本体所担负的各项功能外，还肩负着重要的社会功能，即为都市生活添加润滑剂——为都市人提供放松心情的休闲场所。在大多数城市综合体中，可以看到室内空间室外化的倾向，从地面铺装到墙体饰面，从形似峡谷到小桥流水到四季如春的繁茂花木，若非抬头看到顶部的天棚，你一定会觉得自己是漫步在露天的步行街或某一街头广场或生态公园里，正呼吸着“自然的气息”呢！城市综合体利用其内部四季恒温的小气候，引入室外空间的设计手法，为都市人提供了全天候“露天”场所的空间体验，丰富了都市生活的空间层次，缓解了人们回归自然的渴望，同时也为各种零售、休闲娱乐场所汇聚了人气（如图 4–109，图 4–110）。

图 4–110　全天候“露天”场所的空间体验　日本东京六本目综合体

图 4–107　六本目城市综合体办公楼门厅　日本东京

图 4–109　全天候“露天”场所的空间体验　日本

（4）商业空间传统化、社会化、人性化

欧洲传统的城市广场及东方城市的传统商业街道和庙前广场均是公共活动、买卖、表演和娱乐、集会的理想场所，可见古代的商业活动同时也是一种社会交往活动，两者密不可分。然而汽车时代的城市街道和广场渐渐被机动车所占领，不再适合人们聚集和交往；传统商业场所被百货商店和购物超市所取代，商业活动与社会活动间的相互联系逐渐消失，商业活动本身促进交往的能力也不复存在。这是汽车时代带给人们的负产品，是对人们情感生活的入侵。信息时代人们强烈的孤独感和交往的需求使这种入侵感日益加剧，人们急需找寻各种方式的解决途径。城市综合体中人车分流的交通模式，高阔巨大的内部共享空间与各种层次中小空间的多元并存，为人们找回失落的商业活动与社会活动一体化的场所提供了可能（如图 4–111）。城市综合体的商业空间大多表现出对传统商业步行街模式的回归，尺度亲切的“街道”和商铺更有利于买卖双方的交流，而少了百货商场及购物超市等大

图 4–111　商业活动与社会活动一体化　日本

图 4–112　尺度亲切的“街道”和商铺（一）　北京

图 4–113　尺度亲切的“街道”和商铺（二）　北京

图 4–114　尺度亲切的“街道”和商铺（三）　北京

型卖场中的距离感；特色鲜明的室内设计配合得体的灯光照明给顾客留下深刻而良好的印象；调动一切人性化要素将购物与休闲娱乐、社会交往活动穿插组织在一起，使购物不再是一种单调的“疲劳战”，同时激发了参与娱乐休闲、社交活动人群的潜在的购物欲。城市综合体能保持其旺盛的人气，与其人性化、传统化、社会化的商业空间格局是分不开的（如图4–112，图4–113，图4–114，图4–115，图4–116）。

图4–115　出人意外的幽默可缓解人们的购物疲劳　北京

（5）公共空间立体化

在以往的城市公共活动场所，人们都有一个共同的经验，即除非有明确的购物目的很少有人愿意光顾三层以上的楼面。但城市中心区土地高效集约化使用的要求使大多数城市综合体呈地下、地面、高空三向度发展，而包括购物、休闲、娱乐、服务等在内的公共性活动场所常常占据六至十个楼层之多，如何组织垂直交通将人流在不知不觉中吸引到上层空间是决定城市综合体成功与否的一大命题。在大量综合体设计中，建筑师通常以贯通上下的中庭作为室内的“城市”广场组织综合体的公共空间，并在其间模拟自然的树木花草水石，设置现代雕塑，在中庭上空悬挂各种色彩鲜艳的条幅，并辅以各种令人炫目的灯光。在这里可以组织各种公共活动，如演艺、庆典、展示等。中庭之中或其周围还有许多垂直交通工具如观景电梯、自动扶梯、宽窄变化不一的楼梯、台阶和廊桥等，大大增加了空间的流动感，人们在兴致勃勃、游兴正浓时已不知不觉来到了更高的楼层，而新的空间又吸引了他们。中庭空间还为人们提供了不同的空间体验视角和更多人看人的机会，并使观演活动的参与者分布在各个不同的标高或楼层，将城市公共活动空间场所从二维平面扩展成三维立体空间。公共空间立体化可算是城市综合体运作的一大法宝，几乎在所有成功的综合体中都少不了这一点睛之笔（如图4–117，图4–118，图4–119，图4–120）。

图4–116　尺度亲切的“街道”和商铺　北京

（6）与城市空间一体化

城市综合体因其尺度巨大，对城市空间及周边地区的影响是举足轻重的。如何使城市综合体与城市空间融合为统一的整体，几乎是每一个建筑师所面对的首要问题。这主要包含两方面的问题：一方面是内外交通的组织及空间的融合，另一方面是城市综合体外立面尺度与周边环境的协调。城市综合体通常拥有数十个大小不一、分布在不同楼层的出入口，或直通地铁、或贯通高架或与人行道有着便捷的联系，保证了大量人流的迅速集散。在主要的人行出入口，往往通过一些挑高的模糊空间或街头小广场等形成与城市空间的衔接，以达到二者自然的过渡和融合（如图4–121）。城市综合体因其体量巨大，易对周边环境造成压迫感，因此，建筑师通常将其分成若干较小体量的造型组合，在立面上运用人性化的细部尺度及开窗形式，采用分段组合的方式，以打破水平方向的单调冗长感，与周围环境取得协调（如图4–122，图4–123）。

图4–117　立体化的公共空间提供人们不同的空间体验　北京

图 4–118　立体化的公共空间提供人们不同的空间体验(一)　马来西亚

图 4–119　立体化的公共空间提供人们不同的空间体验(二)　马来西亚

图 4–120　立体化的公共空间提供人们不同的空间体验　北京

图 4–121　不同楼层的出入口与外界有着便捷的联系，保证人流的迅速集散　香港

图 4–122　人性化的细部尺度及开窗处理　北京

图 4–123　传统的细部尺度及处理　北京

3. 城市综合体实例解读

（1）日本福冈博多水城。日本福冈市的博多水城是由美国捷得事务所设计建造的日本最大的私人房产发展项目，被业界人士誉为 20 世纪后期最重要的建筑物之一，总占地约 250 万平方英尺。该巨型综合体包含了购物、休闲娱乐、酒店、办公、文化等多种功能，将福冈市的三个步行商业街区融合成一个整体。该综合体设计构思巧妙，造型大胆，用色奔放，具浓郁的西方建筑色彩。整体布局充分结合地形及周边城市环境，将基地的自身特色发挥到了极至，从而打造出令人拍案、独具特色的空间形态。该综合体基地中有一条新开辟的人工运河穿越，故有“水城”之称。建筑师充分利用了弯曲的人工运河这一要素为线索来组织空间形态与节奏，将整个巨型建筑群设计成峡谷状，并在其中部设置了一个半露天的中庭。中庭中央有一水上舞台，可以经常举行各种演出和展示活动。围绕着中庭自地下一层至地面四层分布着一百多家形形色色的专卖店和大小餐馆。商城内部分为 5 大主题区域，分别命名为：星际天地、月亮步道、地球步道、海洋世界和太阳广场，使人们在购物休闲的同时获得极为丰富的空间场所体验。建筑师在把握大的空间形态的同时也十分注重近人尺度与细部的处理，以人为本与商业获利原则在此达到了双赢的默契。博多水城刚开业后的半年多时间就接待了接近上亿的来访者和游客（见图 4-124，图 4-125）。

图 4-124　福冈博多水城鸟瞰（一）　日本

（2）北京新东安市场。新东安市场位于北京王府井商业区，其前身是具有百年历史的东安市场，1993 年重建，1998 年竣工，占地 2.14 万 m^2，总建筑面积 22 万 m^2，是一座集零售、餐饮、娱乐和办公为一体的多功能城市综合体。该建筑地下一层至地面六层为包含零售、餐饮、娱乐、服务在内的购物中心，六层以上为办公，地下二层为后勤与设备用房，地下三层为停车和设备用房。它与周边城市空间有着十分便捷的步行交通联系：首层除了三个主入口外还有三十多个辅助出入口，二层预留了六处人行天桥接口，地下一层预留有五个出入口可连接规划中的地下人行通道。新东安市场采用室内步行街将两个核心百货商店和中庭联系起来，形成变化丰富的空间形态。步行街及中庭两侧是各种专卖店及餐饮场所，其中还引入了“中华老字号一条街”等传统特色商店。两个中庭是设计的重点，其中北中庭（又称寰宇庭）宏伟，南中庭（又称国汇庭）活泼。两中庭空间变化丰富，各具特色，将上下七层高的空间融为一体。阳光透过玻璃顶棚，穿过悬挂在中庭中色彩绚丽的广告调幅和各种软体雕塑，洒在绿影婆娑间正享受着购物休闲乐趣的人们身上，尤其是每当中庭底层举办各种形式的商业促销活动时，中庭四周各层楼面及楼梯上更是人们欢乐的海洋（见图 4-126，图 4-127）。

图 4-125　福冈博多水城鸟瞰（二）　日本

图 4–126　新东安市场外观　北京

图 4–127　新东安市场中庭　北京

考虑到东安市场独特的历史底蕴及周边环境，建筑立面设计需要兼顾传统与现代，因此在总体上表现现代感，而细部采用现代的材料抽象地表现传统的形式。沿街部分和入口部分运用丰富的细部处理重点突出传统城市景观特色，并采用分段处理的手法以缩小立面尺度，延续传统步行街的宜人尺度并丰富了街景。

图 4–128　正大广场外景　上海

（3）上海正大广场。正大广场位于上海浦东陆家嘴之端、黄浦江畔，占地 3.1 万 m^2，建筑面积 24 万 m^2，总建筑高度为 53.4m，地下三层，地面十层，内含零售、休闲、影视、餐饮、网吧、停车等多种功能场所，号称全上海乃至全亚洲最大的零售业航母。该综合体设计是美国捷得建筑设计事务所的又一力作，充分体现了捷得重视“塑造内部空间环境体验性”超过建筑本身的设计理念。建筑师利用其对空间、色彩、灯光娴熟的驾驭能力，塑造了一系列变幻莫测、相互流通的空间场所，为每一位来访者精心设计了一段令人流连而难忘的“奇幻之旅”。正大广场完全打破了传统大型建筑“标准层”的概念，从建筑外轮廓至内部每个空间，所有的边界都处在自由变化之中，不可捉摸。这些因楼层不同而平面位置不断变化着的台阶、坡道、廊桥、商铺平面、洞口曲线、自动扶梯等相互交错，形成了极为丰富的空间形态及无数独特的视点和观赏角度，从而使购物不再是一种单调的行为，而是伴随着无穷神秘感的一种趣事。本着“服务于当地所有的季节和所有的人们”的宗旨，“捷得”为正大广场制定了“四季”的概念，零售楼层被分为春、夏、秋、冬四个不同区域，所选择和设计的颜色、材料、地板图案、地面形式和其他设施都反映出各个季节的特色；并更加重视满足各个消费层次与不同年龄群体的交流和生活需要，将久负盛名的中外品牌、环球美食和各式娱乐汇集一起，组成了独特的 13 个专题楼面，以便雅俗共赏。在建筑外立面处理上，红色、米色、金黄色、海蓝色、紫色等鲜亮甚至形成对比的色系，使正大广场成为陆家嘴沿黄浦江一线最为跳动的斑块（见图 4–128，图 4–129）。

图 4–129　正大广场中庭　上海

四、相对独立的城市空间区域——传统特色旅游商贸区的景观形象特征

作为一名旅游者，每到一个地方，总是要立即参观当地最有名的建筑或场所，比如到了埃及要去看金字塔、到了巴黎要去看卢浮宫、到了威尼斯要去圣马可广场并一定要乘“港多拉”游玩水街……难道仅仅是因为它们的名气吗？不，多半是因为那些建筑或场所系着那个城市的魂，浓缩着那个城市的历史、地域文化和风土民情，它们是那个城市的精神象征和骄傲，是维系当地人祖祖辈辈记忆的纽带，穿过岁月的尘烟，它们向每一位来访者叙述着这个城市或地区的历史——一段段仿佛发生在昨天的故事……

图 4-130　历史悠久的城隍庙　上海

城市在不断生长和发展，变化之快堪称日新月异，信息时代“地球村”概念的出现更预示着城市更新发展的国际化倾向在所难免。人们在推倒旧建筑拥抱以快捷、高效、集约为特征的现代化城市新形象的同时，也意识到了目前引起全球广泛重视的可持续发展的涵义并非仅仅针对生态环境和资源，还包括与人类精神生活息息相关的人文环境资源，积淀了人类文化历史的文物古迹和人文生态正在逐渐消逝且不可再生，理应受到全人类的重视和保护。

上世纪 80 年代以来，我国许多城市纷纷发掘、整理当地的历史和传统地域文化，加强对地方特色和传统历史街区的保护力度，特别是结合对外宣传，树立城市形象，发展旅游经济。对历史悠久的传统商业街区进行大规模的整治、修复和扩建，成功建设了一批具浓郁地方特色、蜚声海内外的传统特色旅游商贸区，例如上海的老城隍庙（即豫园旅游商城）、南京夫子庙商业旅游街区、无锡南禅寺旅游文化商城等。这些传统特色旅游商贸区作为相对独立的城市空间区域，浓缩了城市的历史、地域文化和风土民情，在某种意义上成了城市的代名词，也成了旅游观光者的必经之地，更为当地居民共度节庆、参与社交、购物休闲、追忆往事、了解历史、感受文化等多层面的活动提供了难得的场所，这些街区的保护和复兴也大大强化了市民对于城市的自豪感和归属感。

图 4-131　建于北宋年间的妙光塔　无锡

1. 传统特色旅游商贸区的景观形象特征

传统特色旅游商贸区作为相对独立的城市空间区域，以其独特的空间景观形象特征和深厚的历史文化意蕴向人们叙述着城市的过去，展示了城市发展的根脉。目前国内较有影响的传统特色旅游商贸区一般具备以下景观形象特征：

（1）历史悠久，具有一定的规模和一定比例的真实历史遗存

传统特色旅游商贸区所处的地段通常为城市中的传统历史保护街区，有着悠久的历史，且有一定比例的真实的历

图 4-132　以小见大的“一线天”商业街空间　上海

图 4-133　传统的过街楼丰富了商业街的空间层次　无锡

图 4-134　收放有度的开放空间　无锡

史遗存。如上海豫园商城中的城隍庙，究其渊源距今已有大约 600 年的历史，其老城隍庙市场距今也有一百年之久（见图 4-130）；南京夫子庙其最初建造年代亦可上溯到公元 1034 年；无锡南禅寺旅游文化商城中心的标志性建筑南禅寺和妙光塔分别始建于南朝和北宋年间（见图 4-131）。这些历史街区和历史遗存经历了几百年的风风雨雨，见证了历朝历代的兴衰更替，积淀了当地人世代相传形成的文化认同、道德价值观和别具特色的生活方式及集聚习惯，成为人们睹物思人、寄托情感、教育后代、感知历史的不可或缺的载体和活化石，是外地人解读当地文化、历史、民风的最为快捷的窗口。成功的传统特色旅游商贸区均具备一定的规模，经营品种多元综合，方能产生规模效应，故现今的传统特色旅游商贸区多在传统商业“街”的基础上向商业“街区”方向发展（或移植、浓缩相邻街区的历史遗存及商业街于一体组成特色商贸区），并结合周边的自然及人文景观以丰富传统特色旅游商贸区的组成成分及空间层次。

⑵多与寺庙、贡院等历史久远的传统城市公共建筑及其开放空间毗邻，多元共生

传统特色旅游商贸区其所处地段均有着源远流长的历史文化和真实的历史遗存，它凝聚了多少代的旺盛人气，经久不衰。究其原因，单纯归结于“风水”二字是不科学的。在研究中发现，这些街区之所以能够汇集历代的人气，与其与寺庙、贡院等历史久远的古代公共建筑及其城市开放空间相毗邻且多元共生有着最为直接的关联。历史上的宫殿会随着新朝的迁都而衰败，官宦人家也会因种种原因而家道中落，而宗教是古代历朝历代统治者治理天下所必须利用的工具，因此，寺庙堪称是朝代更替过程中的“常青树”——受战乱影响最小且因香火不断得以不断修缮。另外，寺庙是封建社会最具公共性的场所，庙前广场是汇集社会各阶层人士的开放空间，也是人们寄托希望和理想的“积善”地，逢年过节人们的一些重大节庆活动也总是在这里举行。因此，与寺前广场结合的商业街往往更易延续流传至今。当然，与其它年代跨度较长的城市公共建筑（如贡院等）及其开放空间相毗邻，也有助于强化传统商业街的生命力，使其得以延续和发展。这与现代商业街集休闲、娱乐、购物于一体的多元综合发展理念是一致的。

⑶传统的空间布局手法

传统特色旅游商贸区在空间布局上体现了中国传统城市空间布局特色。首先，建筑层数都不高，一般为二至三层且起伏有致，除主要建筑外其余建筑体量均较亲切，建筑群落呈水平方向生长的态势；其次，大多具有丰富的空间层次，通过空间的开合收放对比，取得以小见大的艺术效果。传统特色旅游商贸区中的建筑布局往往借鉴中国古典园林及传统民居的空间处理手法，充分利用建筑体量较小、组合灵活的优势，运

用建筑实体的进退，及过街楼、不同深度的出挑檐口、骑楼、门楼等建筑语汇限定了街道、回廊、庭院、广场等丰富多样的空间层次，并借用园林中的借景、对景、框景等造景手法，使人产生步移景异之感，达到引人入胜的效果，增加购物旅游的趣味性。人头攒动的狭窄街道空间是传统特色旅游商贸区的又一景观特色，其亲切的空间尺度激发着人们蠢蠢欲动的消费欲望，结合街道两侧上空深远的层层挑檐，常造成“一线天”的视觉效果，反衬出面积不大的广场节点的开阔，同时调节了商业步行街的空间节奏，丰富了游人的空间体验（如图 4–132，图 4–133，图 4–134，图 4–135，图 4–136）。

(4)景观要素体现浓郁的传统风貌

为突出传统特色，营造浓郁的传统风貌，商贸区中所有的景观要素均被调动运用。大多数传统特色旅游商贸区中真正的历史遗存数量还是有限的，大量建筑采用新型的结构形式和材料建造而成，其传统特色框架的建构主要通过建筑开间、层高及街道空间尺度的控制、传统立面色彩材质及装饰符号的运用来实现。此外，大量看似不经意的细节处理也为传统氛围的真实营造作了不可或缺的铺垫，如这里店铺的招牌通常以传统匾额或店幌的形式出现，街道的地面铺装常采用青砖、卵石等传统而原始的材料及古典图案纹样，且砖块尺度以小巧亲切为主。指示系统及各种设施的风格、细部节点、色彩、材质等处理，处处显示出与整个商贸区的街道和建筑风格、传统意蕴间千丝万缕的渊源和联系。景观、绿化的设计也多以传统园林中自由曲线为主，很少有几何对称形式出现，特别是对于水的处理，常以静静的水面形式出现，几乎不采用人工味极浓的喷泉形式（如图 4–137）。

(5)超越现实的时空感

传统特色旅游商贸区除了向旅游观光者展示当地的传统特色和传播地域文化，并籍此推动当地旅游经济的发展外，更为终日“浸泡”在现代化都市文明和紧张节奏状态中的人们提供了类似世外桃源的休闲场所。该场所以其超越现实的时空感而有别于所有其他时尚流行的现代化休闲场所（如图 4–138）。在人类历史发展的长河中，每个时期都有着各不相同的生活和工作节奏，而这种节奏伴随着生产力水平的不断提高而日益加快。自农业社会至今天的信息时代呈加速度发展，从悠远绵长的古乐到今日风行一时的摇滚或周杰伦《双节棍》式的现代说唱中就能感知一斑。尽管历史已成为过去，但各个时期的生活方式及其节奏等信息已被深深物化在那个时代的历史遗存中，透过当时的建筑布局、风格韵味、细部节点及所有的景观视觉形象发散出种种信息，形成一个巨大的空间信息场，使后人产生超越现实的时空感，仿佛回到了遥远的古代，忘却了现代生活的紧迫，踩着先人缓慢的节拍，体验他们的生活方式，感受传统文化的深刻内涵（如图

图 4–135　人气旺盛的传统商业街　上海

图 4–136　商业、旅游相结合带来的双赢效果　上海

图 4–137　店铺的招牌常以传统匾额或店幌的形式出现　上海

图 4-138 超越现实的时空感 无锡

图 4-139 超越现实的时空感 南京

图 4-140 经营品种体现传统文化特色(一) 南京

4-139)。

⑹经营品种体现传统文化特色

传统特色旅游商贸区中的经营品种也是其景观视觉形象体现传统文化特色的一个重要组成要素，通常以地方传统手工艺品为主，另外当地的土特产、风味小吃以及传统的杂耍演艺活动等也是吸引各地游客领略地域文化和感受当地民俗民风的重要途径。此外，花鸟鱼虫、邮票钱币、古玩玉器和书画收藏品买卖等集休闲与文化于一体的经营种类均可为传统特色旅游商贸区起到锦上添花的作用(如图 4-140，图 4-141，图 4-142)。

2. 国内著名的传统特色旅游商贸区实例解析

(1)上海豫园旅游商城

上海豫园旅游商城位于上海南市区，在开埠以前，这里是上海传统的城市中心区。豫园旅游商城的前身是有一百多年历史的老城隍庙市场，市场周围遍布庙宇、园林等名胜古迹和人文景观。其中豫园是明代江南著名的园林，城隍庙建于 1405 ~ 1426 年，历史悠久，环境氛围独特。由于原有的商业建筑老化，1994 年，在政府的组织和参与下对该地区实施更新和改造，建成了 10 万 m^2 的仿明清建筑风格的豫园旅游商业街区(一期)，其与园林寺庙的有机融合，成为上世纪 90 年代上海独具魅力的新景观，是上海市民节假日的好去处，且每年吸引大批的中外游客前去观光。

改造后的豫园旅游商城尽可能地保留了原有的路网结构，整体布局具有我国传统园林的风格特点，步行街与广场、水面相结合，空间变化丰富。传统建筑风格的飞檐交错，与回廊空间一起造成丰富的光影变化，且增添了步行街和广场的空间层次。独特的历史传承决定了这里的经营品种主要是原

图 4-141 经营品种体现传统文化特色 无锡

图 4-142 经营品种体现传统文化特色(二) 南京

有的老字号商店和传统小吃，结合旅游功能经营中国传统工艺品和黄金珠宝等，店铺的设计也与传统建筑风格相一致且各具特色（见图 4–143，图 4–144，图 4–145）。

（2）南京夫子庙商业旅游街区

南京夫子庙街区地处秦淮河畔，交通便捷，区位优越，该街区主要是由围绕夫子庙（始建于公元 1034 年，由东晋学宫扩建而成）的学宫、贡院、贡院街等组成，自六朝以来直至民国 16 年前，一直是南京城政治、文化和商业的中心。清代在此设贡院（即省级科举试场），常年有 3000 多考生云集于此，随之而兴的各行各业的服务从业人员多达 5 万 ~ 6 万人，是闻名遐迩的繁华鼎盛之地。后因清末废除科举，加上铁路交通逐步取代水路交通使城市中心北移，及战乱等多种因素，该地区逐步衰微。

1984 年以来，在南京市政府组织下，经有关专家科学论证和规划，几度拨专款，经过数年的精心维修和复建，如今的夫子庙已焕然一新，再展辉煌。除重修标志性建筑和文物外，还恢复兴建了 300 多家各类商铺和占地 5000 ㎡的风味小吃摊点，并通过步行商业网络，成功地与周围的瞻园和白鹭洲公园相融合，创造了强烈的传统特色和人文环境，被誉为秦淮名胜而成为古城南京的特色景观商贸区，也是蜚声中外的旅游胜地（见图 4–146，图 4–147）。

（3）无锡南禅寺旅游文化商城

南禅寺旅游文化商城位于无锡市南长区，这里密布着江南名城无锡的历史文脉，其典轶掌故随处可见。南禅寺文化商城中心的标志性建筑是始建于南朝 549 年的江南名刹南

图 4–143　豫园商城　上海

图 4–145　豫园商城　上海

图 4–144　豫园商城　上海

图 4-146　夫子庙商业旅游街区(一)　南京

图 4-147　夫子庙商业旅游街区(二)　南京

图 4-148　南禅寺旅游文化商城(一)　无锡

图 4-149　南禅寺旅游文化商城(二)　无锡

禅寺,寺内的妙光塔始建于北宋(1104 年),由宋徽宗赐名“妙光”,为七级八面楼阁式内木外砖结构建筑。古运河依傍着南禅寺流淌,形成“江南最胜丛林”(明代对南禅寺的赞誉)——寺、塔、河珠联的特有风姿,京杭大运河在其 1794 公里的全程上,唯独到无锡穿城而过,因此古运河无锡段堪称京杭大运河的“瑰宝”,而自南禅寺起到清名桥仅长 1.5 公里的“水弄堂”,保存吴越古风最为完整,又是这一“瑰宝”中的“明珠”。无独有偶,在城市商业中心随铁路运输的发展而北移之前,“水弄堂”旁的南长街也曾是锡城繁华的商业中心区……

南禅寺旅游文化商城在保留历史遗迹的基础上,结合中国园林的布局手法,把古刹、宋塔、石桥、明窑、古运河自然组合在一起;建筑风格与南禅寺、妙光塔、古运河建筑群相协调,游廊相接,水院内白石为栏,环抱池沿;并于飞檐翘角、雕栏石砌的古建筑上装饰了 500 多只宫灯、轮廓灯、射灯,使夜色中的南禅寺旅游文化商城分外妖娆。倚寺而建的“南禅寺”市场,已形成长达 300 米的“风味饮食一条街”,又开办了花鸟鱼虫、邮票钱币、古玩玉器和书画收藏品等市场,有摊位近 500 个,经营品种上万,吸引了众多中外游人前来观光,游人熙熙攘攘,摩肩接踵。南禅寺文化商城经过六年多的改造建设,已从昔日的破庙败巷,脱胎换骨成今日流光溢彩、气势恢弘,无锡城里最具浓厚历史文化氛围的一颗“明珠”,成为锡城市民及旅游观光者的购物天地和休闲乐园(见图 4-148,图 4-149)。

注释:

[1]　[日]芦原义信著;尹培桐译．外部空间设计．北京:中国建筑工业出版社,1985:30
[2]　吴承照著．现代城市游憩规划设计理论与方法．北京:中国建筑工业出版社,2001:2
[3]　吴承照著．现代城市游憩规划设计理论与方法．北京:中国建筑工业出版社,2001:3
[4]　王建国著．城市设计．南京:东南大学出版社,1999:180
[5]　王建国著．城市设计．南京:东南大学出版社,1999:181

第五章　城市景观形象的视觉秩序与构造

一、城市景观空间界面与建筑空间界面之比较

相对于建筑空间而言，城市景观空间具有开放性的特点，这也是两者之间最根本的区别。

表 5-1 界面分析

	垂直界面	底界面	顶界面
建筑空间	墙体、隔断、隔屏等	地面铺装、地面铺设、人工水体等	天花、顶棚及其它构筑物
城市景观空间	墙体、树篱、水体(垂直方向)及各种构筑物	自然地表、自然水体、人工铺地、人工水体等	树冠、廊架，顶棚及各种构筑物

根据表 5-1 关于两种空间类型的三大界面围合实体因素比较，我们不难看出：底界面是承载人类活动的基面，关系到人的活动内容的形式与组织，不论在哪种类型空间中都起到重要作用；垂直界面的实体要素在建筑空间体现出较强的封闭性特征，在城市景观空间中则明显减弱；顶界面在景观空间中基本缺失，这也是景观空间的开放性所决定的(见图 5-1，图 5-2)。

图 5-1　城市公共空间　日本东京六本目综合体

图 5-2　城市公共空间　英国伯明翰

图 5-3 与自然与生态关联的底界面 丹麦哥本哈根

图 5-4 控制空间秩序的底界面 法国巴黎拉·维莱特公园

图 5-5 Water Front 休闲区滨海广场 澳大利亚悉尼

图 5-6 殖民地花园 上海徐家汇公园

二、城市景观空间底界面的"真实性"构建

1. 城市景观中的底界面

底界面作为围合空间的底面，在概念上独立存在，并起到把抽象的设计观念转化成具体空间形象的作用，它必须依赖于一定的体积、强度和材质等物理指标才具有实体性质。底界面的基本特征依其性质可分为概念元素、视觉元素、联结元素、意义元素；从涉及的层面进行区分，可分为抽象与具象两个层面。其核心在于与其他界面一起运用形态表达出空间性质和精神意义。

底界面在城市景观空间的围合营建中起到决定性的作用。城市景观空间的底界面与大地之间的紧密联系决定了其生态方面的重要性；作为各种因素之间的有机秩序性的载体，对城市景观艺术设计有着举足轻重的意义（见图 5-3，图 5-4）。

2. 城市景观中底界面与真实性

"真实"指的是宇宙万物构造的基本法则，包含有两个方面的倾向，即表现性和有机秩序性。从哲学角度来解释，表现性可以阐述为合目的性；相应的有机秩序性，则归结为合规律性。任何事物的协调和发展都是基于合目的性与合规律性的有机统一与和谐，符合这一规律的事物则表现出"美"。这一观点是对伊·沙里宁的美学观念的进一步阐释和延伸。

作为城市景观空间中的主要构筑界面，又加之其作为景观环境的"地缘属性"，底界面要素包含错综复杂的各种关系，所以"真实性"原则中有机秩序概念的确立，是景观空间设计中对底界面全面把握的根本依据。对待底界面的有机秩序性就好像对待物理力学的合力分析，要进行全面、理性的分析，了解特定的作用机制，最终在此基础上进行艺术表现。同时，景观空间的底界面不仅与自然生态环境之间存在着密切的联系，并且还与社会环境之间有着相互影响、相互作用的关系，且其界定出的城市空间是容纳人类活动的重要"容器"，因此，城市景观环境中的底界面居于"牵一发而动全身"的位置，对与其相关联的任何一部分因素的处理，都将影响到设计的成败和设计的效应。所以，城市景观艺术设计中表现性与有机秩序性的统一是其设计的根本要求，也证明了"美在真实"这一理念对于城市景观艺术设计而言是必然的和必需的。

2. 底界面"真实性"建构原则

"真实性"内容突出了城市景观艺术设计中底界面的根本特点，并且作为城市景观艺术设计的根本原则，关系到设计表现的成功与否（见图 5-5，图 5-6）。

（1）宏观层次的景观空间，注重适度的表现性

在整体系统评价的基础上进行适度的表现，是城市景观艺术设计中底界面"真实性"的普遍建构原则。通过整体系

统评价模式对宏观城市景观空间有机秩序进行总体把握，在此基础上进行艺术表现，是“美在真实”的理念在城市景观艺术设计方法论中的体现。

（2）中观层次的景观空间，注重文化的延续性

在城市景观空间中观层次的设计中，底界面所负载的文化延续性主要是通过对于“原型”的提炼和运用来达成。

①“原型”的提炼是对纵横方向的人类文化认知

所谓文化的横向因素是指对文化以及文化凝结——“原型”进行分析。作为设计者除了在横向上要把握外在文化发展，纵向上也应有相当的了解，这样才能对“原型”有较强的提炼能力。

如图5–7是西方古典巴洛克风格庭院中的一角，水池与植物的形式作为体现特定风格的手段被勾勒出来，自然对于庭院环境是归顺与依从的。而图5–8则是西方现代景观环境中园路、草坪、水池和树木的形式。比较两者在横向维度上的“原型”的异同：前者的形式“原型”是巴洛克的图形，后者的形式“原型”则是现代主义的直线构成的网格，这是它们的差异所在；而相同点则是作为西方的景观设计活动，同样都体现了人对自然进行把握和控制的特性，这是受文化中的稳定性因素影响的结果。

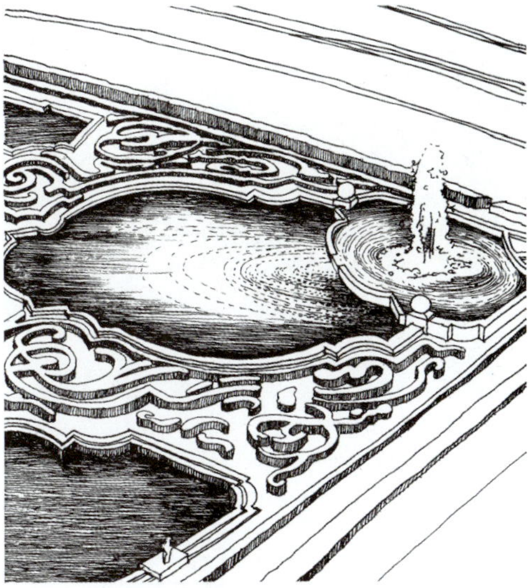

图5–7　西方古典巴洛克风格庭院

通过对两者的对比分析，试图建立这样一种观念：人类的文化是仅次于自然生态的重要因素，它对于人类的延续与发展具有相当重要的意义。《北京宪章》中对文化做了如下论述：文化是历史的积淀，它存在于建筑间，融会在生活里，对城市的营造和市民的行为起着潜移默化的影响，是城市和建筑的灵魂。

图5–8　西方现代景观环境

在景观底界面的真实性建构中，文化通过“原型”达到沟通和延续的目的，只有在纵横两个维度对文化脉络均有恰当的认知，才能更好地对“原型”进行提炼，并且运用在当代的城市景观艺术设计中。

②以“原型”为媒介进行深层次的表达

如图5–9是香港中国银行大厦的附属景观空间，出于将建筑功能与形式相契合的目的，该空间采取了底界面下沉的方法，空间基地与建筑实体体现出拓扑的形态特征，处理巧妙，并且还遵从了功能上的真实。在此主要论述的不是贝聿铭对于底界面高程和基地的处理，而在于其对“原型”的提炼与表达。深谙中国历史与文化的大师提取了云南石林的中国奇石作为“原型”要素，并且把石头镶嵌在三角形的磨光花岗岩中间。在香港这块有着特殊历史与文化背景的土地上，对于“原型”巧妙地运用揭示了一种现状：香港的文化在东、西方文化的“夹击”之下，出现了中国传统文化与西方文化杂糅在一起共同向前发展的态势。

图5–9　中国奇石作为“原型”要素　香港中银大厦

“原型”在此并不仅是简单地寻求良好的视觉感知，而是通

图 5-10　入口广场　英国伯明翰城市综合体

图 5-11　由旧码头设施组成的装置与乱石铺就的地坪　美国旧金山渔人码头

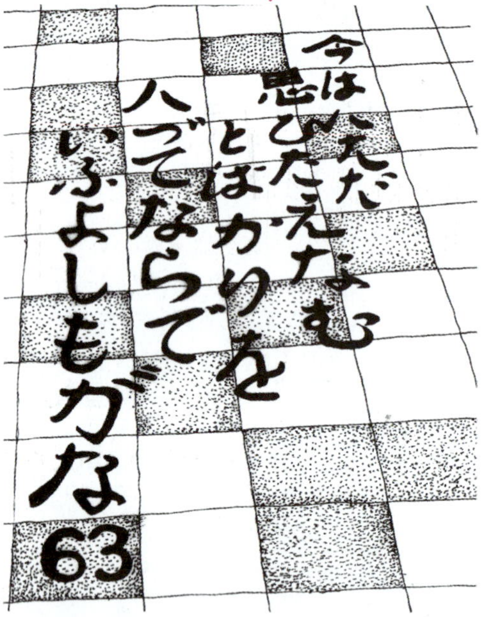

图 5-12a　瓦质材料的地面铺装　日本东京世田谷区

图 5-12b　瓦质材料制成的设施　日本东京世田谷区

过结合其他要素进行深层地表达,引发人们深思。简单地运用"原型"无法促进文化的进一步发展,只有加入当代人的思考和再阐述之后才又升华为文化的精华,凝积在历史的长河中。

③ 微观层次的景观空间,注重场所性的营建

A. 与建筑围合空间的拓扑关系处理

当代城市景观空间大都是由建筑实体围合而成,所以,它与建筑空间有着一个拓扑关系,并以城市建筑边界为边缘。与建筑空间的拓扑关系的处理会因为整体环境的协调统一而随之获得场所性的空间感受,这是空间场构成合力的影响(见图 5-10)。

B. 对文脉的尊重和运用

城市作为历史的载体,在景观环境中已经书写了一定的内容,这些历史与人们的回忆是不可分割的。所以,在设计过程中要对历史文脉采取尊重的态度,仔细考量功能、形式与文脉间是否能达成有机秩序的和谐。这种和谐一旦成为可能,这一景观空间就更容易得到人们的接受和认同(见图 5-11)。

3. 城市景观设计中底界面"真实性"的设计方法

(1)基于底界面抽象层面的"真实性"

① 运用同构手法体现底界面的"真实"

日本东京的世田谷区有一条道路,不仅路面,路边的坐椅

图 5-12c　直接由瓦片铺成的地坪　日本东京世田谷区

图 5-13a　基本形在地坪上的运用

图 5-13b　基本形在隔墙上的运用

图 5-13c　基本形在景亭上的运用

之类的设施等也全部以淡路地区手工制造的瓦来铺装，使这条奇特的道路弥漫着浓郁的日本传统文化气息（见图 5-12a，图 5-12b，图 5-12c）。

以形式要素联系底界面与侧界面，可形成有意味的空间环境。如图 5-13a，图 5-13b，图 5-13c，呈 45 度倾斜的正方形组合作为图中同构的基本形，在隔墙、景亭等垂直界面与底界面铺地上以相对应的比例和形式反复出现，使景观环境富于特色。同构手法也体现在材料、色彩的运用方面。如图 5-14，在底界面与垂直界面达成同构的媒介有界面材料、形式与色彩，这些视觉元素的呼应和反复是形成空间特点的一种手法。

② 运用“原型”体现文化的“真实”

文化从某种意义上说是集体记忆的凝聚，而“原型”是唤醒集体记忆最直接的途径，所以说运用“原型”是体现文化真实的有效方法。前文提到，贝聿铭在香港中国银行大厦附属景观空间的设计中就从中国传统园林景观要素中提取了奇石作为“原型”，进行了中国传统文化的成功表达。运用“原型”体现文化的“真实”，可以通过将实物或者图形进行符号化的表现手法，达成某种特殊的含义；还可以将抽象的组织方式、

图 5-14　底界面与垂直界面材料同构　英国伦敦

图 5-15　实物化的表现手法　香港中银大厦

图 5-16　广场绘有原旧建筑的平面形式　澳大利亚悉尼

建构方式等借鉴到现代的设计活动中去，虽然没有可识别的形象特征，但传统在深层次得到了延续和发展，使景观环境在“似，又不似”的对象性感受中产生巨大的张力（见图 5-15）。

③ 运用“类比”、“象征”和“隐喻”体现底界面场所的“真实”

类比、象征和隐喻都是基于文学概念的设计学应用方法。类比手法指从一种内容到另一种内容的思想转变或概念的移置；象征手法为以一种内容形式对另一种内容形式的影射；隐喻则是指一种内容对另一种内容的巧妙地暗示。设计师可以利用原有的建筑环境、自然界的各种形式来发展变化。这些方法中蕴涵着丰富的构思源泉（见图 5-16）。以墨西哥泰佐佐默克公园湖面的处理为例，设计师通过象征的手法缩影了地理场景，如象征墨西哥谷地形状的湖面形式（见图 5-17），记录了历史变迁，包含了对墨西哥谷地历史的追忆。

图 5-17　墨西哥泰佐佐默克公园湖面

（2）基于底界面具象层面的“真实性”

① 对于自然地形、地貌有意识地保留与恢复

中国传统文化中有这样一种思想，“有所为，有所不为”。体现于此，可以理解为设计活动不是推翻一切的全盘重建，有目的、有计划的“不为”，对于设计活动而言是一种更灵活更有机的方法。在城市景观艺术设计活动中，对于自然地形地貌有目的的保留与恢复，最大限度地体现了城市与自然、与时间的联系（见图 5-18，图 5-19）。

图 5-18　保留原场地地形的高差处理方式　英国肯特

图 5-19　保留原场地地形的自然形态　美国加州

图 5-20　利用底界面下沉处理不同空间需求（一）　英国伦敦

图 5-21　利用底界面下沉处理不同空间需求（二）　英国伦敦

图 5-22　利用底界面下沉处理不同空间需求（三）　英国伦敦

② 通过底界面高差变化营造场所性的真实

通过底界面下沉体现出了场合的真实，场合作为场所性的又一要素，表现为空间功能和活动与时间之间的紧密联系（见图 5-20，图 5-21，图 5-22）。

洛克菲勒中心广场作为现代都市中的广场，其下沉式的处理无疑可以躲避城市通路的噪音与视线的干扰，在城市中心区为人们创造出比较安静的城市气氛，这是符合场所功能的真实部分。而冬、夏两季的灵活运用体现的则是场合的真实：夏季支起凉棚，棚下支起咖啡座，棚顶布满鲜花；冬季则又变成溜冰场，提供不同时间的场所功能，并与景观环境相契合。洛克菲勒中心广场在繁华市中心建筑群中创造了一个富有生气的、集功能与艺术为一体的景观空间，并因其营建出的场所性的真实给身处其中的人们带来美好与愉悦的休闲享受（见图 5-23）。

抬高和下降都是运用底界面要素营建具有场所性真实的景观空间的手段。略低于城市街道的空间场所给人带来的是一种私密和围合感，结合这一效果设置有意味的活动，给场所赋予相应的功能是再恰当不过的了。

在北京皇城根遗址公园的设计方案中，南入口处的设计为了延续历史文脉而保留了原来的地面高程，从而形成了一个下沉空间，并成为园中主要的景点。四周环水，寓意在于在当初北京城选址的时候四周泉水丰沛。水在此不仅是丰富园林空间的因素，同时具有降低周围噪声的生态作用（见图 5-24）。

在城市景观艺术设计中，相应抬高底界面在视觉上就有比较显著的优势，如果没有太多的高差或连续的踏步，坐在略微抬升的广场上将会是一种愉悦的体验。高居于喧闹和汽车废气之上，并超脱于过往行人，无论在心理上还是在生理上都会令人心旷神怡。在草坪的运用上，草坪区能够通过起坡或

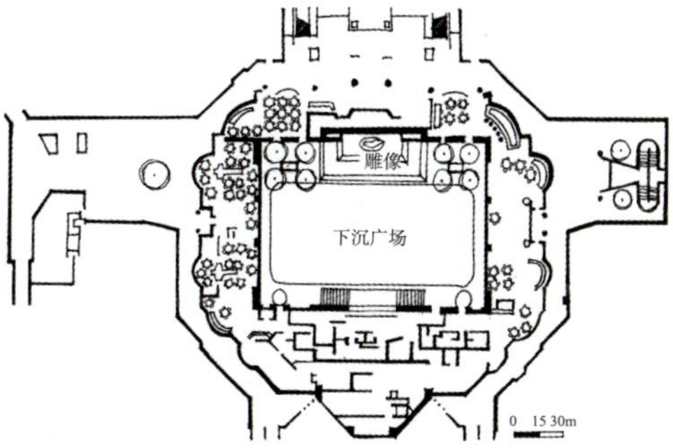

图 5-23 洛克菲勒中心广场平面示意图 美国纽约

图 5-24a 皇城根遗址公园下沉广场 北京

图 5-24b 皇城根遗址公园南入口下沉广场 北京

图 5-25　园路铺地　绍兴柯桥

图 5-26a　不同空间中连续的铺装形式　苏州金鸡湖公园

图 5-26b　不同空间中连续的铺装形式　苏州金鸡湖公园

抬高来改善休息和视线条件。

③ 底界面铺装的有机运用

A. 铺地体现地域性的真实

以传统文化与地域性特色为出发点，选取具有地域特征的要素在铺装上进行视觉性表达，就是通过铺地形式表现地域性的真实。具体方法有：采用当地特色的材质进行铺装；运用代表地域性特色的色彩；铺装色与特色街区的色调相统一；铺装的形式内容体现当地的文化与传统。

中国传统铺地的纹样设计中，经常运用到第四点来体现传统文化。如用荷花象征“出污泥而不染”的高洁品德；用忍冬草纹象征坚韧的情操；用兰花象征素雅清幽，品格高尚；用菊花的傲雪凌霜象征意志坚定。还用各种“宝相”纹样铺地，同样寄托着人们的良好愿望（见图 5-25）。

B. 底界面铺地营造城市景观环境场所性的真实

通过底界面铺地加强城市景观的场所性真实可以通过以下五种途径达成。

a. 强化城市景观的连续性。铺装色彩化，运用具有统一感的铺装等强化景观的连续性和整体性。

b. 使城市街道富于个性特征。强化地面铺装的个性也可以提高识别性，达到该景观空间场所性的加强。具体做法可以按照街道或街区不同，逐渐改设铺装的色彩、质地，也可以在东西向街道和南北向街道上使用不同铺装材料。

c. 作为标识系统中的因素。作为明示道路、广场、公园系统关系的方法，可以采用彩色化铺装，或者按一定时间的间隔铺置彩绘地砖等。

d. 涂画轴线。在街道上涂画出轴线，使整体景观显得井然有序，巧妙运用不同色彩的前后关系，调节人眼对视距的认知（见图 5-26a，图 5-26b，图 5-27，图 5-28，图 5-29）。

e. 铺地与景观空间主题同构。在某些具有特定主题的景观空间中，可以通过铺地与主题的同构来形成一种呼应，达成场所的真实。如图 5-30 是德国 Eching 音乐公园的底界面铺地，通过底界面铺地的不同材料来表现一种流畅的节奏与形态，强调空间主题。

三、城市景观中垂直界面的形式与构成

1. 城市景观中垂直界面及形式

（1）城市景观中垂直界面的表现

在城市景观空间中，垂直界面表现为非水平方向的，具有一定形态、体积和材质等物理指标的物质实体要素。这些要素在视觉上多数表现为各类具有不同形状、颜色和质地等外在可视物理属性的点、线和不完整的实形面。

城市景观空间中的垂直界面是人的知觉对基本视觉要素进行积极组织和建构的界面，而不是客体本身就有的，是非水

图 5-27　上海丽园绿地
[引自中共上海市建设和管理工作委员会、上海市建设和管理委员会编. 上海优秀项目选编. 汉语大字典出版社出版发行,2005]

图 5-28　南京汉中门广场

图 5-29　上海太平桥绿地水体边缘的处理

平方向的不同视觉要素组合布局、相互作用与联系所形成的具有垂直方向特征的界面系统。这个界面系统不仅能有效分隔、限定空间,而且能够形成空间渗透,使相邻空间形成彼此良好的空间关照(见图 5-31,图 5-32,图 5-33)。

(2)垂直界面的形式构成

垂直界面的形式构成,即形式结构的生成方法,表现为垂直方向和水平方向的组织,可以分为叠加、剪切、穿插、对称、转换和呼应等(见图 5-34a,图 5-34b)。

(3)围合度

城市景观中空间的围合度是指垂直界面与底界面,以及与人的尺度匹配关系。城市景观空间中,垂直界面的高度同它们所围合的底界面尺度需要有一个良好的比例,围合感要求这个空间既不闭塞,又不过于开敞。F. 吉伯德在他的《市镇设计》一书中对围合空间的尺度提出的数据颇有参考价值。他指出:当建筑物立面的高度等于人与建筑物的距离时,有很好的封闭感;当建筑物立面的高度等于人与建筑物距离的二分之一时,是封闭的低限;当建筑物立面的高度小于人与

图 5-30　Eching 音乐公园的底界面铺装形式

图 5-32　垂直界面的表现形式　江阴步行商业街入口

图 5-31　垂直界面的表现形式　美国戴维斯市中心植物园入口

图 5-33　垂直界面的表现形式　广州东站广场

图 5-34a　垂直界面的形式构成　美国戴维斯市火车站

图 5-34b　垂直界面的形式构成　美国戴维斯市农贸市场

建筑物距离的三分之一时，封闭感就消失了；广场的宽度（D）与周围建筑物的高度（H）之比大于或等于 1，而小于 2，即 $1 \leqslant D/H<2$，为具有围合感的宜人尺度。[1]

城市景观空间具有人性化尺度同样重要。因为室外空间一定程度上是为缓解和调剂现代人高节奏的城市生活，并让人们共享优美的城市公共环境而建设的。

C. 赛特（C. Citte）指出，欧洲古老广场的平均尺寸为 142m × 58m，具有良好的围合感。由于当时建筑物的高度受到建筑材料和结构种类的限制不可能太高，因此广场面积也不会太大。到现代，高层建筑的出现改变了尺度概念。[2]从围合感的角度分析，小广场周边是低层建筑时，尺度是平易近人的。若为高层建筑所包围时，虽然围合感很强，但易使人有“坐井观天”的感觉（见图 5-35a，图 5-35b，图 5-36，图 5-37）。

2. 垂直界面与空间序列的组织

一个完整的城市景观空间是由若干相对独立的空间组合而成的，不同的使用功能、交通动线和视景组织对空间组合形式和空间组织方式有着不同的要求。所谓“使用功能”，可以理解为城市景观空间为满足人的各类活动而提供的专门场所，这些专门场所使功能成为可见的形式。人在城市景观空间中的大部分活动不是盲目的、偶然的，而是有目的、有组织、有秩序的，因此，活动发生的先后顺序以及各类活动之间的相互连接所形成的动线，是城市景观空间的组织依据。人对城市景观空间的认识，不是在静止状态下瞬间完成的，只有在运动中——在连续行进的过程中，从一个空间进入另一个空间，才能看到它的各个部分，形成完整的印象。因此，人们对空间的观看不仅涉及空间的变化因素，也涉及时间的变化因素。空间的序列问题，就是把空间的组织、排列，与时间的

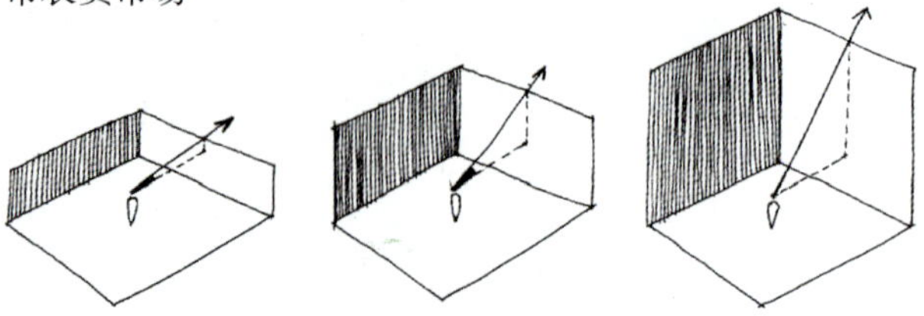

图 5-35a　围合度分析

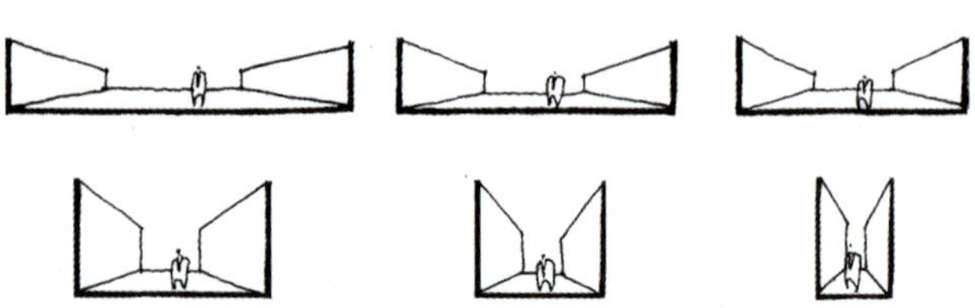

图 5-35b　围合度分析

先后顺序有机地统一起来。只有这样才能使观看者不仅在静止的状态下获得良好的视觉效果，在运动的状态下也能获得良好的视觉效果。[3]在城市景观空间序列组织中，垂直界面起到十分重要的作用，通常可以分别从功能和美学两个层面考虑城市景观空间的序列组织。

（1）功能因素

功能因素，即从事件的角度来组织空间序列。其有两种主要组织方式：一是根据事件的先后顺序安排空间序列，它突出强调空间的轴线关系，把事件之流与空间序列有机地结合在一起。[4]空间的形态经过垂直界面的分隔与围合，形成几个“收束——放开”的过程，形成起伏、跌宕的效果，增强了视觉上的感染力。这样的空间序列把事件与空间有机地结合在一起。二是根据事件的相互关系安排空间序列，它强调事件的共时性以及由某一事件连带的其他事件。[5]适于把不同类型的活动组织在相对独立的空间中，以避免相互间的干扰，同时，实形与虚形垂直界面相互作用使空间既分隔又有联系（见图 5-38a，图 5-38b，图 5-38c，图 5-38d）。

图 5-36　较封闭的围合　深圳万象城下沉式广场

图 5-37　较开敞的围合　英国伦敦泰吾士河滨河小广场

图 5-38a　澳大利亚悉尼奥林匹克公园

图 5-38c　澳大利亚悉尼奥林匹克公园

图 5-38b　澳大利亚悉尼奥林匹克公园

图 5-38d　澳大利亚悉尼奥林匹克公园

（2）美学因素

美学因素，即从形式的角度来组织城市景观空间的秩序。一个成功的空间序列，除了能较好地适应功能要求之外，还应具备美学上的一些特征。只有按照美的规律组织起来的空间序列，才能达到形式与内容的统一。因此，在考虑事件秩序的同时，还要考虑形式的秩序。美的空间序列产生于对立因素的统一。在一个完整的空间序列中，应该有主有次，有起有伏，婉转悠扬，节奏鲜明。所谓"主次"、"起伏"是指在空间序列中，应该包含空间形态、体量上的对比与变化、重复与过渡。对比产生起伏，重复产生节奏（见图 5-39a，图 5-39b，图 5-39c，图 5-39d）。

3. 不同形态的垂直界面与空间渗透和层次的构成

（1）垂直界面与空间渗透和层次

因为空间是并存的，相邻空间垂直界面状态不同，就存

图 5-39a　美国圣迭戈海滨海军纪念园

图 5-39b　美国圣迭戈海滨海军纪念园

图 5-39c　美国圣迭戈海滨海军纪念园

图 5-39d　美国圣迭戈海滨海军纪念园

在着或封闭、或开敞，或相互依存、或相互渗透的关系。城市景观空间的渗透与层次变化，主要是通过不同的垂直界面对空间的分隔与联系形成的（见图 5–40）。在城市景观中，围合空间和组织空间的垂直界面“形态要素不仅有实体的‘点’、‘线’、‘面’、‘体’，还包含了‘虚的点’、‘虚的线’、‘虚的面’。而‘虚的体’便可说是一种特殊形式的空间了”[6]。这里将其定义为“虚形”垂直界面。虚形垂直界面使城市景观空间相互渗透，有利于丰富景观空间层次，增加空间的深度，形成流通的景观空间。“虚”可能是看不见的，由实形所暗示或由关系所推知而被感觉到。有时感觉是清楚明显的，有时是模糊含混的。

从垂直界面的角度来看，我国古典园林中通过虚、实垂直要素的应用将园林空间的渗透与层次塑造发挥到了极致。通过丰富的虚实相间的建筑元素——亭、台、楼、阁、桥、榭、轩、廊以及墙垣、景窗、树木、山石等元素的应用使园林空间既分隔又相互渗透，景中有景、园外有园，空间的边界似有若无，极目所至，情景交融。明代计成撰写的《园冶》，集中表达了我国古代关于园林空间的层次与渗透的思想，论及了两个主要概念“因”和“借”。他认为：园，虽有内外之别，但景并无远近之分。空间边界的分隔是人为造成的，自然本身是一个整体。因此，对于园林（空间）的兴造，应该“巧于因借，精于体

图 5–40　美国旧金山

图 5–41　苏州拙政园

宜”。所谓“因”者,“随基势之高下,体形之端正,碍木栅桠,泉流石注,互相借资。”他进一步指出:“夫借景,园林之最要者也。如远借、邻借、俯借、应时而借。然物情所逗,目寄心期……”[7]计成提出的“因”、“借”概念,都是针对一个主体空间以外相邻的空间关系,以一个主体空间为基础,向四面八方渗透(见图 5-41)。

另外,欧洲一些经典的城市广场为现代城市景观艺术设计提供了一些有价值的参考信息,其中也不乏“虚形”界面与实体界面的设置相得益彰的精美实例。例如威尼斯的圣马可广场是由 3 个梯形广场组合成的封闭的复合广场,广场垂直界面多为实形建筑立面。大广场与靠海湾的小广场之间用一垂直线形钟塔作为过渡,在视觉上起到一个逐步展开的引导作用。大广场与圣马可教堂北侧面的小广场的过渡区域划分、靠海湾的广场和水面的过渡区域划分均采用了“虚形”界面,前者采用一对石狮和台阶,后者用一对掠来的方尖碑。圣马可广场一侧的大拱门是又一“虚形”界面,它成为良好的透景工具,通过高大的拱门看另一空间内的钟塔及远方的建筑,由于隔着一重层次因而看上去更加深远。圣马可广场不同空间的互迭和视觉上的相似性和对比性的应用,形成了垂直界面形式与环境的和谐统一,广场整体空间更趋于完美,在视觉艺术方面有着巨大的成就(见图 5-42a,图 5-42b,图 5-42c)。

图 5-42a　意大利圣马可广场

图 5-42b　意大利圣马可广场

图 5-42c　意大利圣马可广场

可见,"虚形"和"实形"垂直界面对于构成良好的空间渗透与层次具有同样重要的作用。因而需要在具体设计时进行很好的把握。

（2）"虚形"垂直界面的构成方式与空间渗透

"虚形"垂直界面,就界面本身而言多为不完全实体形或由线状、带状、条状单位形重复组成的界面。这种界面从实形看多数不是面,但由实形所限定的虚形及实形一起共同形成了一种透而非透的面。在城市景观空间中,"虚形"垂直界面形式往往无定式,组合方式变化多样,但并非无规律可循。"虚形"垂直界面构成方式、组合方式以及对空间塑造的不同方式都可循其自身的构成规律和特点。大体上可将"虚形"垂直界面分为"实形剪缺形界面"和"灰界面"两大类。

① 实形剪缺形界面

剪缺就是从实体界面整体上去掉一部分。从造型的意义上讲,剪缺是在保持形体完整性的前提下去掉某些部分,产生剪缺的变异,造成缺损与完整的对比。它不仅具有多方面的造型功能,更能增加空间层次感。剪切造成的缺损部位,总是以特殊的形态引起视觉的注意,增加界面的表情和层次感。在实际运用中,"实形剪缺形界面"分别表现为对景式、框景式(见图 5–43)。

通过开洞、开槽、切角等方法,实形界面与剪缺形易构成"图底对比"关系。一定范围内剪缺的虚形将框出的景物突出出来,而实形界面则相对退后,突出来的成为"图",而退后的成为"底","图底转换"形成空间的变换和相互渗透的空间层次感。

从格式塔心理学的图形与背景原理可知,图底对比明显则界限分明,容易被感知。一般情况下,面积小的比面积大的、被围的比包围的、垂直或水平的比倾斜的、暖色的比冷色的容易被感知。同周围的明度差别越大,对象就越易从背景中被区分出来。

② "灰界面"

"灰界面"是由"灰空间"一词而来,指由线状、点状的基本造型元素作水平方向或垂直方向叠加或相加,形成的一种

图 5–43　框景式垂直界面　日本东京都厅庭院

图 5–44　"灰界面"　澳大利亚悉尼国际机场

图 5-45　美国戴维斯市街角公园

图 5-46　福州江滨公园雕塑景墙

似透非透的垂直界面，体现了界面组织的整体性。格式塔心理学认为，任何“形”都是知觉进行了积极组织和建构的结果，而不是客体本身就有的。[8]“灰界面”界面实形本身都不是面，而是点线的组合体，它符合格式塔心理学所描述的人们所具有的如接近的原则、相似的原则和完形的倾向等“心象组织规律”，是通过人的感知而形成的面（见图 5-44）。

（3）垂直界面自身的高度与空间的特点

“实形”与“虚形”垂直界面与空间的围合渗透都是人在室外空间中的感知状态，且是以人为尺度的。人们普通的视高与垂直界面高度的相互关系，影响到垂直界面在视觉上表现空间的能力。在垂直界面的高度低于视高时，垂直界面就开始产生一定的围合感并限定空间领域的边缘，同时保持着与周围空间的视觉连续性。当接近人们的视高时，就开始将一个空间与另一个空间分隔开来。当完全超过人们的视高时，它就打断了两个空间领域之间的视觉连续性，并且提供强烈的围护感（见图 5-45，图 5-46）。

值得注意的是，在实际设计中，垂直界面不一定是从地面开始的，可能是悬空的，表现为垂直界面的一种组织关系。

注释：

［1］白德懋．城市空间环境设计．北京：中国建筑工业出版社，2002：158
［2］白德懋．城市空间环境设计．北京：中国建筑工业出版社，2002：158
［3］尼跃红．室内设计形式语言．北京：中国建筑工业出版社，2003：128
［4］尼跃红．室内设计形式语言．北京：中国建筑工业出版社，2003：129
［5］尼跃红．室内设计形式语言．北京：中国建筑工业出版社，2003：130
［6］王小慧．建筑文化 · 艺术及其传播——室内外视觉环境设计．天津：百花文艺出版：300
［7］计成著；陈植注释．园冶．北京：中国建筑工业出版社，1988：47
［8］刘先觉著．现代建筑理论．北京：中国建筑工业出版社，2000：137

下 篇

城市景观艺术设计的方法、运用与评价

第六章　城市的记忆——城市景观的文脉延续

一、“失忆”中的城市与城市的记忆

1.“失忆”中的城市

当代城市正处在新世纪初因全球化的经济、文化变革和技术的发展而带来的深刻变化之中，前卫艺术与怀旧传统缠绕交织，人文理念与都市建筑日新月异而又返朴归真，使当代人产生一种莫名而深刻的历史感与危机感。

“现在全世界的城市建设都面临一个共同的危险，我们的城镇正趋向同一种模样，这是很遗憾的。希望中国的城市建设能够尊重中国文化，尊重城市原有的特色。中国历史文化的传统太珍贵了，不能允许它们被那些虚假、肤浅的标准概念的洪水淹没。我确信你们将会遭遇这种危险，你们要用全部智慧、决策和洞察力去抵抗。”这是20世纪80年代初，英国皇家建筑学会主席在对中国考察之后向中国城市规划界提出的忠告。

图6-1　失去的老房子　无锡

图6-2　失去的老街区　无锡

图6-3　失去的老里弄　无锡

20多年后这个忠告被不幸言中。当今的城市文化，正处在从现代主义向后现代主义的转型和变迁中。中国城市化的趋势不可阻挡，城市的人口高度聚集，城市作为当今创新、创造的中心，城市及其相关问题成了一个社会进步和发展过程中亟待解决的重大课题。而支撑城市运行的物质构建所外显出的城市景观形象在现代化的进程中，已被同质化、工具化和理性化。城市的建筑文化传统在现代主义的冲击下几乎已荡然无存。从我们的周围已可以深切地感受到这种变化，在我们所生活城市中老房子、老街区、老字号、老桥……这些承载着城市历史文化的物质载体和场所已难觅其踪影，城市失去了应有的历史记忆，变得像水上浮萍一样无根无依。这种现象就是所谓的“城市记忆”的消失（如图6-1，图6-2，图6-3）。造成城市“失忆”的原因主要有两个：一是城市空间的异化；二是城市历史地段的消失。

（1）城市空间的异化

纵观历史上城市的生长，总体上是一个缓慢变化和沉淀的过程。在这个过程中，城市中建筑与城市结构的关系是渐变的，其城市景观形象亦在整体上呈现出渐变的趋向。而近几十年，城市呈爆炸式发展，以前所未有的速度扩张。CIAM

(国际现代建筑协会简称)的现代建筑理论认为：建筑通过强调本身的重要性，将摆脱城市结构和文脉的束缚[1]。然而，当现代建筑师摆脱了城市结构和文脉的束缚以后，“建筑成了一种创造孤独形象的游戏”[2]，不再寻求彼此之间的联系。这种现象使建筑与街道原本良好的尺度关系丧失、甚至崩溃，城市结构趋向巨型化，导致城市的生活品质下降，其核心在于城市空间的非人性化，而非人性化即“异化”。

在中国，现代城市建设更是忽视了城市自身的地理环境，照搬照抄，不顾原有的地域文化特征、历史人文环境，甚至把高架桥、超高层建筑当作城市现代化极为重要的标志。我们异化的城市正在以远离多样性、差异性和历史文化特色的方式失去记忆(如图 6-4，图 6-5，图 6-6)。

(2)城市历史地段的消失

有史以来，自人们开始在城市(镇)中居住，城市更新一直伴随着城市的发展，城市是一个生命体和不断完善的生命过程。如今，随着经济的迅速发展、生活方式的改变和生活质量的提升需求以及产业形态的更迭，城市中旧的区域和地段普遍出现了功能性和结构性衰退，加上持续了近二十年的“城市改造”狂潮，使得城市更新的内涵一度演变为“拆旧建新”，造成了大批具有实用价值和历史价值乃至文物价值的城

图 6-4 巨型的城市尺度 广州

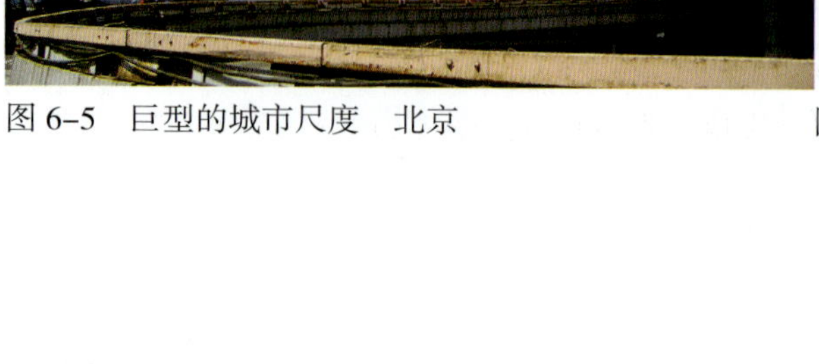

图 6-5 巨型的城市尺度 北京

图 6-6 国际式的高层建筑

市历史地段化为瓦砾(如图6-7,图6-8,图6-9)。然而"拆旧建新"正是"现代性"的基本特征之一。河清在《现代与后现代》一书中对"现代性"是这样描述的:其一为"人类中心主义",即征服自然的世界观;其二为"乐观的进步论",即对人类日益美好的未来之理想,对运动、行动、速度的赞美等;其三为"个人中心主义",即个人的绝对自由,个人意志的扩张;其四为"'新'之崇拜",即先锋意识,不断破旧创新的观念。

在这个人人爱说"现代"的年代,当人们带着现代人的骄傲将自己居住了多年的城市拆个片瓦不留时,人们才发现自己在不断异化和巨构的现代城市里迷失了,割断了城市与过去的联系,城市正在不断"失去记忆"! 于是人们开始重新认识和尊重历史传统,认识到城市的历史需要延续,过去的建筑及其构成的空间环境是不可再生的人类财富。

2. 城市的记忆

城市历史地段是可以唤起人们集体记忆的实物形式,是可供人们连续记录这个城市历史文化特点的直接内容。因此在一定程度上,城市历史地段可谓城市记忆的"化身"。

(1)城市记忆

以何塞·奥特加·γ.加塞特的观点来看,动物与人的区别不在于严格意义上的智力区别,而在于与人类相比较,动物是没有记忆力的。每天清晨,动物必须面临着几乎忘却它们前一天生活过的内容,而且它们的智力只能运用极少的经验。因此,对人类来说,打断对以往的延续,就是对人类自身的贬低。

就记忆本身而言,记忆是指"能记住经验过的事物,并能在以后再现(或回忆),或在它重新呈现时能再认识。包括标记、保持、再现或再认三方面"[3]。记忆的本质在于积累和再现知识经验。可见城市记忆是城市发展过程中一种不断积淀的、可供再现的历史认知。

有关城市记忆的概念及其内涵在学界的研究已由来已久,尽管对于"城市记忆"的具体阐述的词语不同,但都充分显示了城市历史的延续是"城市记忆"的核心。无论是柯林·罗的《拼贴城市》还是罗西源于"类似城市"基础上所提出的与集体无意识相似的"城市记忆"的概念,都把城市看作"集体记忆"的所在地。城市是历史的沉淀物,它交织着历史和人的记忆。尽管个人的城市记忆可能不尽相同,但大体上都有着相似性。若将不同个人对城市的记忆综合起来,就可以得到一个线索与层次比较完整而清晰的城市记忆。

城市记忆具有"集体记忆"的属性。城市记忆其作为"集体记忆"包含着宏观、中观和微观的多个层面,同时更涉及社会学和心理学的领域和范围,不单纯是一个简单的物质环境和形式、形态的问题。然而,城市的物质环境所表达的历史语

图6-7 已成瓦砾的旧街区 无锡

图6-8 已成瓦砾的历史街区 无锡

图6-9 已成瓦砾的老宅 无锡

图 6-10　威尼斯河道　意大利

图 6-11　日内瓦湖　瑞士

图 6-12　米兰大教堂　意大利

图 6-13　圣马可广场　意大利

图 6-14　威尼斯的"贡多拉"　意大利

境在一定程度上集中反映了城市记忆是城市历史的标识和图记，是城市记忆所承载的社会学和心理学等深层意义的外显和物化的物质现象。因此若以设计艺术学的角度来认识"城市记忆"，"城市记忆"是人们对城市中体现城市历史文化特点的空间视觉形式要素以及各要素之间的组合规律认同后产生的一种集体记忆。

（2）城市记忆的构成

城市记忆的构成要素包括自然要素和人文要素两个方面。

① 自然要素　城市记忆的自然要素包括：城市的地理环境，如气候、地形、地貌等；城市的自然资源，如矿产、森林、水利等；城市的风景资源，如河流、湖泊、山脉等（见图 6-10，图 6-11）。

② 人文要素　人文要素包括城市建筑空间、人文历史等方方面面：城市的人文环境，如人口、民族、文化情调等；城市的旧区风貌，如街道、居住形态、公共场所等；城市的文物建筑，如遗址、城墙、宫殿、寺庙、教堂等；城市的轴线特征，如城市结构、城市肌理等；城市天际线，远眺城市与俯视城市所获得的城市总体印象等；城市空间节点，如广场、公园、街心花园等的场所感与归宿感等；城市背景建筑，如居住建筑、工业及高科技园区建筑的总体风格等；城市标志性建筑，如具有城市象征意义的公共建筑的文化气质与艺术个性等；城市特殊构筑物，如桥梁、码头、仓库乃至碉堡、地道等城市历史的印记；城市纪念碑，是城市历史事件的教科书；城市公共艺术品，是对城市文化气质、文化特色的点缀与烘托（见图 6-12，图 6-13，图 6-14）。

（3）城市记忆的层次

城市记忆作为记忆的一种特定形式，其记录轨迹和方式以及途径是多角度的。城市记忆的途径，其主要呈现为事件的记忆和意象的记忆两个方面。前面谈到，记忆的本质在于积累和再现知识经验，城市记忆是城市发展过程中一种不断积淀、可供再现的历史认知。因此来自于城市背景的事件和意象都将是可读解的，且蕴含着无数构成城市记忆的重要线索。

① 事件的记忆。事件的记忆由时间、地点和人物这三方面的记忆构成。无论哪一个要素都可以引起人们对整个事件的回忆。这里所指的"事件"，可以是真实的历史事件，如卢沟桥事变，也可以是指虚构的传说，如《白蛇传》。卢沟桥记录了真实的历史事件，而它本身也成为可供人们回忆、想象和记取的真实可见的材料；而对于雷锋塔，人们记取的不是塔本身携带的真实的历史信息（结构、工艺、年代等），而是有关白蛇的民间传说。

无论是真实的历史事件还是虚构的传说，其地点都是固定的，并成为构成城市特色的因素。依然回荡着厮杀声的罗马角斗场、清洌蔚蓝的多瑙河、清秋远村旷野平芜的圆明园废墟和蜿蜒万里烽火连绵的长城、如蛛网般的威尼斯水巷……城市的生命与性格、历史与记忆存在于每一方土地、每一块石头、每一寸肌理、每一片草坪、每一道天际轮廓线……无数的城市史告诉我们，城市不是历史教科书中枯燥的数字和资料，而是活生生存留于城市空间和时间中的生命的热度、岁月的痕迹和文化的积淀。

城市记忆用如同文学作品中的故事一般的事件来完成叙述，并有事件的支撑而显得跌荡起伏，引人入胜，丰满而生动。事件成为可供人们回忆、想象和记取的重要材料。

② 意象的记忆。意象层面上的记忆是建立在人们对城市物质空间和空间内容综合印象基础上的记忆，包括“意”和“象”两方面。

“意”是指城市物质空间形态的构成在人们心中形成的“公众意象”，即“大多数城市居民心中拥有的共同印象”。[4]这种共同印象是公众的一种文化认同，是“在单个物质实体、一个共同的文化背景以及一种基本生理特征三者的相互作用过程中，希望可以达成一致的领域”。[5]“意”的本质是人们基于对城市物质空间感知基础而在精神层面上对城市形成的认同感。

图 6–15　故宫　北京

而“象”是指城市物质空间的基本构成方式，即呈现为最本质的形式要求如点、线、面、体的组合方式。而点、线、面、体在城市中具体表现为单元空间形态的组合方式和城市的空间结构与肌理。可以认为，人们日常所熟悉的城市空间都是由点、线、面、体通过各种组合方式而形成的物质表现。同样，城市空间的差异性最终亦可以归结为点、线、面、体的组合方式上的差异性。

图 6–16　王府井大街北口的教堂　北京

“象”与“意”既是有层次的，又是相关联的。“象”最终是通过城市空间形态以及空间内容对人们的视觉刺激进而引发对“意”的记忆。“意”的实现记忆的途径符合记忆的规律和方法。

延续城市的历史文化需要保留城市的记忆，保留城市的记忆需要合理的城市历史地段景观艺术设计。

二、城市历史地段及其景观艺术设计

1. 城市历史地段及类型

“国际古建遗址理事会”于 1987 年通过了《华盛顿宪章》即《保护城镇历史地区的国际宪章》，这是一部关于城镇历史地段保护的专门宪章。其中所谓的“历史地段”是指城镇中具有历史意义的大小地区，包括城镇的古老中心区或其他保存着历史风貌的地区。它们不仅可以作为历史的见证，而且体现了城镇传统文化的价值。由此，城市历史地段可以界定

图 6–17　朝天宫　南京

为：城市中具有历史意义的大小地区，包括城市的古老中心区或其他保存着历史风貌的地区。城市历史地段从实物类型上可以分为：古老中心区域历史地段、文物类历史地段、产业类历史地段和生活类历史地段等。

（1）古老中心区域。主要指至今仍影响城市轴线和城市空间结构的原旧城中古老的中心区域，例如以北京的故宫为中心的旧城中心区域（如图 6–15）。这些古老中心区域，因其显著的历史地位和重要的文化价值，一直受到政府的重视和保护并得以保存。这类地段大都也是文物类历史地段。

图 6–18　保留历史色彩的展示空间　北京太子山艺术区

（2）文物类历史地段　指城市中以文物建筑为主体的历史地段。文物建筑是指宫殿、寺庙、有历史意义的会址、历史人物的故居、古典园林等被国家确认为文物保护单位的建筑。这类地段中的文物建筑有些是该地区的标志物，有的则隐没于市井之中（如图 6–16，图 6–17）。文物类历史地段通常有开发旅游资源的潜力。

（3）产业类历史地段　指工业革命后出现的用于工业、仓储、交通运输业等产生生产活动的建、构筑物及其所在地区。伴随着经济发展和城市产业结构的不断调整，这些地段大多失去了原有的用途，有些已经完全废弃。它们是最容易被人们遗忘和忽略的地段。在城市发展历程上，产业类建筑有着不可忽略的历史地位，也是城市建筑文化的重要组成部分，“其中有些是现代主义的典范，有的则是当时新建筑技术运用的代表。它们相互影响、相互关联，在城市中形成独特的‘产业景观’”[6]。上个世纪 70 年代初，国际上学术界和有关政府机构已明确认定此类地区为“历史地段”，并将一些城市中建于 20 世纪初的工业区定为历史遗产。1996 年巴塞罗那国际建协第 19 届大会论题之一即提出城市“模糊地段”的概念，所谓城市“模糊地段”就是指包括涉及工业、码头、铁路等在内的城市废弃地段，并指出此类地段同样需要保护、管理和再生。

图 6–19　艺术展廊入口　北京太子山艺术区

城市产业类历史地段与其它类型的历史地段不同，它们主要反映工业文明的发展，记载着工业技术的发展历史，但几乎不涉及人们的生活习俗、传统文化等问题，因此并不是所有产业历史地段都有很高的历史文化价值，所以通常从历史文化价值和空间实用价值两方面来判断此类地段的价值所在。产业类历史地段的建筑以及整个地段的空间通常都并不是以人为尺度的，以产业机器为建筑尺度是该类历史地段最突出的特点。若依据其空间形态特征，城市产业类历史地段大致可以分为两大类。其中一类即常规型，具体表现为普通或标准厂房及常规的办公建筑。其建筑结构常为大跨型或框架结构。这类地段改造的灵活性很大，可根据厂房的结构情况和空间特征，利用其空间的实用价值，进行空间功能替换，可以改造成博物馆、图书馆、学校、住宅或者其他适合新的文化艺术活动和办公形式的用房，例如北京由 798 工厂改造而成的太子山艺术区（见图 6–18，图 6–19）。另外一类即非常规型。主要指拥有特殊形态的建、构筑物，如煤气储仓、储粮仓、冷却塔、烟囱和船坞等。此类地段由于建筑物形态特异，本身就是很有特色的城市景观，可以改为休闲娱乐和文化创意产业及旅游参观甚至是影视拍摄用地，例如澳大利亚悉尼和美国旧金山分别利用海滨废弃的码头船坞改造成具有个性的休闲娱乐场所（见图 6–20，图 6–21，图 6–22，图 6–23）；又如英国伯明翰市利用原市中心河畔的旧工厂改造成餐饮休闲空间，并借此完成了贯穿城市中心的步行系统，复苏了城市的活力（见图 6–24，图 6–25）；再如英国苏格兰邓迪由原渔民市场改造而成的购物步行街（见图 6–26，图 6–27）。

图 6–20　保留原状的码头区　澳大利亚悉尼

图 6–21　由码头仓库改造而成的 Water　Front 休闲区　澳大利亚悉尼

图 6–22　渔人码头入口　美国旧金山

图 6–23　渔人码头街区　美国旧金山

（4）生活类历史地段　主要是指城市中有一定的历史意义且保存较为完整的历史风貌的街区，如传统商业区、居住区等。例如，著名作家冯骥才《抢救老街》书中所描述的沽衣街是天津传统的商业街；具有“中西合璧”色彩的上海开埠后最为典型的上海里弄则是传统的居住区（见图 6–28）；无锡南长街著名的古运河“水弄堂”则是代表无锡传统生活的历史地段之一（见图 6–29，图 6–30）。生活类历史地段是城市中最具有活力的历史地段，它们保留了真实的历史环境和生活场景。在这里，城市的记忆亦被真实地记录和留存着。

上述产业类历史地段和生活类历史地段因其非文物建筑

图 6–24　由旧工厂改造而成的餐饮休闲空间　英国伯明翰

图 6–25　餐饮休闲街建筑局部　英国伯明翰

图 6–26　由渔市场改建而成的购物步行街街景　英国邓迪

图 6–27　由渔市场改建而成的购物步行街临海一侧　英国邓迪

等缘故而导致人们对这二类历史地段所蕴含的价值认识不足，一直是城市更新中“拆”与“留”矛盾最大的地段。

2. 城市历史地段景观艺术设计的理念

据前文所述，城市作为一个建立在自然之上的人造物系统，需要解决的问题是多层次的，其既要解决城市与自然的问题，又要协调城市中物与物的关系和人与物的关系。可见，涉及城市的设计问题及内容亦是多向度的，任何一种设计方法和解决方案都不可能包揽城市造物过程中所有需要设计来完成的任务。城市的设计需要多领域共同来关注并协调工作才能完成并求得最佳状态。城市景观艺术设计主要融合建筑设计、城市设计和艺术设计的相关理论与方法，以环境艺术设计为手段和整体系统为原则，对城市环境中的视觉空间形态和具体空间内容进行功能美和形式美兼具的一种整体艺术设计。

城市景观可谓是“多种功能的载体”，它是视觉审美过程中的对象、人类生活其中的空间和环境、一个具有结构和功能且具有内在和外在联系的有机系统以及一种记载人类过去、表达希望与理想并赖以认同和寄托的语言和精神空间等。

城市历史地段现存的建筑及其环境具有历史和文化等多重价值，同时又存在着结构性、功能性衰退等问题。城市历史地段景观艺术设计作为城市景观艺术设计中的重要组成部分，其设计理念借“整合”的思想来延续城市历史文脉，最终实现文化与经济的共赢。其中所谓的“整合”思想是指“对现成‘结构’的把握、使用和改良”[7]，即强调充分利用已经存在的形式和结构，用当今的材料来加以适宜的改造，并将其转化为符合当代使用的“新”的空间环境。在具体操作层面上，城市历史地段景观设计以集创造性、系统性、功能性、艺术性和经济性等方面对城市历史地段中的物质空间形态和空间内容的整合为主导的艺术设计，为历史地段注入了活力，使之获得了新生，最终实现延续城市历史文脉和保留城市记忆的目的。

图 6-28　具有“中西合璧”色彩的里弄　上海

图 6-29　古运河“水弄堂”　无锡

图 6-30　水弄堂一侧的旧商业生活街道——南长街　无锡

三、城市历史地段景观艺术设计的原则和基本方法

1. 保存城市记忆的原则

通过城市历史地段的景观艺术设计实现保存城市记忆的目的，一方面归纳凝练地段长期以来已经被人们接受的空间形式法则，在总体上把握地段的“意”；另一方面总结地段空间点、线、面组合方式（包括尺度、色彩、材质、工艺），在具体细节上把握地段的“象”，并结合类聚的手法对地段体现历史文化特征的视觉形式要素进行整合，利用对比的手法进行创新，以达到通过具体的视觉刺激，激发并强化人们的文化认同感的目的，从而保留城市的记忆。其中类聚和对比不是绝对对立和孤立的，在具体设计中两者穿插使用，即整体上运用类

聚的手法使各部分追求接近性、类似性、连续性和规则性，而局部运用对比的手法以获得强烈、动感的视觉效果。

保存城市记忆的原则，也就是城市历史地段景观艺术设计的原则可分为四个方面：历史连续性、空间连续性、传统心理的延续和景观形态的多样性、复杂性。这四个原则是运用城市景观空间的整合思想对城市记忆中“意”的把握。

（1）历史连续性

城市景观始终与一定时间维度相联系，城市与时间的关系是密不可分的。城市在历史的长河中处于动态的演变之中，城市景观也随着时间不断演化，现阶段城市历史地段的景观是遗存下来的记载着城市演化过程的片断。

图 6-31　20 世纪初“中西合璧”建筑（一）　上海

保持城市历史地段的历史连续性是必要的。所谓独特的“历史风貌”不是一朝一夕可以形成的，它是历朝历代不断累积的结果。同样，对历史地段仅做一次性景观艺术设计就形成该地段的独特风貌亦是不可能的，我们的工作只能是在地段原有的风貌基础上从精神上或者说从抽象意义上延续它的特色而已。其实“历史风貌”一词本身就很含糊。因此对于“历史连续性”较确切的表述是：在该地段原有历史信息的基础上，将新的信息通过设计的手段、手法与历史信息连接起来。而这两种信息都应具有相同的文化渊源，且新的信息应反映当今时代的特点。在这里，历史信息的表层结构所展现的，是指设计艺术学所认为的“风格式样”。“风格式样”即在一定时间和特定的区域环境条件下，逐步形成的具有统一性和共性的程式或式样。而“风格式样”的出现，不是由某一个体独立形成的，而是一个由观念、审美、文化和生活方式沉积在建筑与环境中所反映出的“形象集合体”，因此而具有丰富的内涵和深层的内容。在一定程度上，可以认为历史地段的历史延续性就是“风格式样”的延续性。

图 6-32　20 世纪初“中西合璧”建筑（二）　上海

不可否认，一个国家、民族的建筑文化在发展中可能会受外来文化的影响乃至冲击，在程式或式样上有断层或变异现象，但若这些程式或式样具备统一性和共性并得以沉淀，亦是其“风格式样”的组成部分。例如在 20 世纪初我国出现的“中西合璧”建筑（见图 6-31，图 6-32），作为中西文化碰撞的产物，它是当时历史、文化的真实反映。至今，众多“中西合璧”建筑得以留存，其中许多建筑成了文物建筑，它们所在地段亦成为今日城市中历史地段的重要组成部分。

上个世纪九十年代中后期曾经盛行一时的“欧陆风情”[8]则纯粹是对西方建筑文化的曲解，通过片面地引用一些西方古典建筑或相关风格的建筑符号，来表达气派豪华的“盛世”场面，属于“暴发户意识”。这种做法打断了许多历史城镇的文化连续性和整体性，改变了当地居民的传统价值观。因此，“欧陆风情”遭到业内人士的普遍批评，并逐渐消退，至 2002 年已基本消失。然而，与“欧陆风情”几乎是同时出现的“复古风”似乎经久不衰。两者构成了“20 世纪末中国城市建设与建筑创作的主要特征”[9]（见图 6-33，图 6-34，图 6-35，图 6-36）。

图 6-33 “复古风”建筑（一） 无锡

“复古风”的起源比较复杂。这里所说的“复古风”是狭义的复古，主要是指单纯地模仿和复制中国古代建筑的立面、体量及部分结构的做法，与对中国传统建筑文化做深入探索的“新传统建筑”有本质的区别。“复古风”的出现，导致 20 世纪末中国出现了一大批的“假古董”，特别是各地出现的“明清一条街”。所谓的“新传统建筑”，是指那些现代建造的具有浓厚中国传统文化特色的建筑物，如陕西历史博物馆、福建武夷山庄等。“新传统建筑”是将现代建筑功能与中国传统建筑形式结合的一种积极探索，不同于单纯的模仿和复制。

图 6-34 “复古风”建筑（二） 无锡

无论是“欧陆风情”还是“复古风”都不是我们所需要的，前者完全割裂了历史的连续性，后者使建筑、城市文化停滞不前甚至倒退，两者都是对继承历史遗产、保护历史文化的曲解。历史遗产的珍贵之处不但在于它们外在的物质形式，也包括经过长期的历史沉淀之后，它们所携带的历史信息。外在的物质形式可以模仿，但历史信息是无法模仿和复制的。

重温中外建筑发展史，可以看到 1851 年建造的伦敦“水晶宫”展览馆，开辟了建筑形式的新纪元，但当时很多建筑师仍沉溺于古典建筑形式。同样，在中国，15 世纪建造的无梁殿“突破了中国殿屋惯用的木构架结构，出现了截然不同的新结构形式，按理它应该为中国建筑朝砖石结构体系迈出新的步伐，但在旧规制的枷锁下，无梁殿的平面始终没有跳出木构架殿堂间架平面的框框，新的拱券结构完全被束缚在仿木形式之中”。[10]这些历史值得我们玩味及记取。前车之鉴，后事之师。

图 6-35 “欧陆风情”建筑（一） 无锡

在确定设计对象风格时，无论是顺应还是反叛，总是会有意无意地与时代风格、民族风格保持千丝万缕的联系，在与过去民族风格保持一定程度的相似性时，始终保持其创造性，包括通过类聚的手法与过去的风格保持连续性、相似性，以及通过对比保持新旧信息的可识别性。

（2）空间连续性

不同的文化结构、经济结构、科技状况以及人们的生活风俗会使不同的地段形成不同的空间形态。换言之，一种文化或一个社会的建筑表征主要是由空间结构形式来决定的，而不是建筑本身的细部。据此可以认为，要保护城市历史地段所携带的历史信息的真实性，保持历史连续性，必然要求有相应的空间连续性。中国的建筑历来重视空间体验，这比恒定的造型更受关注。无论是紫禁城还是苏州园林，甚至是古镇的传统民居中“那些迂回曲折的道路、不断转换的视点、空间的划分、正负空间的对比、层次的递进以及尺度的微妙变化都

图 6-36 “欧陆风情”建筑（二） 无锡

图 6-38 故宫 北京

图 6-37 狮子林示意图 苏州

图 6-39 生活性街道 无锡

图 6-40 教堂 青岛

图 6-41 粮食加工厂 无锡

比建筑更具启发性”[11]（见图 6-37）。

不同类型的历史地段具有不同的空间形态。比如城市古老中心区的空间大多具有强烈的序列感；生活类历史地段大多呈线性的、复杂多变的街巷空间；文物类历史地段则大多表现为点状的空间或封闭、内向的空间；而产业类历史地段大多具有异型的空间形态（如图 6-38，图 6-39，图 6-40，图 6-41））。

虽然各类历史地段以及同类历史地段的空间形态不尽相同，但是保持城市历史地段原有空间的连续性都需要运用设计艺术学中类聚的手法，在该地段原有空间的基础上，进行空间梳理和整合。具体说来，空间的连续性可以分为两方面：外部空间形态的连续和室内外空间的连续。

需要说明的是，这里“空间连续性”中的“空间”是一般指常规的空间形态，例如街巷空间、常规的产业地段空间等。而对于诸如由煤气厂、炼钢厂等异型建、构筑物组成的德国鲁尔工业区等异型的空间形态，就没有必要仍然建造新的异型建、构筑物去延续原有的空间特性，而是采用另一种方法——转化。转化是直接利用原有景观空间形态，转化原有建、构筑物的存在方式，以达到尽可能保留原有的结构和形态的目的。其与景观空间整合思想仍然是统一的，与“空间连续性”也不矛盾。有关转化的具体内容将在后文论述。

① 外部空间形态的连续

A.“空的部分”的连续。中国传统艺术中“空”的运用是非常突出的。中国的传统绘画和篆刻就是关于虚空间的艺术，与此相似，中国的传统建筑历来特别注重建筑之间的空的部分。

理解空间形态首先要理解空间，这里所说的空间是建筑学意义上的空间，不是哲学意义上的空间。因此笔者将空间理解为：“空”即是“虚”，空间即是在一定的实体围合下的“虚空”的部分，建筑内部是空间，建筑之间也是空间，人使用的不是建筑实体而是虚空的部分。关于这个问题，布鲁诺 · 赛维的名著《建筑空间论》中已有详尽的论述。这种对建筑空间的理解同样适用于城市景观空间，因此城市历史地段景观艺术设计即为城市历史地段景观空间的整合设计。

空间形态是实体和实体间“空的部分”之间产生的三维关系。需强调的是，实体是手段，空间才是目的。这种理解对城市历史地段景观艺术设计具有一定的启发性。基于这种认识和思考，在考察历史地段景观空间的关系时，首先应把握整个地段“空的部分”的形态特征，再考察建、构筑物的实体乃至细部特征。同样在进行城市历史地段景观艺术设计时，为了保持地段整体空间的连续性，可首先从“空”的部分入手，将地段的开放空间（广场、休闲绿地、道路等）先行确定，然后考虑实体景观。如此过程比较容易保持空间形态特征以及地段的平面肌理特征。

所谓空间形态的连续是“空的部分”的形式和具体立面形式的一种连贯性。空间各部分具体细节虽然不同，但却保留着某些方面的关联（例如尺度、材料、工艺、色彩等等）。以下采用可视化的图式方法，对历史地段的空间进行分析，并从地段整体空间和建筑单体两方面展开来说明城市历史地段景观艺术设计如何从地段“空的部分”着手。

福建泉州旧馆驿——井亭巷历史街区保护与更新规划（见图 6–42，图 6–43）的整治规划方案在保持街区空间连续性方面做得相当成功。从图 6–43 不容易看出整治后的空间关系，如将建筑填成黑色，“空的部分”填成白色，将图 6–42，图 6–43 转换成图 6–44，图 6–45。这样可以看到整治方案理顺了原有的空间关系（天井和小巷），并增加了一个较大面积的公共空间。该案例不仅通过增加公共空间来改善地段功能和结构，还使整个地段有了视觉上的中心，使得地段整体空间有疏有密，气韵生动。如将该地段单元进行抽象，就可以看出天井和小巷是该地段最主要的空间组织方式（见图 6–46）。又如将新辟的较大的公共区域周围的四个立面进行区分，并设计成内向的空间格局（见图 6–47），那么就形成了一个具有公共性特征的“天井”。将“天井”A、B、C、D 四个立面进行主次区分，更有助于该区域成为整个地段空间对比最为强烈的部分，使其成为整个地段真正意义上的中心，整个地段的空间在原有的基础上被整合成一个有机的整体，并且对该地段空间原有组织方式进行了很好的延续，从而保持了空间的连续性。

建筑单体的外部空间连续性以印度阿旃陀支提窟第 19 窟外观和印度新德里世界银行办公楼局部外观的比较研究为例（见图 6–48，图 6–49）。从图中可以看出两个建筑在具体细节上差异显著，但却有着惊人的神似。主要是因为后者从空间形态和尺度划分两方面与前者构成了一定程度的连续。同样运用图式方法分析，将图 6–48，图 6–49 转化成图 6–50。

图 6–42　井亭巷街区环境现状
［引自自焦怡雪．福建泉州旧馆驿—井亭巷历史街保护与各更新规划，《世界建筑》2001 年 06 月，第 65 页］

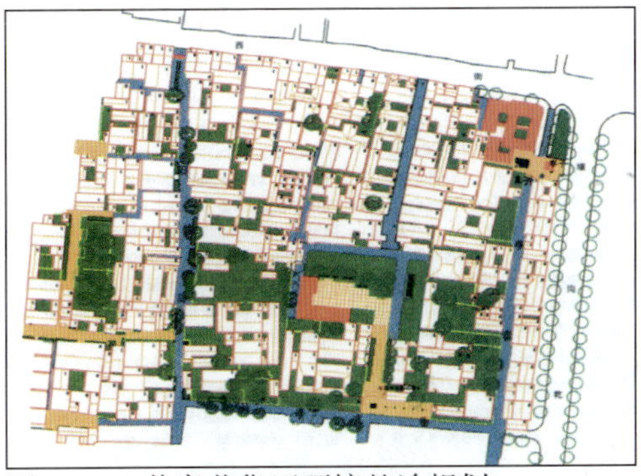
图 6–43　井亭巷街区环境整治规划
［引自自焦怡雪．福建泉州旧馆驿—井亭巷历史街保护与各更新规划，《世界建筑》2001 年 06 月，第 65 页］

图 6–44　原街区空间关系图

图 6–45　整治方案的空间关系图

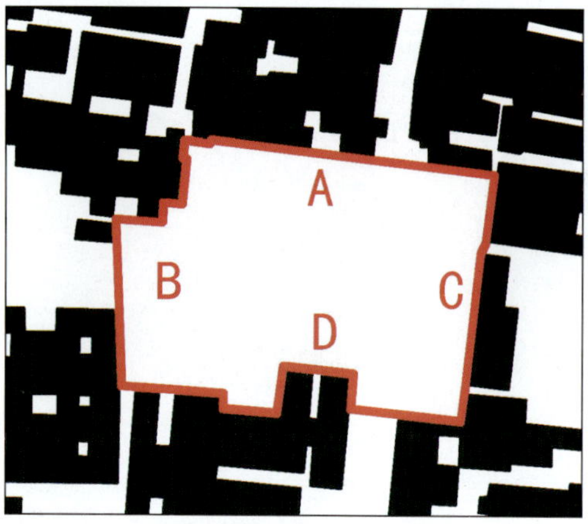

图 6–46　中部公共空间的四个立面

图 6–47　中部公共空间形成内向格局

图中黑色部分表示“空”的部分，白色部分表示实体，可以看到两者在“空”的部分的形式方面的相似。如果将图 6–50 的图底关系反转并略去细节可以得到图 6–51，也可以看出后者沿用了前者最基本的空间构成方法。这个案例可以进一步说明，保持地段空间形态的认同感，应从“空”的部分入手，从地段空间入手，从深层结构及内涵上把握地段空间的连续性，是保留城市记忆的一个重要途径。

B. 地段肌理的延续。城市的肌理是指建筑和建筑之间的公共空间以及局部延伸到建筑内的半公共空间所形成的相互关系，是城市空间形态的二维反映。而地段肌理图和地段空间平面分析图的区别在于，前者要考虑地段底界面的形式变化。城市历史地段的平面肌理大多是很有特色的，延续它们是保持空间形态认同感的重要环节。众所周知，虽然一个平面可能会有很多三维空间形态，平面和三维空间并不是呈完全一一对应的关系，但是平面肌理至少已经确定了空间二维尺度关系和虚实关系，它提供了许多有关空间的信息。“城市的肌理和旧城的特征并不是只可意会的神秘境界”[12]，可以借助一些理论与方法来分析和“度量”城市的肌理和空间特征。目前有关该方面的主要理论为：图底理论、联系理论和场所理论。另外，用图式思维的方法和视觉特征分析方法对历史地段肌理的分析研究也是很有益处的。

地段肌理的延续是指在城市历史地段景观艺术设计中，对原有地段肌理特征的一定程度的重复和继承。其中重复即采用原有单元组合方式；继承则是指顺应原有的地段肌理

图 6–48　印度阿旃陀支提窟第 19 窟外观［引自邹德侬，戴路．印度现代建筑，郑州：河南科技出版社，2002 年 12 月第一版］

图 6–49　印度新德里世界银行办公楼局部外观［引自邹德侬，戴路．印度现代建筑，郑州：河南科技出版社，2002 年 12 月第一版］

图 6–50　图式分析示意图

图 6–51　图式分析示意图

（见图 6–52，图 6–53）。

C. 地段天际线的延续。地段肌理以地面为背景，而天际线则以天空为背景。因此天际线是指以天空为背景的建筑形体的边界。它不仅是地段建筑形体的边界的形式，同时也是地段空间形态在另一种形式上的反映。如果在地段里安置新的建筑或构筑物，它们对地段天际线的影响是必须要考虑的。如果原有天际线变化很丰富，那么新的建筑或构筑物的形体边界应趋于平缓，以突出原有天际线的特征；如果原有天际线过于平淡或均匀，新的建筑或构筑物的形体边界可以适当增加节奏感，以打破过于单调乏味的局面，为地段注入活力（见图 6–54）。

② 室内外空间的连续

在考虑地段"空的部分"的前提下，历史地段景观艺术设计必须关注地段新旧建筑的室内设计，因为室内设计将影响到地段整体景观空间的视觉效果。

从中国传统空间的角度来看，其室内、室外空间并无绝对区分。在室外可以看到室内的景致，有时室内空间也是通往另一个室外空间的过渡空间；从室内往室外看，则可以创造框景效果。例如江南古典园林中的借景手法突破了空间的界限，其景观空间的设计并没有局限在封闭围合的范围内进行各自的单独设计，可见江南古典园林是创造室内、外空间连续性的典范（见图 6–55，图 6–56）。反观当前一些城市室内空间是自我封闭的，割断了室内外空间的联系。

城市历史地段景观艺术设计是对历史地段一次温和的有机更新，同时以具体景观形态寓意历史地段的不断生长。地段内新的建、构筑物室内空间应在一定程度上体现地段的变迁和发展，反映地段景观形态的多样性和复杂性；应遵循地段原有空间秩序，在分析地段原有空间尺度特点和建筑、景观

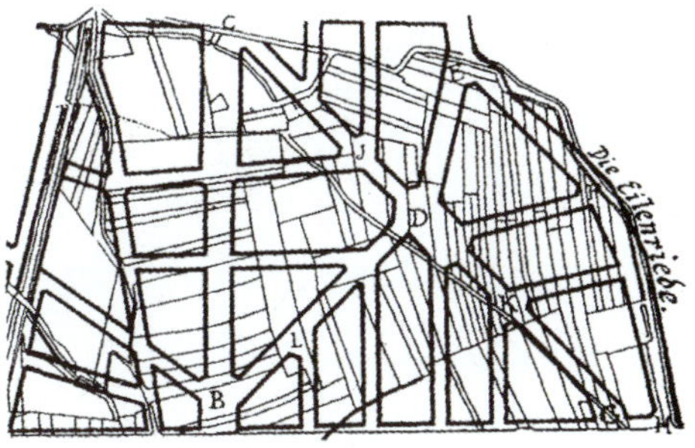
1

图 6–52　顺应了原有肌理
［引自刘宛．旧城改造中城市设计的四个原则，《世界建筑》2001 年 6 月第 30 页］

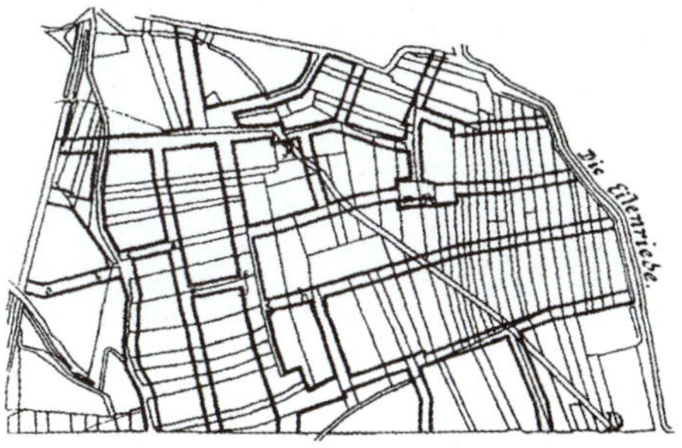
2

图 6–53　破坏了原有肌理
［引自刘宛．旧城改造中城市设计的四个原则，《世界建筑》2001 年 6 月第 30 页］

图 6–54　江南古镇天际线　浙江西塘

图 6–55　江南园林"借景"　无锡

图 6–56　江南园林内外空间连续　无锡

图 6–57　德国法兰克福现代艺术馆外观

图 6–58　室内空间成为城市记忆的容器(一)

图 6–59　室内空间成为城市记忆的容器(二)

图 6–60　室内外空间的连续

语汇的基础上对地段的历史遗存加以重新解释。在具体的实践中,历史地段的建筑室内设计应反映地段的历史意象和地段景观空间的组成;室外的景观空间可视为室内空间的延伸,两者构成的地段整体景观空间将具有室内室外景观形态的连续性。

历史地段新建筑的室内空间作为融合地段城市记忆的容器,其设计应提取地段空间基本组合方式、基本建筑语汇,使其以片断、碎片的重新组合作为室内空间形态构成的基础,并使室内空间对外部分呈现开放、松散的状态,以消解室内外空间的绝对界限(见图 6–57,图 6–58,图 6–59,图 6–60)。

③ 传统心理的延续

生活在城市历史地段中的人们其原有的生活方式、价值观念、文化习俗、传统劳作方式和其所属的实体环境共同构成了历史地段的全部特征。保护城市历史地段的历史信息不仅是保护实体环境,也要保护地段内居民真实的生活方式和传统心理,因为实体环境是历史存在,而传统心理是历史记忆。在这里所谓“传统心理”,是指文化上的认同。因此,传统心理的延续即是文化上的延续。

当下许多城市历史地段改造再利用的案例,为获取最高的商业利益而最大限度地追逐开发地段的实体环境所蕴含的空间资源,基本上放弃对延续人们传统心理的思考。目前大量的商业活动以及所谓的“时尚”气氛渲染导致了一些城市历史地段过度商业化,并使全国各城市历史地段亦有千篇一律的趋向。过度的商业化会对历史地段居民原有的生活方式、价值观造成冲击,过重的商业气息侵蚀了历史地段原有的文化历史氛围。城市历史地段的实物环境遭到破坏很难恢复,历史地段居民原有的生活方式、价值观一旦流失就更难恢复。追求地段的经济文化的复兴是正确的,也是城市历史地段景观艺术设计所要达到的目的之一,关键就在于城市历史地段内所展开的经济活动和社会活动必须与地段的实体环境和文化环境相适应(见图 6–61,图 6–62)。

④ 保留景观形态的多样性、复杂性和多元性

城市历史地段景观形态的复杂性、多样性和多元性是指:历史地段景观具有复杂、多样和多元的形态,并与地段的功能一一对应。这种复杂性、多样性和多元性是人们多样性的生活内容的物质反映和历史积淀。以设计艺术学的观点来看,景观形态的复杂性、多样性和多元性一方面是“合规律性”和“合目的性”的统一,另一方面亦是人们对形式美的追求。其中“合规律性”表现了由个别形态的集体沉积抽象为一般规律,并构成典型化特征以影响其他物的功能美的过程;而“合目的性”体现了物的实用功能所传达的内在尺度要求,即构成物的结构、材料和技术等因素所发挥的恰到好处的功效。

一个城市的景观空间特征并不是完全取决于城市中的标志物，更多的是由大量普通建筑所具有的复杂性、多样性和多元性的性状决定的。现今的设计师热衷于将每一个建筑物作为标志物来设计或者是将一个拥有多种功能的建筑群完全按照一个模式设计，而忽略了建筑应有的复杂性。从历史来看，中国许多城市乃至乡村的景观空间的根本特点均源自于普通建筑物。如上海从开埠时的小渔村到如今的国际化大都市，真正能代表上海历史文化特征及景观空间特征的并非金茂大厦或东方明珠塔，而是散布于上海城市各处的里弄建筑和近代外来建筑群(见图 6–63，图 6–64)。因为前者在世界各地的国际大都市都可以看到，但后者却是世界上独一无二的，尽管后者已经不再影响上海城市的天际线，但其复杂性、多样性和多元性却真正构成了上海城市景观形象的特征。同样，代表苏州城市传统景观空间特征的不是虎丘，也不是苏州园林，而是普通的民居(见图 6–65，图 6–66)。

据有关资料和调查，城市历史地段景观形态的复杂性、多样性和多元性的特质，缘于历史地段的形成一般都经历了相对较长的时间，这个过程中很多偶然因素影响着历史地段的景观形态。而每一个偶然因素都有可能改变建筑形式，因而地段始终处于不断发展的过程中，没有终极目标。以无锡荣巷地区的历史街区为例，该街区的每一个建、构筑物事先都未

图 6–61　适度的商业氛围

图 6–62　适宜的商业氛围

图 6–63　上海外滩近代建筑

图 6–64　上海里弄建筑

图 6-65　苏州民居

图 6-66　苏州民居

图 6-67　无锡荣巷老街(一)

经现代意义上的规划，它们的形式是使用者在传统营造心理的影响下，根据建筑所需的功能及各种具体情况而确定，并且始终有改动的可能性。同时在同一文化心理的影响下，街区的各个建筑物虽然形态各异，但又产生了一种亲缘关系，所以街区看起来往往是形态复杂丰富但又整体统一，所谓形散而神不散。其魅力就在于它的复杂多样总能给人们带来意想不到的视觉感受，时常会有戏剧性的空间效果，让人们体验高度丰富的生活情趣(见图 6-67，图 6-68，图 6-69)。同样，英国东南部卡特勃莱小镇建筑景观以及美国加州 CARMEL 邻海小镇建筑景观亦呈现出形态上的多样性和复杂性，并充分体现了整体上的和谐性(见图 6-70，图 6-71，图 6-72，图 6-73，图 6-74，图 6-75)。可见在传统古镇的更新中始终保持着景观形态的多样性和复杂性(见图 6-76，图 6-77)。

图 6-68　无锡荣巷老街(二)

图 6-69　无锡荣巷老街(三)

图 6-70 卡特勃莱镇街景(一) 英国

图 6-71 卡特勃莱镇街景(二) 英国

图 6-72 卡特勃莱镇街景(三) 英国

图 6-73 CARMEL 镇街景(一) 美国加州

图 6-74 CARMEL 镇街景(二) 美国加州

图 6-75 CARMEL 镇街景(三) 美国加州

图 6-76 街区中更新后的建筑群落(一) 英国卡特勃莱

图 6-77 街区中更新后的建筑群落(二) 英国卡特勃莱

国内许多城市更新过程往往忽略历史地段景观形态的复杂性、多样性和多元性的特点，而用单一的观念去设计，片面追求平面形式的几何化和轴线的对称，在这种情势下城市景观也因此变得越来越平庸和陌生。可见国内各地“景观一条街”和“商业一条街”与真正的历史老街区的差异除了各自传达的历史信息不同以外，前者缺乏后者具有的复杂性、多样性和多元性的特质，因而缺乏生气（见图 6–78，图 6–79）。

图 6–78　国内的“景观一条街”（一）

图 6–79　国内的“景观一条街”（二）

通过以上的分析，城市历史地段景观的复杂性、多样性和多元性包括三层含义：其一，地段景观“功能美”和“形式美”的统一；其二，对整个城市而言，如果存在多个历史地段，在做城市景观艺术设计时，要尽量保持各个历史地段各自的复杂性、多样性和多元性，不能为了取得整个城市景观表面形式的统一，而采用同样的设计思路和方法；其三，对于单个历史地段而言，不能采用现在普遍使用的单一的设计方法，不能仅仅追求平面形式或某一个画面的视觉效果，而要根据具体情况，仔细推敲每一个建、构筑物的功能和形式，保证普通建、构筑物的复杂性、多样性和多元性（见图 6–80，图 6–81，图 6–82）。

2. 延续城市景观文脉的设计方法

前文探讨了保留城市记忆应遵循体现历史连续性、保持空间连续性、延续传统心理、保留景观形态的多样性、复杂性和多元性等原则，而延续城市景观文脉的设计方法还需要符合整合的理念，其着眼点依然是“对现成‘结构’的把握、使用和改良”，实现“功能性”与“艺术性”的统一。

从“功能性”层面来看，从原有景观形态中获得启发，运用现代材料、技术和形式通过对历史地段原有景观的扩建、加建和添加各类设施以完善城市历史地段的当今功能，达到间接保护地段的历史景观的目的。在具体设计中，应充分考虑历史地段的空间特征、历史性和建筑单体结构状况以及当前城市的整体环境，发掘和利用其中有利的因素，探索其可能的利用方向。

从“艺术性”层面来看，运用设计艺术学的类聚（调和）手法，以从新旧景观空间、界面及边缘中提取共性因素为主，以产生情感共鸣和认同感；对于总体内各部分运用类似性、连续性和规则性等手法力求将其构成完整的统一体。另外，运用对比的手法把设计加建部分的表现片断穿插于原有历史景观中，来取得某种变异的秩序，实现多样而统一，反映出地段景观空间是由多个片断组成，隐喻城市历史地段景观的不断生长。至于如何恰当地运用调和或对比手法，这就需要因地制宜，结合“天时、地利和人和”的因素。在具体设计中，地段新加入的景观与原有历史景观在面积和体量上的比值是一个重要的参照。一般说来，如果新加入的景观总面积和体量与原有历史景观相差不大，那么应以原有历史地段景观的形式为主进行调和；如果新加入的景观总面积和体量与原有历史景观相差很大，可以考虑采用对比的手法。视知觉原理认为：调和强调整体的完整，而对比则突出中心、强调主次分明。如图6–83所示，两个在面积、体积方面很接近的物体，如果是相互对立的，那么两者并置在一起，无法确定中心，难以构成一个和谐的整体。如图6–84可以表示采用对比的情况，图6–85表示采用调和的情况。

总的来说，延续城市景观文脉的具体设计方法主要分为四种：修缮、调和、对比（片断组合）和转化。这四个具体设计方法都是对城市记忆“象”的把握。

（1）修缮

对于重要的历史景观，修缮是保留城市记忆重要的方法。笔者将修缮理解为“修复”和“修补”，“修复”是针对文物景观而言，而“修补”的运用对象则是普通历史景观。在修缮过程中必须遵循保留真实的历史信息的原则。

① 文物景观的“修复”。当前各类修复文物景观的工程主要存在着两种价值观：一类是形式至上，偏重于审美，以设计师本人或者是流行时尚为审美取向；另一类以历史文化和伦理道德为指向。本文所说文物景观的“修复”是指“修旧如旧”。

每一类历史地段都有可能会有一定数量的文物建筑存在。文物建筑是重要的历史景观，对于历史地段的景观艺术设计起着至关重要的作用。然而文物建筑在设计师和文物建筑保护专家眼中的价值是不一样的。设计师评价文物建筑着眼于审美、感性和形式方面的因素，一般容易偏向景观空间形式的完整性、构图的连续性以及风格的统一，有时甚至是取决于个人的审美标准。而文物建筑保护专家则致力于保护文物建筑本身及其一定范围内的历史环境，也就是保护文物建筑所含的历史信息的真实性。文物建筑是历史信息（涉及社会、经济、文化、政治和科技等方面）的载体，它们的价值取决于所携带的历史信息的量和质是否丰富、是否重要、是否独特。而文物景观所拥有的历史信息一般是指文物景观从建成之日起到确认为文物保护单位之时止的这个生存过程中所获得的全部历史信息。对于城市文物建筑和景观来说，它们原有的使用功能在现代社会可能早已失去意义，而它们的生命就在其所含的历史信息。失去了这些信息，它们也就失去了存在的价值。同时，历史信息是不能混淆、更不能复制、伪造的。因此，城市历史地段的景观艺术设计要具有以上二者的共同目光。

著名建筑史专家陈志华先生曾在《文物建筑保护中的价值观问题》一文中讲述了这样一件事：《威尼斯宪章》的起草人之一负责修缮拿破仑时期的一座兵营。该兵营损坏严重，尤其是楼板部分。在补铺楼板的时候，为了增加“可识别性”，设计者设想了很多方案，而最后实施的方案是：新补铺的楼板采用横向，同原有的顺向楼板相反，使两者有明显的差异。尽管这个做法在视觉上造成的结果并不理想，但受到文物建

图6–80　传统街区中更新后的建筑群落　美国加州

图6–81　传统街区中更新后的建筑群落　美国加州

图6–82　传统街区中更新后的建筑群落　美国加州

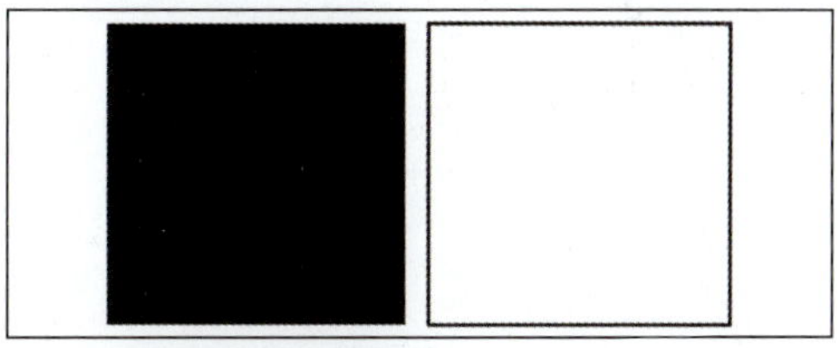

图6–83　对立相峙示意图

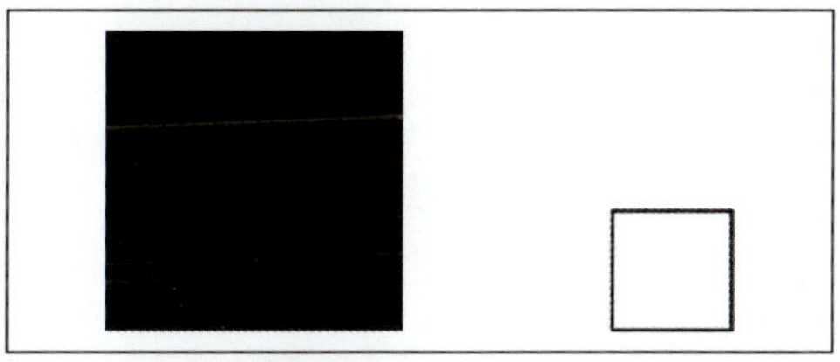

图6–84　对比示意图

图6–85　调和示意图

图 6-86　德国 ZKM 改扩建外观(一)

图 6-87　德国 ZKM 改扩建外观(二)

图 6-88　德国 ZKM 改扩建外观(三)

图 6-89　利用酒窖改建而成的展示中心配套商业步行区　法国巴黎

筑保护学界的赞赏。[13]这个故事告诉人们,在做文物建筑和景观的“修复”时,要以非常慎重的态度对待,而不是简单地做一块块的“补丁”。

在对城市历史地段的文物景观进行“修复”时,必须经过详细、科学的论证。在对具体的城市历史地段景观艺术设计做修复工作之前,必须对地段原有历史景观做详细的调查,通过测绘、摄影、速写等手段搜集尽可能详细的资料,并建立档案。完成施工以后,保存施工过程中的全部资料以及该过程中任何影响施工结果的事件的记录,以供后人研究。现代人没有权利和能力包办后代的选择,其责任就在于把历史的实物见证真实地传递下去。

② 普通历史景观的“修补”。大多数情况下,对于普通历史景观应该采用“修补”的方法。“修补”即整修和补足。在“修补”过程中尽量采用区别于被“修补”物体的材料、工艺和形式。国外在这方面往往采用“新老元素形式对比”的方法,其补足和添加的部分往往采用钢材、铝合金材料、玻璃以及木材等轻巧的材料,明显区别于原有历史景观。如此新旧形式形成对比,历史和现代穿插融合,形成强烈的历史意象。这种方法既整修了历史景观,又保留了历史信息的可识别性(见图 6-86,图 6-87,图 6-88)。

以寇丁赫斯城堡改造工程为例。寇丁赫斯城堡建于中世纪,最初为“L”型平面;16 世纪,克里斯汀三世将其重建成文艺复兴式的宫殿;到了 18 世纪,弗雷德里克四世颁布推行巴洛克建筑法令,将古堡中世纪及文艺复兴式的装饰全部废弃;1808 年古堡被西班牙雇佣军的一把火结束了它人类居住的历史”[14]。1972 年建筑师英格和埃克斯纳接受重建寇丁赫斯城堡的任务。设计者在了解了寇丁赫斯城堡的历史后,放弃了恢复古堡巴洛克式外貌的初衷,而决定让饱经沧桑的古堡讲述自己的故事。于是,设计者尽最大可能保持古堡各部分不同时期的历史风格,所有新的构件完全支撑在新型结构柱上,与旧的结构保持相对的独立性。所加构件的形式尽可能轻盈、通透,以使原有的遗迹能够显现出来。新和旧交织穿插在一起,使观看者同时感受到古堡的历史和今日,古堡也因此被注入了活力而获得了再生。正如埃克斯纳所言:“建筑就像人类一样,他们的出生、成长、伤痛、病愈、衰老直至最终死亡,展示着其中曾发生过的人世沧桑和世事变迁,从朝气蓬勃的青年走向成熟,有时在自己的老年获得了新生。因此他们并不仅仅是出生时建筑师所赋予的那一栋建筑,而是同样反映了在生命长河中经历过的变迁。”[15]

(2)调和(类聚)

调和(类聚)是指设计对象内各部分追求类似性、连续性和规则性以构成完整整体的手法,并运用于调整历史地段空间形态,以及对历史地段原有景观的扩建、加建和添加各类

图 6–90　“新”与“旧”一致的形态　法国巴黎

图 6–91　具有差别化的材质运用　法国巴黎

设施的过程中。根据新旧元素的主从关系，可以分为两种方式：按历史景观形式调和、按新景观形式调和。其中，按历史景观形式调和，即从地段整体历史氛围的角度出发，立足于原有空间形态的特点，寻求新景观可能的形态，使地段整体获得统一的视觉效果，同时新元素又采用新的材料、工艺、技术和新的形式，与原有历史景观形成区别，以保持历史信息的可识别性。而按新景观形式调和，即可以看作地段旧建、构筑物形式的更新，原有建、构筑物被统一到新建筑的形式中（见图 6–89，图 6–90，图 6–91）。

以下按历史景观形式调和的具体内容分析调和的具体手法，主要包括以下几个方面：尺度的划分、运用普通材料、现代工艺的运用和色彩比例的提取。

① 尺度的划分

尺度与物体的具体尺寸和比例紧密相关，简而言之，尺度是物体各种尺寸的对比关系。尺度和比例的区别在于，尺度是以人为标尺，是人们对具体尺寸的感知，而比例是物体各部分大小的比照关系。人以自己熟悉的尺寸通过对比获得对未知尺寸的感知，这种感知带来的视觉感受就是尺度感。当一个人站在一座建筑物前，用建筑上人容易感知的尺寸和建筑上其他未知的尺寸做比较的时候，人就获得了对这个建筑物各部分尺寸的具体感知，这就是尺度感的形成过程。由于尺度对人的视觉感受造成很大影响，所以建筑、景观的形式协调问题应包括尺度问题。

尺度的划分方式实际是建筑物各种大小尺寸的分布方式，当然也包括尺度的分级方式，即一个物体以某一尺寸为单位，各部分尺寸变化都与此相关。但一种尺度划分方式可以导致多种不同的具体形式，因此这使两个表面形式完全不同的物体有了产生关联的可能性。仍以印度阿旃陀支提窟第

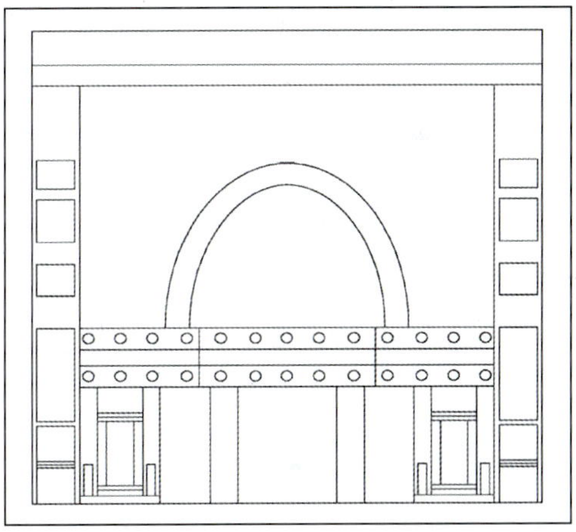

图 6–92　图式分析示意图（一）

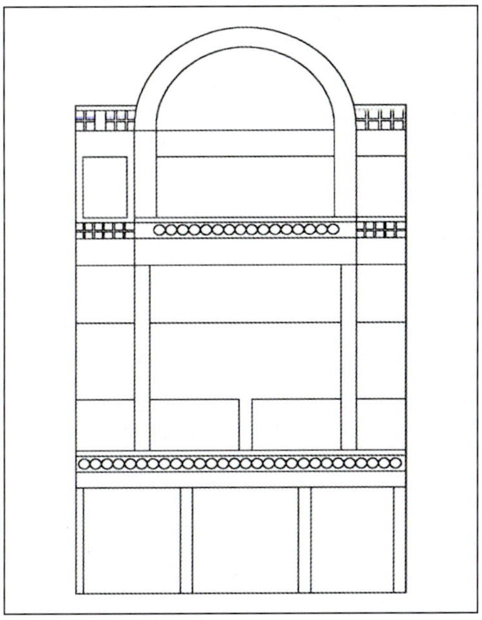

图 6–93　图式分析示意图（二）

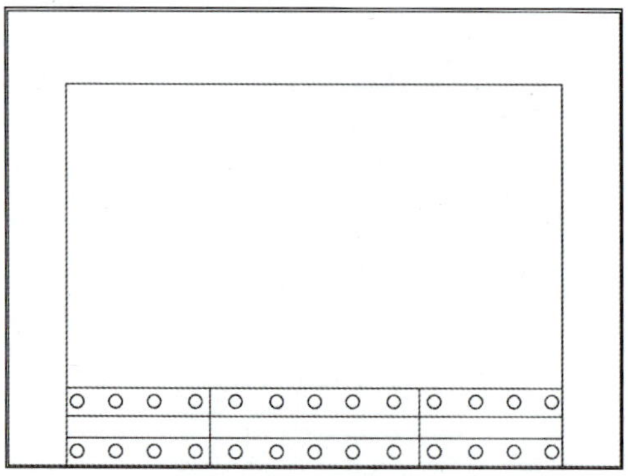

图 6-94　图式分析示意图（三）

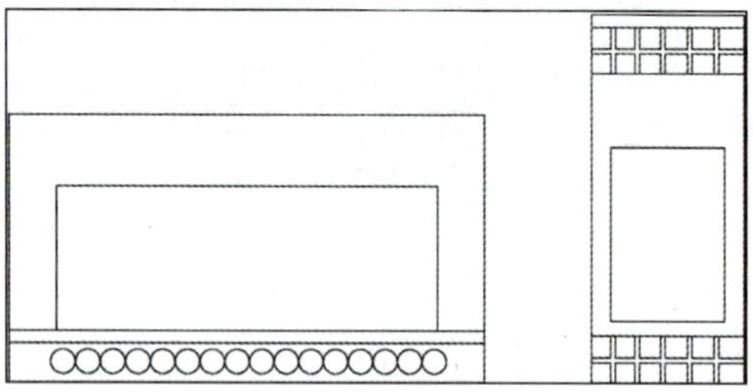

图 6-95　图式分析示意图（四）

19 窟外观和印度新德里世界银行办公楼局部外观的比较研究为例（见图 6-48，图 6-49），用图式方法把两图分别转换成图 6-92，图 6-93，可以初步看出两者的尺度划分方式存在着相似之处。然后，再将其简化，将两者最基本的尺度划分方式抽取出来，如图 6-94，图 6-95，两者在尺度上存在的拓扑学上的相似关系就更为清晰了，但是这个案例只是表现了尺度的一般的划分方法。另外，中国的传统官式木构建筑和 20 世纪初砖砌筑的“中西合璧”建筑在尺度分级方面的相似性表现得尤为突出。可以看到，前者的“材分制”就是一种尺度分级方式，而后者则以砖为最基本的尺度单位，建筑各个部分都以砖的大小为基准[16]，两者有着“异曲同工”之妙（见图 6-96，图 6-97）。

当然分析历史地段原有景观的尺度划分方式，目的不是在新的景观艺术设计中套用同样的模式，而是寻求一种尺度划分的相似性、延续性，使新旧两者获得一种神似的视觉效果（见图 6-98）。

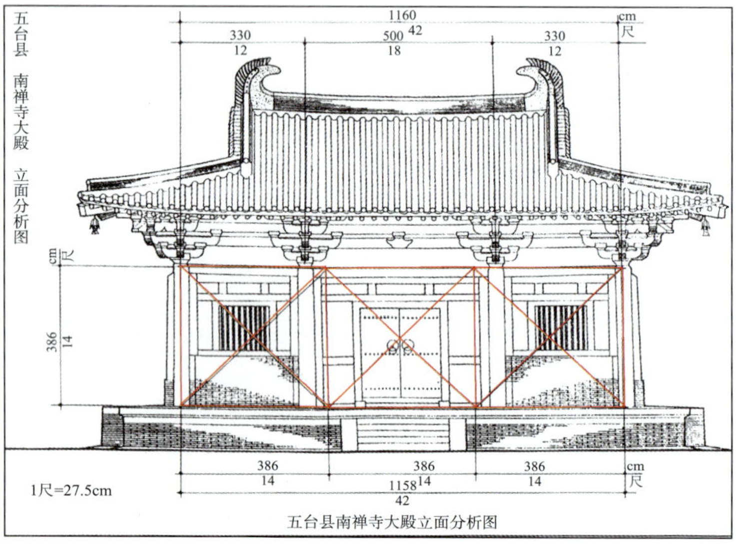

图 6-96　中国传统建筑的尺度分析

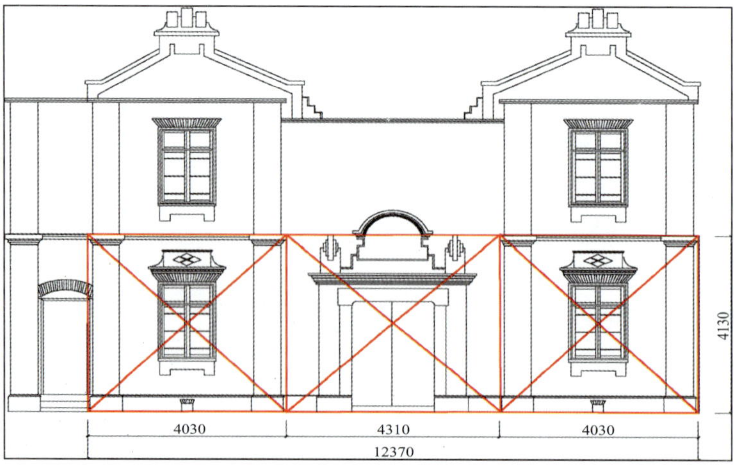

图 6-97　“中西合璧”建筑的尺度分析

图 6-98　尺度划分的相似性　法国巴黎卢浮宫

图 6-99　充分运用普通材料　法国巴黎国家图书馆

② 运用普通材料

历史地段景观艺术设计和旧建筑改造都共同面临一个问题：新旧如何统一。新旧材料如何并置在同一个具有历史意象的空间里，“普通材料”的运用是其答案之一。这些材料是指日常使用的建筑施工材料、没有明显表情特征的材料和被废弃的材料。运用普通材料目的有三点：一是为了让城市历史地段“新”景观能以一种谦逊的姿态存在，减少“新”的痕迹，在不知不觉中使地段获得再生，尽管这些“新”景观可能给人们带来更多的功能；二是提高公众珍惜身边的文化的意识，通过设计使平时被忽略甚至被践踏的对象成为审美的客体；三是使用普通材料，在某些情况下有助于“历史意象”的加强（见图 6–99）。

A. 常用建筑施工材料。常用建筑施工材料，比如角钢、槽钢、方管、工字钢等，这些材料本身几乎没有一点装饰性，而在日常的使用中，这些材料常常会被另外的装饰材料包裹。事实上，如果使用恰当，这些都是极好的设计材料，可以使历史地段的景观具有一种结构的“真实性”，同时，若配以精湛的现代施工工艺便可以获得很好的视觉效果。如图 6–100 中的建筑是台湾著名建筑师登琨艳来上海后的一个作品。该建筑位于上海霞飞路段，该地段是当年上海法租界最具风华的地区，现在已成了一个历史地段。建筑师使用了型钢等极为普通的建筑材料，通过精心设计，还原了上海三十年代的建筑语汇。可以看到，这些普通建材经过设计，无论同传统材料还是所谓的“时尚材料”都能和谐地共处。借用设计者的话，这种材料搭配和组合“剪接传统和前卫”。该建筑让人联想起江南的雅致和上海作为大都市所特有的雍容华贵（见图 6–101，图 6–102）。

B. 无明显表情特征的材料。一般说来，无明显表情特征的材料一方面意味着该材料是比较低廉的材料，另一方面该材料没有太多的“设计”痕迹，具有自然的性状，许多材料具有很好的色泽或纹理。城市景观艺术设计属于外部空间设计范畴，外部空间必然要和自然联系在一起，并与自然获得共存，其选材应选择无太多表情特征的材料（见图 6–103）。然而，在“城市美化运动”中，大理石、花岗岩将城市广场打扮得像客厅、酒店大堂一样华丽，但是却让人觉得与自然是如此地不协调，昂贵的材料与过度“设计”丧失了材料本身的意义。而传统街区的景观为何与天地、自然是如此地协调，其原因在于它们使用的是青砖、灰瓦、毛石板等普通低廉的材料，且材料本身没有经过刻意的“设计”，因而与自然浑然一体。如图 6–104 中使用普通木料的景观小品与环境十分融合，充满自然情趣；而图 6–105 中同类型的景观小品却显得生硬而做作。

C. 废旧的材料。所谓废旧材料是指在城市更新中被拆除的建、构筑物中被废弃的、已失去原有用途但仍然有使用价值的材料。使用废旧材料的意义不仅在于它们廉价，且可以

图 6–100　上海吕芳智服装店外观

［引自中国计划出版社、贝思出版公司 . 时尚店，北京：中国计划出版社，第 98 页］

图 6–101　外墙细部

［引自中国计划出版社、贝思出版公司 . 时尚店，北京：中国计划出版社，第 99 页］

图 6–102　外墙细部

［引自中国计划出版社、贝思出版公司 . 时尚店，北京：中国计划出版社，第 99 页］

节约地球资源，更重要的是废旧材料由于留有历史痕迹，运用在设计中可以加强历史地段景观的历史意象，更容易与地段原有景观协调。如图 6–106，图 6–107，图 6–108，图 6–109 所示的美国加州首府 SACRMENTO 旧城滨河景观带，是一个由

图 6–103　上海新天地

图 6–104　运用普通木材的坐具

图 6–105　花岗石堆砌的坐具

图 6–106　充分利用旧材料改建而成的公共空间　美国萨克拉门托旧城（一）

图 6–107　充分利用旧材料改建而成的公共空间　美国萨克拉门托旧城（二）

图 6–108　充分利用旧材料改建而成的公共空间　美国萨克拉门托旧城（三）

图 6–109　充分利用旧材料改建而成的公共空间　美国萨克拉门托旧城（四）

旧火车站的临水货场区改造而成的实例。此设计大量利用了废旧枕木，强化和还原了场地的“历史意象”。

③ 现代工艺的运用

密斯 · 凡德罗曾经说过：建筑开始于两块砖被仔细地连接在一起。在古代，建筑师和匠人以精湛的手工艺使经典建筑具有艺术价值；世界各地的乡土建筑由工匠们以传统技艺建造，同样具有艺术魅力。工匠们以手工作业的方式常年和石材、木材、砖瓦打交道，练就了娴熟的技艺，并通过师傅带徒弟的方式世代相传。手工工艺以人的所达之力作用于加工和建造对象，所以通常由传统手工技艺制作的物品、建造的房屋往往具有所谓的“人性尺度”。工业革命使人类运用机器制造替代了手工技艺，这同样是现代建筑区别于传统建筑的特征之一。现代建筑因此而缺少可以体现技艺的细部，显得不够耐看。随着后工业时代的到来，现代建筑的艺术基础——现代艺术和机器美学受到挑战，部分建筑师开始寻求传统技艺的再现。

图 6–110　传统建筑的细节位置　杭州

现代工艺和传统技艺的区别在于，前者很精确，而后者经常会出现偶然发生的情况，从而使作用对象更活泼、更具人性化；手工艺容易让人联想起极其细腻的细部，而现代工艺则由于现代艺术和机器美学的影响并没有充分发挥其细部加工能力。当然，也有不少现代建筑，尤其是高技派建筑，还是表现出很精湛的工艺水平。除产业类历史地段以外，城市历史地段大多能让人联想起传统手工技艺，那么在进行历史地段景观艺术设计时究竟是采用传统技艺还是现代工艺？总的来说，还是应该积极运用现代工艺，关键就在于如何使现代工艺和传统技艺两者产生联系。传统技艺在其作用对象上并不是每个部分都体现其精湛的工艺，在具体设计时，可将体现精湛工艺的部位和整个物体两者的比例提取出来并作为依据，然后根据这个比例来确定新景观运用现代工艺在哪些部位必须与传统工艺具有同样的精细程度，以取得某种程度上的关联。当人们看到这些现代工艺造就的城市景观细部时就会联想到传统技艺，这样不仅可以达到保留城市记忆的目的，并且不必使建造技术再回到传统技艺上。比如传统木构建筑上大面积运用的是普通工艺，但在一些重点局部，工艺却异常精细。这种通过大量的普通工艺来衬托局部精细工艺的做法是值得继承和借鉴的(见图 6–110，图 6–111)。

图 6–111　传统建筑的细节位置　无锡

④ 色彩构成方式的提取

众所周知，色彩对空间的领域感和气氛有着很大的影响。虽然色彩本身并不是实体，但它却可以辅助实体强调空间的领域感，并形成心理上的空间。因而，讨论城市历史地段的景观艺术设计，色彩是一个不可忽视的重要因素。色彩学的相关研究表明，人在远距离观看一个物体时，在视觉上首先产生的是对色彩的反应，其次才是形体，因此物体的色彩是构

图 6–112　上海新天地

图 6–113　白天的街区

图 6–114　白天的色彩关系

图 6–115　傍晚的街区

图 6–116　傍晚的色彩关系

成人们对于该物体第一印象的重要因素。对于城市历史地段，色彩也是地段“记忆”的重要特征。可以从两方面来达到历史地段新旧景观色彩的统一：

其一是地段原有主色调的延续。新景观的色彩应统一在原有的主色调里，决不可喧宾夺主，以突出原有的历史景观在该地段整体景观中的主导地位。但引导性质的指示牌及标志可以采用相对突出的色彩（见图 6–112）。

其二是地段色彩构成方式的提取。具体方法是将地段原有的色彩构成方式包括色彩的比例配置、运用的位置等提取出来，作为整个地段景观艺术设计的色彩构成依据。由于色彩不是实体，所以它不具有很强的符号意义，因此沿用地段原有的色彩及构成方式不是复古的表现，它与提取地段尺度分级方式是同一性质的，都是在抽象意义上对历史地段历史性的尊重和延续。色彩构成方式的提取分为两个步骤：提取各个色彩（考虑时间因素）构成面积和总结色彩的分布规律。提取各个色彩（考虑时间因素）构成面积主要指对地段原有景观空间中主要色彩的面积作一定的统计，可绘制成如图 6–113，图 6–114 的色彩分析图。值得注意的是，地段的色彩并非一成不变，在一天之内它有可能有多种变化，另外不同的季节、气候都会影响地段的色彩构成。因此色彩构成面积提取需同时考虑地段色彩变化，如图 6–115，图 6–116 所呈现的色彩关系就具有较大差异，这种关系分析将成为延续原有空间氛围的重要基础。另外，地段主要色彩构成面积的提取对于新景观中相似色和对比色的量的确定也有着重要的参考价值。总结色彩的分布规律包括总结建筑单元色彩的排列规律、地段整体色彩的分布规律两方面。色彩分布规律的提取有助于使新旧景观在色彩构成方式产生某些关联，同时有助于色彩构成方式与尺度划分方式的结合。如图 6–117，图 6–118 显示了中国传统木构建筑色彩的冷暖排列方式。又如图 6–119 中的建筑位于上海新天地广场，其门前休闲椅的红色选得很恰当，和建筑上淡红色的线条在色相上比较接近，但纯度更高一些，这不仅协调了整体空间色彩，更活跃了空间气氛，同时，其中一些椅子的色彩构成方式和背后老建筑的色彩构成方式还有一定程度的关联（见图 6–120）。

总结地段原有的色彩构成方式将有助于确定新景观、新添加部分的合理的色彩及其构成，并和尺度、材料、工艺等因素一起构成对历史地段景观空间特性的整合。

（3）对比（片断组合）

在新景观总体量和总面积明显小于旧景观、分布比较分散且旧景观的历史比较悠久的情况下，选择片断组合的方式是比较理想的。设计艺术学的对比手法和手法主义为片断组合提供了现实可行的具体设计方法，同样，建筑学中有关“废墟”的概念亦解释了片断组合的美学意义。这里的片断包括两种情况：其一为新景观与旧景观形成对比，新景观以片断的形式存在；其二为旧景观破损太严重，仅有少许部分可以保留，而新添加的部分与其直接相接并形成对比，这时旧的部分以片断的形式存在。

①“废墟”的概念

废墟是指因遭到破坏而失去功能或因原有功能已没有价值而被遗弃的建、构筑物或地区。从功能的角度来看，废墟尽管在普通人眼里是毫无意义的存在，但对于某些具有特别需要的城市景观艺术设计来讲，它们却是构思的源泉。设计师可利用废墟断壁残垣的形态特征来表达一定的隐喻意义。废墟的隐喻意义大致有三层：其一，废墟以片断的形式存在，意味着有更大、更完整的整体存在，这契合人们的想象空间；其二，废墟隐喻了片断的真实性；第三，它象征着丧失了完整性、整体性和平衡性。由此可见，废墟是一种纪念品，它能诱发人们的思古之情，怀念过去的岁月——即以往各种形式的完整、整体的状态。废墟还是一种被肢解的片断，片断的不完整性使人们想起当初完整的原有形——不完整的片断是原有完整形式拆卸、解体的结果。总之这种回忆是人们对城市的一种记忆(见图 6–121)。

以上种种隐喻意义正符合城市历史地段的特征，但不是强调其“废墟”的观念，而是通过对“废墟”的理解认识到城市历史地段所隐含的美学意义。日本建筑师矶崎新指出：“废墟(断垣残壁)是今日城市的一种状态，未来之城市总有一天本身也将变为一堆废墟。”因此从城市景观的角度看，废墟实际是由历史途径产生的人文景观，时空的距离使它产生美感。在漫长的历史过程中，原本具有明确目的的用途逐渐被淡化、转化甚至消失，而体现人类本质力量的美感才逐渐凸现出来。“距离产生美”，只有心理上有了“距离”，人对眼前的对象才会做出审美反应。著名史学家李泽厚先生在讨论青铜艺术时指出：“社会愈发展，文明愈进步，也才愈能欣赏和评价这种崇高狞厉的美。在宗法制时期，它们并非审美观赏对象，而是诚惶诚恐顶礼贡献的宗教礼器；在封建时代，也有因为害怕这种狞厉形象而销毁它的史实。恰恰只有在物质文明高度发展，宗教观念已经淡薄，残酷凶狠已成陈迹的文明社会里，体现出远古历史前进的力量和命运的艺术，才能为人们所理解、欣赏和喜爱，才成为真正的审美对象。”确定“废墟”的隐喻意义，使我们看到了城市历史地段中那些看起来破旧的房屋和构筑物——这些在很多人眼里是毫无价值的东西所具有的美学价值，也证实了一些旧的建、构筑物在其使用功能完全丧失的情况下，仍然可以以片断的形式保留下来。如图 6–122 中由钢架支撑的旧建筑立面表现了“废墟”的美感，让观赏者不禁想象其当年完整的形象。边上的草坪和路灯与

图 6–117　中国传统官式建筑

图 6–118　中国传统官式建筑色彩关系

图 6–119　上海新天地

图 6–120　上海新天地建筑前坐具

“废墟”形成对比，更产生了一种跨越时空的距离美感。

②“新”手法主义

片断组合是将新旧景观直接拼合在一起，新景观不沿用或套用原有历史景观的具体表面形式。这并不与历史连续性和空间连续性的原则相矛盾，连续性并非指所有景观必须使用同一题材。片断的组合实际有一点类似于建筑史上的“手法主义”[17]。为了有所区别，姑且称之为“新”手法主义。这里“新”手法主义并不完全是像手法主义那样将世界各地的历史题材收集起来加以组合，而是在保持地段原有历史片断的同时，加入现代的片断，使两者呈现出并置、嵌入、置换的状态。许多年后，那些加入的片断又成了历史片断，从一个长远的历史发展历程来看这确实是不同历史片断的组合，体现一个历时性的过程。片断的组合，隐喻历史地段的景观不断生长，而不是仅仅供给人们怀念。在一定程度上，“新”手法主义的辩证方法和《拼贴城市》提供的思路本质上是一致的。

对比的内容同样是尺度、材料、工艺、色彩四个方面。尺度方面可以采用比老建筑更为细腻的尺度划分方式；材料可以采用轻盈、光洁的新材料；工艺采用精湛的现代工艺；色彩可以考虑使用同一纯度的对比色。但是，不管采用何种对比方式，却不能削弱老建筑在整个地段的地位，因为对比是利用突出中心的均衡互补的手法，可以达到主次分明、变化丰富、动感强烈的设计效果，同时也起到了多样统一的目的，否则城市历史地段景观艺术设计就失去了意义。同样以上海新天地为例，该改造项目虽然以保留为主要目的，但设计师没有因循守旧，而是用新材料、新技术改造旧建筑中不能适应现代功能的部分，新建筑同样采用新的形式。改造的部分、新建的部分以片断组合的形式，穿插浮游于整个地段。新建筑采用简单的几何曲线形体与里弄建筑稳健的造型形成对比；用金属框

图 6-121 城市景观中保留的“废墟” 上海

图 6-122 城市景观中保留的“废墟” 宁波

架和玻璃等轻质、光洁材料与老建筑的厚重、粗糙形成对比；新建筑使用与老建筑上的红色纯度相同的绿色，形成色彩上的对比。凡此种种对比方式，不仅没有改变里弄建筑在地段中的地位，反而使新旧获得微妙的平衡，两者相得益彰（见图6-123，图6-124，图6-125，图6-126）。

图 6-123　上海新天地（一）

图 6-124　上海新天地（二）

图 6-125　上海新天地（三）

图 6-126　上海新天地（四）

图 6-127　德国北杜伊斯堡景观公园

图 6-128　美国西雅图由煤气厂改建的公园

图 6-129　广东中山岐江公园鸟瞰

图 6-130　广东中山岐江公园

（4）转化

并不是所有的城市历史地段都具有明显的空间构成规律，比如产业类历史地段甚至具有异型的空间形态，对于这些地段的城市景观艺术设计，保持其空间的连续性可从“转化”的角度对其空间形态进行直接利用。前文所论述的“废墟”概念同样是这一手法的美学依据。

转化是直接利用原有景观形态，通过变换各种解决问题的方法，转化原有建、构筑物的存在方式，来达到尽可能保留原有结构和形态的目的。这种手法适用于非文物类的历史地段。非文物类历史地段既不需当作文物古董加以严格保护，也不必推倒重来，因此可采用在保护中求发展，在发展中求创新的理念，运用“转化”手段使地段获得再生。具体说来，转化包括人文要素的转化和自然要素的转化两个方面。

① 人文要素的转化

人文要素是指代表一定历史时期建造特点的人工建造的景观（包括建筑物、构筑物和设施等）所表示出来的文化现象。利用原有人文要素的特点，将其转化为新的、有用的东西。假如地段原有的空间形态很好，这对于地段的景观艺术设计固然很有利，但原有空间形态有缺陷并不意味着要将它推到重来，而是可以巧妙利用它的缺点，将其转化为地段的特点甚至成为优势。人文要素的转化可分为两种方式：

A. 转化建、构筑物周围的环境和主题。通过保留地段主体建、构筑物，改换周围的环境和地段的主题，使地段原有功能得到自然地转化。尤其对于一些历史比较悠久的工业遗址，直接改换该遗址的主题即可，比如改为公园、观演中心等，遗留下来的建、构筑物不需改造，自然而然转化成了雕塑或观演台（见图 6-127）。例如德国北杜伊斯堡景观公园就是利用原有工业遗址所建的具有德国鲁尔地区产业特色的文化公园。

B. 转化建、构筑物本身。利用原有场所的特性，根据新的功能定位对地段原有建、构筑物进行新的塑造。如美国的西雅图市将一个废弃的煤气厂改造为公园，将原有的压缩机和蒸汽涡轮机涂成明亮的红、桔黄、黄、蓝以及紫色，使之成为孩子们游乐的好去处（见图 6-128）。

又如由俞孔坚等人设计的中山岐江公园，其场地原是中山著名的粤中造船厂。该船厂始于上世纪 50 年代初，终于 90 年代后期，可谓写满新中国工业化进程艰辛而富有意义的历史沧桑，在这里几代人艰苦的创业历程沉淀为真实而弥足珍贵的城市记忆。由旧船厂改建而成的岐江公园，是献给许许多多为中国建设做出贡献的普通劳动者的一份礼物。设计者采用了一种不同于传统公园设计的全新理念，对旧船厂进行了产业用地再生设计。这是一个产业历史地段景观艺术设计的成功案例（见图 6-129，图 6-130）。

该旧船厂的改造再生设计主要使用了一种手法：转化。

图 6–131 大门吊的转化

图 6–132 铁轨的转化

其中包括了转化工业遗物和转化自然物。原厂区遗址内遗留的不少造船厂房机器设备,包括龙门吊、铁轨、变压器等等,是船厂艰辛而富有意义的历史的见证,特定的创业历程也使它们沉淀为真实并且弥足珍贵的城市记忆的载体。要保留这些记忆,就必须保留这些遗留物,而问题的关键是以何种方式保留。岐江公园的实践就是通过采用如下的转化手段进行保留的:

图 6–133 水塔的转化(一)

a. 转化为具有纪念意义的雕塑。高大的钢铁桁架是厂房建筑的承重结构,经过精心的修理,涂上鲜红的色彩,架构在水湾之上、与它多年相伴的大树旁。它还被转化为一个具有工业美感的巨大的构成主义雕塑作品,更艺术化地再现原址的生活和工作情景,更戏剧化地讲述场地的故事,更诗化地揭示场所的精神。当人们,尤其是当年在这个厂房里劳作的人们看到它时,会有一种发自内心的感动(见图 6–131)。

b. 转化为具有体验功能的景观小品。一段再利用的铁轨,也是造船厂最具标志性的景观元素之一。对鼎盛时期的粤中造船厂来说,铁轨是输送船只的工具,新船下水,旧船上坞,都借助于它的帮助,体现了工业化生产过程中机器替代人力的普遍含义。如今的铁轨,对于孩子们来说,却使他们找到了一种跨越的乐趣,一种寻求不平衡感的乐趣(见图 6–132)。

图 6–134 水塔的转化(二)

c. 转化为标志物。一座上世纪 50 ~ 60 年代貌似平常的水塔,从历史和美学角度看,似乎都不值得珍惜,但当它被罩进一个泛着现代科技灵光的玻璃盒后,却有了别样的价值,成了岛上的灯光水塔,且起到引航的功能。场地中的另一个水塔则被剥去其水泥的外衣,展示给人们的是水塔这一曾经彻底改变城市天际线的高耸建筑物的内部基本结构——线性的钢筋和将其固定的结点,且被涂成了鲜亮的红色,成为公园内另一个标志物(见图 6–133,图 6–134)。

② 自然要素的转化

自然要素是指城市中的自然形态或自然元素,以及经人

图 6-135　自然要素的转化(一)

图 6-136　自然要素的转化(二)

图 6-137　自然要素的转化(三)

工改造而成的具有生命力的景观要素,也包括如人工开挖的水体、堆叠的土丘、种植的植被等。尽管城市已经日趋人工化,但自然要素作为独特的景观要素以及其原始性的体验是其他人工景观所无法替代的。城市历史地段的自然要素不同于一般城市景观中的自然要素,因为它们和"历史意象"联系在一起,它们和地段的建、构筑物一样都是历史的见证。

尽管自然要素的一个重要特征是缺乏明确的尺度感,即人们不容易从自然元素中获得对具体尺寸的感知,但是这种朦胧的感觉有助于美感的形成。人们通常会认为一座山、一棵树、一条河、一片绿地是美的,而不在意这些自然物的具体形状。因此城市历史地段中尺度的分级主要集中在人文要素上,自然元素在尺度上比较模糊,可以作为人文要素的补充,有时甚至起遮丑的作用。人文要素和自然要素的相互调配容易形成丰富的节奏感和较完整的效果。

同样以中山岐江公园为例,设计者成功地将广东粤中造船厂遗址中原有的野草转化为动人的观赏对象。在保留下来的水草中设置了临水栈桥。梯田式种植台上,空挑一系列方格网状临水步行栈桥,它们将随水位的变化而出现高低错落的变化,使人们能接近水面和各种水生、湿生植物和生物,人行走其上恰如漂游于水面或植物丛中。同时,根据水位的变化及水深情况,选择了乡土植物并形成水生——沼生——湿生——中生植物群落带,使岐江公园成为多种乡土水生植物的展示地,形成一个动态的自然景观,让远离自然、久居城市的人们,能有机会欣赏到自然生态和野生植物之美(见图 6-135,图 6-136)。

在城市景观艺术设计中,城市景观文脉的延续是对城市特定场所各种历史信息进行分析、归纳、取舍,并且运用专业知识转化到各实体要素中去,同时使之与当代需求相契合。由于这一延续法则是开放、循环且有机的,所以此法则指导下的城市景观是可持续发展的,具有深远的生命力。

注释:

[1] 沈玉麟编.外国城市建设史.北京:中国建筑工业出版社,1989:139

[2] [法]P.克莱尔.城市设计概念与战略——历史连续性与空间连续性.世界建筑,2001(6):23

[3] 辞海编辑委员会编.辞海(1989年,缩印本).上海:上海辞书出版社,1996:435

[4] [美]凯文·林奇著;方益萍,何晓军译.城市意象.北京:华夏出版社,2001:5

[5] [美]凯文·林奇著;方益萍,何晓军译.城市意象.北京:华夏出版社,2001:5

[6] 王建国,戎俊强.城市产业类历史建筑及地段的改造再利用.世界建筑,2001(6):17

[7] 金俊著.理想景观.南京:东南大学出版社,2003

［8］“欧陆风情”是20世纪末中国城市建设的主要设计现象之一。所谓“欧陆风情”通过片面地引用一些西方古典过滤或相关风格的建筑符号，来表达气派豪华的“盛世”场面，是对西方建筑文化的曲解，这种设计现象具有典型的“暴发户意识”的嫌疑。而“复古风”是一种狭义的复古，放要指单纯地模仿和复制中国古代建筑的立面、体量及部分结构做法，与对中国传统建筑文化作深入探索的“新传统建筑”有着本质的区别。

［9］阮仪三，张艳华.20世纪末中国城市及建筑仿欧仿古风格现象和原因.城市规划汇刊，2003（1）：29

［10］侯幼彬主编.中国建筑美学.哈尔滨：黑龙江科学技术出版社，1997：188

［11］［法］P.克莱尔.城市设计概念与战略——历史连续性与空间连续性.世界建筑，2001（6）：23

［12］刘宛.旧城改造中城市设计的四个原则.世界建筑，2001（6）：31

［13］陈志华.文物建筑保护中的价值问题.世界建筑，2003（7）：80

［14］［15］陈津，严建伟.寻找失落的建筑——从北欧建筑遗产的保护谈起.世界建筑，2002（1）：78

［16］邱冰，过伟敏.无锡地区20世纪二、三十年代“中西合璧”建筑特征的解析.城市发展研究，2004（1）：61

［17］“手法主义”是指建筑史上的手法主义。手法主义即用二元性来替代作品有机整体，企图通过辩证方法来收集一些支离的片断并拼凑在一起来传递现实世界的复杂性与矛盾所产生的感觉。

第七章　城市的“家具”——城市景观形象与职能的阐释者

一、城市空间实现“公共性”和“交流性”的纽带

图 7-1　路标　澳洲墨尔本老街区

1.“城市家具”的含义及功能

（1）“城市家具”的含义及产生

从狭义角度上，“家具”在表面字义上是指室内生活所应用的器具，它是使建筑物空间产生具体实用价值的必要设施；而从广义角度上，家具是人们生活、工作、社会活动不可缺少的用具，是一种以满足生活需要为目的，追求视觉表现与理想的共同产物。[1]因此，可以认为“城市家具”作为城市生活的重要组成部分，是决定建筑物室外（包括半室外的空间，又称“灰空间”）空间功能的基础和表现室外空间形式的重要元素。

“城市家具”即通常人们所说的城市公共设施，它是对应于城市公共生活需要的产物，并与城市发展的历史密切关联。早期的城市中主要修建了如公共浴室、喷泉、广场、神庙、柱廊等市政设施供大众使用，而大量的城市公共生活所要求的如照明、坐椅、指路牌等设施因技术落后等原因没有

图 7-2　垃圾桶　澳洲墨尔本老街区

图 7-4　巴士标牌　澳洲墨尔本老街区

图 7-5　邮箱　澳洲墨尔本老街区

出现在城市中。直到 9 世纪，当时的科尔多瓦在街道两旁普遍设置了街灯，使夜间的行人也不用担心走错路，七百年后的英国伦敦街道上出现了使用煤气的街灯，但第一次真正意义上的城市公共设施出现是在 18 世纪法国巴黎的大改造时期。当时改造后的巴黎香舍丽榭大街两旁整齐地布置了街灯、报亭、广告柱和坐椅，其风格采用两侧建筑物的新古典式样。可以说，巴黎的大改造取得重大成功，同时昭示着在城市中系统地使用城市公共设施将成为城市建设的重要一环。

图 7-3　坐椅　澳洲墨尔本老街区

“城市家具”的概念是在进入新世纪后开始流行起来的，它已成为城市中各种户外环境设施的代名词，比如信息设施（指路标志、导游图、电话亭、邮箱）、卫生设施（垃圾箱、饮水器、公厕）、照明安全设施、娱乐服务设施（坐具、桌子、游乐器械、售货亭）、交通设施（巴士站点、车棚）以及艺术景观设施（雕塑、艺术小品）等等。之所以被称为“家具”，是因为它们蕴含了人们对城市生活的憧憬，希望户外场所能像家一样方便舒适。该定义虽然不甚严密，却有一种令人倍觉亲切的语感。可见“城市家具”是城市景观艺术设计中不可缺少的元素，它与城市景观的其它要素一起共同构成了城市的特质，体现着城市的生活价值取向及文化内涵（见图 7-1，图 7-2，图 7-3，图 7-4，图 7-5，图 7-6）。

图 7-6　自行车架　澳洲墨尔本中心商业区

（2）“城市家具”的功能

众所周知，家具是人们生活环境中必不可少的设备。按照人体工程学关于人类行为与“人—物—环境”系统中界面关联研究的结果来说，家具与人的关系至为密切。然而事实上，每个人、每个家庭都根据自己的审美情趣、生活习惯与日常活动的需要来选择、购置家具，同样，家具在被使用的过程中，在实现其服务功能、效用的同时又反过来约束、诱导、规范使用者的动作行为。同理，“城市家具”在供人们使用的同时，它也能诱导行为的发生以及愉悦人们的精神。

图 7-7　坐椅　澳洲墨尔本中心商业区

图 7-8　植坛　澳洲墨尔本中心商业区

一般而言，各种“城市家具”都以其特殊的形态满足人们的使用要求，如灯具满足照明需求、坐具满足休憩需求、指示牌满足信息需求、公共艺术满足精神需求等等，但是这些需求会因为户外场所的层次而产生微妙的变化，好的“城市家具”应该能够满足这种状态的变化。“城市家具”组合在一起所形成的空间还具有诱导行为的作用，例如不同的坐椅会使人自觉地调整与之相适应的坐姿，而不同的组合方式会影响群体的交往行为。这就是在“人—物”之间的界面触点上，“物”通过人的意识与动作反应实现的“功能效应”，这时，“城市家具”成为了行为的促媒器、发生器（见图 7-7，图 7-8，图 7-9）。另外，“城市家具”其充满个性的形态不仅给人们带来视觉上的享受，促发人们的交往热情，而且还是构成城市意象的生动节点（见图 7-10，图 7-11）。

图 7-9　饮水器　澳洲墨尔本中心商业区

图 7–10 垃圾箱(一) 澳洲墨尔本中心商业区

图 7–11 垃圾箱(二) 澳洲墨尔本中心商业区

图 7–12 户外设施(一) 澳洲悉尼 KING 码头区

2.“城市家具”与城市景观的互动

早期的“城市家具”仅发挥了家具最基本的功能——生活器具的作用,有些甚至只是将原本用于室内的家具外移到室外空间而成为所谓的“城市家具”。而现代“城市家具”是城市景观环境中十分重要的“道具”,参与城市景观的构成,更是室外空间环境中具有公共性和交流性的元素。同时,“城市家具”亦是使室外空间环境融入现代文明并具有区别于农业文明的特征的重要途径和手段。

要了解“城市家具”与城市景观环境的关系,必须先了解室外空间和景观环境是如何形成和创造的。建筑是由底面、墙面、顶面等基本空间围合要素围合而产生的符合人实际活动需要的内部空间,而城市是建筑实体要素的聚集,并进而产生的街道、广场等室外空间。这些室外空间是人对城市空间的要求。街道、广场等室外空间的作用恰如建筑内的走道或门厅的作用,在某种意义上这些室外空间同样具有“内部空间”的性质。

如同任何一个建筑的室内空间只有通过家具的设置才能显示或体现该空间室内的性格特征、特定的功能和形式,室外空间亦是由于“城市家具”的参与才变得有血有肉的。“城市家具”定义了室外空间环境的功能特征、确定了室外空间的秩序、丰富了城市景观环境的内涵。

室外空间环境是人们有目的创造的物质环境。通常城市景观环境由室外空间形态的围合和组织、景观设施、绿化、水体、公共艺术品、光(人工与自然)等设计要素构成。尽管室外空间形式的组合和创造是城市景观艺术设计中的首要因素,但作为景观设施与公共艺术品的总和,“城市家具”通过其体量、形式、轮廓线和材料的色彩、质感以及内涵等,与其他构成要素一起营造了室外空间氛围,界定了室外空间环境的领域(见图 7–12,图 7–13,图 7–14,图 7–15,图 7–16)。

不同性质的室外空间环境对“城市家具”有着不同的要求,如街道或广场等室外空间因功能的不同会有着不同的“城市家具”设计;另外不同的环境亦会要求“城市家具”在

图 7–13 户外设施(二) 澳洲悉尼 KING 码头区

图 7–14 指标路牌(一) 澳洲悉尼 KING 码头区

图 7–15 指标路牌(二) 澳洲悉尼 KING 码头区

整体环境中或起到视觉中心作用，或发挥、重塑地域风格的效应等。

可以说，“城市家具”在室外空间环境中发挥着其应有的作用，“城市家具”与城市景观的关系是互动的、相辅相成和相得益彰的。

（1）整体环境观念下的“城市家具”设计

“城市家具”与室外空间环境的关系，随人类生活和观念的变革而变得越来越密切。与环境和谐、协调是“城市家具”设计的基本要求。目前，在中国的城市景观环境中，“城市家具”和景观环境冲突的例子随处可见，主要是由于来自业主方面的个人意志或设计师过分强调自我，使“城市家具”同整体景观环境格格不入，无法成为城市景观环境的有机组成部分，未能体现参与构成景观环境的作用。诚如评论家柏涅克所言，“凡意图使设计独立于现实而存在的人，必须先了解设计本身就是生活条件的交集”。建立在整体环境观念下的“城市家具”，经系统处理后，将对室外空间的性质加以诠释，对景观环境意象加以突出刻画，对整体环境功能加以妥善安排。

英国人威顿贝克曾提出整体建筑的观念，表明建筑设计不仅包括一切传统的建筑功能及工程设计，且涵括其室内空间设计、室外环境布置以及一切其他工作，并将由建筑师、工程师、艺术家等协作完成。其所提出的观点，同样适用于现代“城市家具”的设计，“城市家具”的设计亟待建立整体环境的观念。建立在整体环境观念下的“城市家具”具有系统性与和谐性的特点。在具体不同的设计中，“新”设计与“旧”环境的结合能创造新的和谐，关键在于遵循和把握室外空间环境本质的结构和秩序。“城市家具”与室外空间环境合于一体，相辅相成，可表达出设计的深思熟虑、严格且完整的整体环境意象。由于“城市家具”作用的提升，将使景观环境更具有宜人、美观和内涵丰富的特征（见图7-17，图7-18，图7-19，图7-20，图7-21，图7-22）。

图7-16　岸线坐具　澳洲悉尼KING码头区

图7-18　与树木组合的坐具　澳洲悉尼KING码头区

图7-20　坐具　澳洲悉尼KING码头区

图7-21　历史遗存介绍装置　澳洲悉尼KING码头区

图7-17　岸线坐具局部　澳洲悉尼KING码头区

图7-22　路标局部　澳洲悉尼KING码头区

图7-19　垃圾桶　澳洲悉尼KING码头区

图 7-23　坐具　澳洲墨尔本中心商业区

图 7-24　植坛　澳洲墨尔本中心商业区

图 7-25　户外坐具组合　澳洲墨尔本中心商业区

图 7-26　户外坐具组合　澳洲悉尼老街区

（2）城市景观环境中的“节点”

“节点”的概念来自于城市设计中的元素，主要指道路和区域的重点，其目的在于提醒人们识别周围环境的变化，一般为交通交汇点、人流聚汇点、终点或驻足点等，常见的表现形式为广场等。在“节点”处设置“城市家具”，自然能吸引人前往和汇聚，从而加强了城市景观环境中的“节点”。“城市家具”的设置越合适，场所所具有的公共性和交流性特征越强。

“城市家具”作为城市景观环境构成的元素——城市的“道具”，在城市景观环境有关元素组合的整体结构下，其设计可以结合环境氛围的不同要求，利用其形式、色彩、质地等设计要素进行特别的处理和安排，使局部的景观环境具有明显的可识别性，成为显眼的定向参照物——城市景观环境中的“节点”，为整体景观环境注入新的生机，并使之具有特征和个性。当然其特征和个性的取得还在于从整体环境的要求出发，结合不同的功能需要，确定“城市家具”适宜的造型、色彩、材料、尺度等（见图 7-23，图 7-24，图 7-25，图 7-26）。

（3）体现景观环境的地域特征意象

城市景观环境是一个连续完整的系统，它通过富有生机的“节点”设计而使整个环境富有文化意味和充满情趣。城市要有积淀文化的能力才能有所发展，而家具也是人类文化积淀的载体之一。可见，“城市家具”也将起到传承文化脉络和承载城市景观环境地域特征的作用。“城市家具”的设计在某种程度上亦反映了市民对文化的认知热情和认知水平，以及对传统文化的价值取向及接纳新文化的精神和能力。

城市发展所形成的独特个性是城市的财富，其内在结构是城市发展的依据[2]。“城市家具”作为城市景观环境的构成要素，在符合形式美原则的基础上应保护历史文化——传统风格、地域特性等城市的文化内涵。因此“城市家具”的设计可以从传统的样式、地方风格、材料特征、城市色彩等具有很高艺术价值的城市景观环境“原型”中寻找启迪，使城市景观环境发展具有连续的内在结构和本质秩序。结合“城市家具”形、色、质等设计要素，赋予城市景观环境以新的生命，使“城市家具”成为传递地域特征意象的载体。同时借以“城市家具”地域性特征意象的传达，使传统文化得到尊重，并蕴含文化发展的新契机（见图 7-27，图 7-28，图 7-29，图 7-30，图 7-31）。有关城市历史文化街区中“城市家具”的设计将在下一节进行专门讨论。

当然，在“城市家具”设计中，人的因素是第一因素。人的行为和人的需求是设计的首要考虑因素。“城市家具”供人们观赏、休息、谈话和思考等，是其主要的功能，因此，应根据环境特点及使用者的主要要求，考虑其安设位置、数量等，并依据人的环境行为特点来进行具体设计。

图 7-30　坐具　澳洲墨尔本海洋公园

图 7-28　户外音响柱　澳洲墨尔本海洋公园

图 7-27　栏杆　澳洲墨尔本海洋公园

3. 特定场所的“城市家具”设计

（1）“城市家具”的场所精神

“城市家具”的设计应以创造人性化场所为目标，为人们创造理想的户外生活空间。设计师的个人表达固然重要，但设计物如何有效地诱导、呼应场所特性是其深层的意味和内在要求。一般说来，“城市家具”所处的场所有多个层次。芦原义信把户外为行人提供的空间大致分为运动空间和停滞空间，简称为“M 空间”和“S 空间”。“M 空间”可用于向某个目的前进、散步、游戏、比赛、队列行进或其它集体活动；“S 空间”则可用于静坐、眺望景色、读书看报、等人、交谈、恋爱、合唱、讨论、集会、仪式等等。[3]二者既有完全独立的情况，也有浑然一体的情况。因此，“城市家具”的单体形态及群体组合应尽可能配合城市景观环境空间特征，共同创造出有明确用途的场所并揭示场所的内涵。基于这一设计理念，在设计“城市家具”时充分考虑空间的大小、铺装的质感、界面的造型、地面的高差等因素，将成为有效的着手途径。例如上海浦东世纪大道的城市景观设计以时间、发展为主题。其“城市家具”设计充分地体现了整体的理念，充满张力和动感，与周围现代化的钢架玻璃高楼相映成辉。当人们漫步于世纪大道时，一幕幕具有强烈视觉冲击力的画面不断呈现在人们眼前。如图 7-32 是一组以三棱锥为主题的雕塑性景观，花岗岩石块呈散点状镶嵌在梯形斜坡中，在夹道中提供轻松的小憩空间。该空间既是“M 空间”，也是“S 空间”，花岗岩坐具作为这组构成的“点”元素镶嵌其中，显得非常自然。在这里，该坐具已不是单纯的坐具，而成了城市景观空间中的艺术品。由此可见“城市家具”设计已经不单纯地局限于满足功能的要求，而更注重形态的趣味以及与整体环境的结合。又如大道上的电话亭有着优美的舞姿，稍微倾斜的灰色支撑骨架与地面融为一体，电话机与弧形透明挡板结合在一起，仿佛飘浮在空中（见图 7-33）。售货亭和候车亭的设计也具有这种动态的特征，充满现代感，银白色的

图 7-29　栏杆及指示牌　澳洲墨尔本海洋公园

图 7-31　坐具　澳洲墨尔本海洋公园

图 7-32　坐具　上海世纪大道

图 7-33　电话亭　上海世纪大道

图 7-34　候车棚　上海世纪大道

图 7-35　公共艺术品　上海世纪大道

外观，轻薄的雨蓬两边稍微上翘，犹如飘动的纸片，与大道两侧的建筑物遥相呼应，而连接广告灯箱两侧的八字形坐具则为人们提供片刻的休息空间。这些轻灵的姿态给人极深的印象，向人们传达着城市的活力（见图 7-34）。分布在整个大道上的“城市家具”还有金属坐椅、街灯、张拉膜休息亭、城市雕塑等等（见图 7-35），所有这些设施都具有鲜明的个性，同时与场所的气氛融为一体，较好地体现了上海浦东新区作为中国经济发展代表的形象。

（2）为特定场所设计“城市家具”的方法

① 形态配合场所

“城市家具”的设计应该针对户外场所层次的变化做出相应的调整，设计者决不能漠视这种变化。设计本身就是很微妙的东西，相同的设计物不能用在不同气氛的场所。比如在流动性较强、较开阔的场所一般会设计高大灯柱照明，在比较私密的地方可以采用从墙面出挑的精美灯具，这样更具有内部空间的感受，让人感到更亲切（见图 7-36）。同样在能够为人们提供休憩的场所当中，也存在许多细微的变化。例如繁华流动的步行街与宁静舒适的住宅小区，其休憩方式是有很大区别的，因此户外坐具的设计也应根据这些区别做出相应的反应。例如三阳广场是无锡的商业中心区，这里的坐具形态丰富，既有点状的、线状的，又有半环状的，并且与绿化、灯具融合在一起，既成功地创造了丰富的视觉形象，又充分地利用了空间。其中一个圆柱状的坐具，充分体现了设计的魅力：其线性的形态可以同时容纳几位陌生人就座，圆柱形的接触表面并不很舒适，光滑的花岗岩材质散热极快，这使得人流可以迅速周转，提高了坐具的利用效率（见图 7-37）。又如上海的候车亭，带弧面的长条形坐具通过焊接与支柱结合在一起，银色冲孔不锈钢材质，具有现代都市的意象，更重要的是它易于清洁、散热快、不积水，同时利于周转使用（见图 7-38）。与之相反的是小区、庭院以及城市休闲绿地里的坐具设计，它们一般都

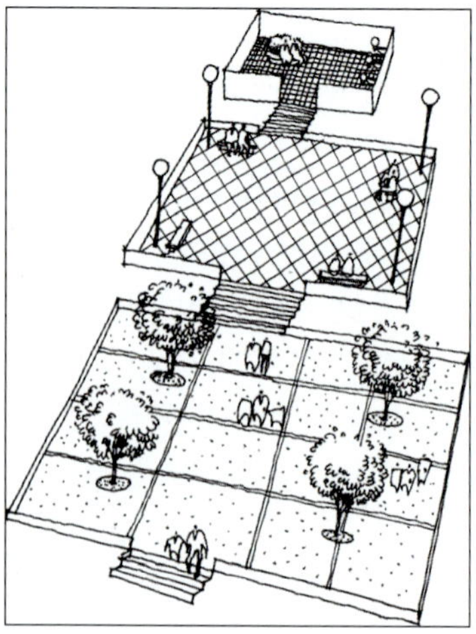

图 7-36　具有不同围合感的空间示意图

图 7-37　坐具　无锡三阳广场

图 7-38　具有高利用率的坐具与车棚组合　上海

会设计得比较宽大,可以让人以各种放松的姿态享受户外的时光,若使用木质表面则看起来更亲切,让人犹如坐在家中。当然,也可以用新颖的材料构成别致的座面,使坐在上面的人们顿时有了谈论的话题(见图 7-39,图 7-40)。

② 形态塑造场所

“城市家具”单体的实质构成会影响其使用效率,群体组合形成的虚质空间则具有更深层的影响。群体组合可以对空间进行再限定,对场所进行再创造。例如休憩或交谈场所的坐具,其组合方式对活动其中的人具有潜在的诱导作用(见图 7-41)。第一种呈直线形排列,基本上相互独立,人们没有交

图 7-39　坐具(一)　青鸟海滨景观绿地

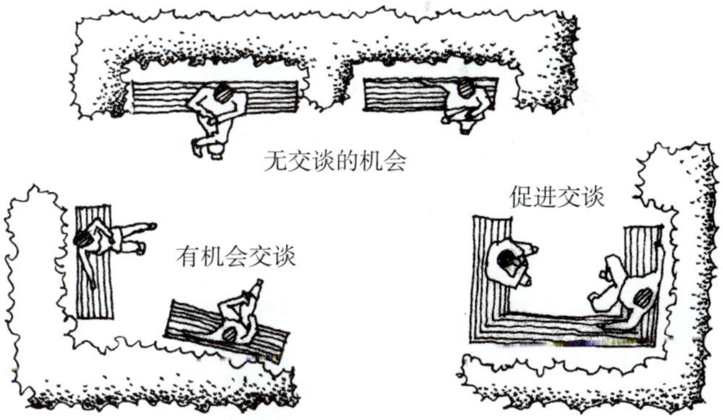

图 7-41　坐具布局对人行为影响的示意图

图 7-40　坐具(二)　青岛海滨景观绿地

图 7-42　具有入口引导作用的植坛布置　南京

图 7-43　欧洲传统格调的城市设施　英国牛津

图 7-44　欧洲传统格调的城市设施　英国伦敦

图 7-45　欧洲传统格调的城市设施　英国伯明翰

流的机会，第二种组合使人们有了交谈的可能，第三种则能促进交谈，很好地为人们创造交流的机会。又如城市公共绿地的入口，利用几个点式的种植容器组合在一起，既可以作为入口的标志，又完成了引导人流的作用（如图 7-42）。根据空间围合的特点，利用灯柱的排列形态可以起到强化场所氛围、营造丰富的空间和多彩的人文环境的作用。在社区户外空间中可摆放一些石凳、石板，甚至搞点“断壁残垣”，孩子们可以在其中尽情玩耍。例如日本很多公园或广场常设置一些节水型的喷水小品来满足孩子的嬉水天性。相比之下，国内很多地方没有这种设施，即使有“水气”，却没有“人气”。设计师应利用“城市家具”来塑造人性的场所，满足人们的使用，为人们提供新的户外生活体验。这样，“城市家具”就不是被动地配合场所，而是积极地创造场所了。

正如前文所述，任何“城市家具”的形态都可以暗示使用功能并可以作为文化的载体。欧洲很多保存完好的古代城镇，仍使用着具有中世纪风格的“城市家具”。深红色的电话亭、黑色的铁艺坐具、兰灰色的垃圾桶……这些跳跃的节点和斑驳的墙体一起构成了美丽的城市风景，散发出浓郁的文化气息（见图 7-43，图 7-44，图 7-45）。另外，主题公园或主题广场的设计更需要对“城市家具”的形态作整体的考虑，以此来表达场所的文化含义。例如，日本石器时代公园的户外家具设计，使用当地开采的石材作抛光处理，还引用了历史符号作一些构件的设计，使整个公园在视觉上取得极大的和谐。再如南京汉中门广场以古城城堡为主题，辅之以古井、城墙和遗址片断，采用经过六朝石刻精品抽象而来的石灯笼、石鼓凳、辟邪图案等环境艺术小品。当市民漫步广场时，带有历史符号的“城市家具”不断呈现眼前，广场的历史内涵和地方特色的能量得到充分的释放，使人们感受到超越时空的连续感和浓郁的人文氛围（见图 7-46，图 7-47，图 7-48）。

可见“城市家具”的设计一定要经过精心、系统的考虑，为特定的场所创造出最佳的使用状态，在尽量发挥“城市家具”使用功能的基础上，设计合理的造型和组合，使其与周围环境和谐的融合，这样才能最大地满足人们的需求，创造美好的城市景观环境。

二、城市历史文化街区中“城市家具”的设计

1. 城市历史文化街区“城市家具”设计原则

“城市家具”作为一种在室外使用的公共产品，在设计中需遵循产品设计的原则和方法。城市历史文化街区“城市家具”设计原则分为四个层面，首先应明确其作为公共设施的基本设计原则，其次才是“城市家具”设计的地域性原则、文化性原则和可持续原则。

图 7-46 运用自然材料的植坛 杭州

图 7-47 运用自然材料的小品 杭州

图 7-48 人性化的坐具 青岛

（1）基本设计原则

城市历史文化街区的“城市家具”，其本身是一种社会性质的产品，其产品属性要求具有一定的使用功能，而社会属性则要求在附加价值中增添社会文化、经济等方面的综合因素。同时城市历史文化街区的“城市家具”可视作公共艺术的一个分支。因此，在基本设计原则中包含了产品设计原则和公共艺术设计原则，其表现为以下四个方面：实用性原则、整体性设计原则、以人为本的人文原则和体现重视大众参与的社会原则。

图 7-49 苏州观前街电话亭设施

① 实用性

从“城市家具”本身的产品特征出发，整个设计必须考虑“城市家具”的实用性原则，包括使用性特征、安全性特征、可操作性特征三大必要的组成因素。

其一，使用性特征，可以理解为使用功能的表现，作为“城市家具”的第一功能，其他各项设计因素与原则均建立在此基础之上。其二，安全性特征，指在使用过程中，充分考虑到使用者、使用人群的情况，避免发生故障或因外界影响导致不正常使用状态等（见图 7-49）。其三，可操作性，是指在使用过程中对“城市家具”的可识别性、易使用性等方面的规范和考虑，应避免过于累赘复杂的操作方式带来的不方便与难理解等问题。

② 整体性

城市历史文化街区中“城市家具”的设计价值是整体街区景观规划价值的局部，它依附于整体而存在，构成了历史文化街区景观规划的系统性设计。

城市历史文化街区“城市家具”的设计中，外形整体感是衡量“城市家具”地域特征的最直接的参考方式，其整体性设计原则包含三层含义：首先，在单个公共设施的整体中，每个组成部分依照各自的特点和个性，有不同的设计手法和注意事项，但任何一种影响因素的添加，都必须满足整体需求。其

图 7-50a 上海新天地历史街区中的公共设施

图 7-50b　上海新天地历史街区中的公共设施

图 7-50c　上海新天地历史街区中的公共设施

图 7-51　瑞士巴塞尔街头报刊栏

次，当我们把多种“城市家具”作为一个单元来对待的时候，整体性原则发挥着协调效应。由于每件“城市家具”的表现手法、用料取材、加工工艺等方面的不同，而且每一件“城市家具”都具备了一定的特征和使用功能，处理局部与整体、整体与局部之间的关系就更加重要。最后，当“城市家具”处于城市历史文化街区这个大使用环境中时，与特定环境的协调就是整体原则的一个重要内容（见图 7-50a，图 7-50b，图 7-50c）。假使一件或者多件不同类别的“城市家具”共同作用于一个街区或一个区域时，它的放置与特定的区域环境无法很好融合，可以说这不是一件完美的设计。换句话说，游离于特定区域之外的设计，就失去了作为城市历史文化街区“城市家具”的意义。

③ 人文性

人群是构成城市社会的最基本单元，是城市发展的主体，人们的生活方式和行为活动决定了城市发展的未来。不同的人群有不同的价值观，对城市有不同的认识和要求。从产业革命之后，崇尚、追求、依附技术的高速发展，到今天倡导以人为本、可持续发展的宏伟世纪战略，都是人类对自身价值和地位的重新认识和评估，标志着人类社会向更高层次和目标迈进。

强调环境和谐、信息传播优质的人文思想已成为当今知识经济时代社会发展的大趋势，充分认识和确定人的主体地位和人与环境、人与信息的双向互动关系，强调以人为本的人文原则，是时代的产物，也是设计发展的必然趋势。设计的根本目的就是如何去满足人们的需求。从满足需求的角度来说，“城市家具”的设计应该满足人们的行为需求、心理需求、审美需求，并实现艺术美，满足文化认同（见图 7-51），把关心人、尊重人、爱护人的宗旨、理念和风尚具体体现、贯穿落实在“城市家具”设计和创造活动中。

④ 社会性

“城市家具”在提供公共服务的同时，也规范着市民的活动。作为公共产品，“城市家具”服务的对象是大众，其使用、审核和意见反馈也主要来自大众，所以说，“城市家具”设计作为公共行为的一个组成部分，应最大程度地调动大众参与的积极性和可能性，以保证其使用的稳定性和规范性。从设计与需求的角度来看，让设计关联到每个人，使更多的人，从更多的视角、方面和层面参与到活动中来，发挥主客观的直接交流的互动共振，产生共生共荣的作用。同时，也应留有多种选择的“自由度”的多层次化。另外，作为活动的空间中信息传播的媒体，“城市家具”需具有文化内涵，使人在参与中受到文化的感染和熏陶，积极参与文化意义上的认知和理解活动（见图 7-52a，图 7-52b，图 7-52c）。

对于社会而言，“城市家具”设计是一项系统工程，也是

图 7-52a　苏州观前街的公共设施

图 7-52b　苏州观前街的公共设施

图 7-52c　苏州观前街的公共设施

一项实用工程。它不仅在环境、传媒、文化等方面具有提升品质的效应，而且能够提高社会和地区的整体素质和水准。在这个意义上，重视大众参与的社会原则就具有了十分积极的现实意义和深远的历史意义。

（2）地域性设计原则

城市历史文化街区的"城市家具"在地域表现上，可理解为两个方向，即整体（历史文化街区）地域特征体现和局部（街区内区域）地域特征体现。在设计中为满足"城市家具"的地域性特征的表达，可从地域的特色性设计原则和因地制宜原则来入手。

① 地域的特色性

城市历史文化街区中"城市家具"的地域特色性原则主要表现在尊重历史文脉。当历史文化街区具有特定且突出的地方文化和传统历史时，"城市家具"作为一种文化传达的载体，也必将通过其形式、色彩、材料和工艺等方面反映出这种文化性和地方性，某些特定的元素组合甚至成为相应文化的标志特征之一。例如一条古老街道中的公共设施，它能联系的不仅仅是让人们去感知的空间的实体，而且还是联系历史与现代的载体，被人们所认同。在日本的街道上常能看到将传统建筑元素加以利用、给人一种地方性提示的公共设施，例如日本东京的浅草寺中共享时钟设施的设计，其造型就是以浅草寺中最著名的五重塔建筑形式为设计元素，并加以概括、抽象和变形，形成一定的、能够传递信息的设施，在加强历史街区景观形象感染力的同时，也体现了传统性和地方性，是延续历史街区文脉的重要途径（见图 7-53，图 7-54）。

图 7-53　日本东京浅草寺内共享时钟

对于历史文化街区中"城市家具"的设计，也应该体现街区历史意义场所中的建筑形式、空间尺度、色彩、符号乃至生活方式等等，这样不仅能与隐藏在人们心中的、驾驭其行为并产生地域认同的社会价值观相吻合，而且容易引起人们的共鸣，进而产生文化的认同感。

② 因地制宜

由于自然环境和人文环境本身的复杂性和空间分布不均等诸多特点，历史文化街区中"城市家具"的设计应该遵循因地制宜的设计原则。一方面，不同地区由于日照、气温、风向、

图 7-54　日本东京浅草寺内五重塔

图 7–55　云南大理街灯设施

图 7–56　云南大理街边的石凳

图 7–57a　成都锦里历史街区内公共设施

降雨、湿度以及地形的不同而形成了不同的自然环境，具有区域性特点；另一方面，由于各民族不同的文化和审美观念积淀而形成了不同的人文环境。

历史文化街区中“城市家具”因地制宜的设计原则是地域文化影响在公共设施设计中的具体表现。研究历史文化街区“城市家具”设计因地制宜的原则需要解析区域内部的结构，包括不同要素之间的关系及其在区域整体中的作用、区域之间的联系以及在发展变化中的相互关系，从而获得特定地域自然环境和社会、人文特色形成的某些因素。例如云南大理由于受其地理、自然环境等因素的作用，以盛产大理石而闻名，因此在大理古镇上出现了较多以大理石为生产原料的公共设施，这样不仅体现了当地的民俗文化，更能体现公共设施在材质使用上的地域性特征（见图 7–55，图 7–56）。

（3）文化性设计原则

城市历史文化街区中“城市家具”的文化性，主要从强调文化、传统、宗教、历史、民俗，以及地域性特色的源流的角度考虑，主要体现在文化的历史性和设计的时代性。

① 历史性

城市是一个不断发展变化的过程，每一个城市都有其自身发展的历史，都遗留有各个历史时期的产物。同时城市的发展并非跳跃式的，而是一个连贯的过程，后一个时期都是在前一个时期的基础之上发展而来，都含有前一阶段的内容和元素，在这个发展过程中，城市形成了自己的特色风貌。城市中的历史文化街区拥有悠久的历史，有着自己的特色风貌。因此，作为街区景观组成的“城市家具”，其设计也应该体现出历史文化街区的历史、文化、地域特点，这样才能够使历史文化街区中的“城市家具”具有自己的地域特色，使城市文脉得以延续。

如同城市历史地段景观文脉延续的历史性原则一样，城市历史文化街区中“城市家具”的历史延续性就是“风格式样”的历史连续性。如成都锦里历史文化街区中“城市家具”的设计既延续了蜀汉时代以黑色和红色为主色调的大气之势，但也不乏四川古镇居民的温和细腻，采用褐色实木，局部设施采用石材点缀，传达出锦里街区历史悠久的文化底蕴（见图 7–57a，图 7–57b，图 7–57c）。

② 时代性

人类在漫长的发展进程中，始终与周围的环境发生紧密的联系。人们以自身的文化创造理想的环境，而文化在对环境的适应中又积极地影响着人们的行为。人、文化、环境的相互作用，相互依赖，使城市的文化呈多元化状态，并不断得到延续与发展。城市历史文化街区中“城市家具”的设计，除了应符合现代公共设施通常所具有时代特点外，更应该着眼于民间的、地方的文化传承。如图 7–58a，图 7–58b，图 7–59 是经改造后的北京前大门街区中垃圾箱设施的设计，它体现了老北京的文化特征，将民间工艺品——鼓的造型元素运用于垃圾箱设施的设计中。历史文化街区“城市家具”设计应该选择合适的文化式样，不断地挖掘出新的具有时代性的文化特征，同时也应寻求现代与传统方式的有效结合。另外，在对街区历史文化特征的运用中不仅要体现“城市家具”特殊的功能，同时也要反映出地域性的社会文化和民族文化，要与时代、社会、哲学、心理、民俗等特点相融合，从而展现历史文化街区中“城市家具”的现代功能特点。

（4）可持续性设计原则

城市历史文化街区中“城市家具”的可持续性设计原则主要体现在两个方面，一是空间上的可持续性，二是时间上的可持续性。

① 空间上的可持续性

城市中的历史文化街区是人们认知城市的重要载体，是组织人们行为活动的线索。人们在街区中活动就是一个动态的游历过程，城市中不同点的构件在人们活动中成为具有先后次序的城市记忆点。因此，虽然城市构件在空间位置上是单一孤立体，但是由于人的空间行为活动，这些单一的构件在人们的记忆中就组织成为一个连续的整体。

对于城市中历史文化街区“城市家具”的设计，应该考虑到人们在街区中活动这一记忆特性，将“城市家具”合理地组织起来，使之成为一个有序的整体，进而更完整地体现历史文化街区的整体风貌。同时由于“城市家具”有不同种类之分，有些“城市家具”本身就具有一定的空间可持续性，如序列性较强的街道护栏、街灯，有些则直接以点的形式出现，如电话亭、报刊亭（见图 7-60a，图 7-60b）。因此，在历史文化街区“城市家具”的设计之中应该将这两种形式的“城市家具”有机结合起来，在形式上互相呼应，使“城市家具”成为形成城市历史文化街区景观空间可持续性的重要手段。

② 时间上的可持续性

城市中的历史文化街区记载着城市的演进，综合了季节、气候、植物的生长、水的流动、景观的历史变迁等许多方

图 7-57b 成都锦里历史街区内公共设施

图 7-57c 成都锦里历史街区内公共设施

图 7-58a 北京前大门街区中垃圾箱设计

图 7-58b 北京前大门街区中垃圾箱设计

图 7-59 北京前大门街区中的石凳

图 7-60a　公共设施在街区空间中形成有序的整体　北京前门大街

图 7-60b　公共设施在街区空间中形成有序的整体　北京前门大街

图 7-61　成都锦里历史街

图 7-62b　成都锦里历史街区中指路牌

面，空间则涉及韵律与平衡、统一和变化、协调与对比、整体与局部等。历史文化街区中“城市家具”的色彩、质感、比例、风格，图案、造型等均应与地方文化和历史文脉相协调，力求保持自然和历史遗留在街区景观中的可持续性，即时间性（见图 7-61，图 7-62a，图 7-62b）。

在城市历史文化街区“城市家具”的设计中要尊重历史、继承和保护历史遗产，同时还应促进历史街区“城市家具”设计的可持续性发展。既不应当盲目地将传统简单地照抄和翻版，也不应当一味地追求现代化的设施形象，而应该认真研究历史文化街区的发展，并进行调查和研究分析工作，对其传统元素进行适宜的提炼，并融入现代城市生活的新功能、新要求，进而使城市历史文化街区中“城市家具”具有时间上的可持续性。

2. 城市历史文化街区“城市家具”设计的方法

（1）传统造型符号元素的凝练

传统造型符号元素在城市历史文化街区“城市家具”设计上的应用，主要探讨的是传统继承与现代创新之间的整合关系。关于传统与现代结合的关系，人类经历了曲折的探索过程，从最先的传统符号的直接拼贴到现在的设计与符号结合的灵活运用，设计师都付出了不同的尝试和努力。由于传统是历史的产物，虽然曾经在历史的舞台上发挥其时代的功用性，但在当代，传统的原始功能已经基本消失。然而，传统是历史的积淀，有深刻的文化内涵蕴含其中，在当代有其特殊的精神审美上的价值。从文脉的延续角度上看，应该认真对待传统，使其延续下去。

历史文化街区是城市传统的外在载体，街区中各种构件的形态直接反映着城市的传统风貌。因此，在城市历史文化街区“城市家具”的设计中，应该把街区的“城市家具”作为传达历史街区文化的一种载体，把富有地域性特色的文化符号凝练其中，采用撷取、移植、改造和延续的设计方法，使文脉得以延续。

图 7-62a　成都锦里历史街区中商业幌子

① 撷取

城市历史文化街区中“城市家具”设计中撷取传统元素的手法，是指对具有传统地域性特点的元素进行提炼和加工，撷取其精华部分，并结合具体“城市家具”的功能特性，将传统元素运用到“城市家具”的设计中。如图 7-63，图 7-64 中苏州山塘街售票亭的设计撷取了苏州园林门亭的造型元素，并对其进行部分现代设计的加工。亭是中国传统园林中开敞式的小型点式建筑，供人停留、观览之用。以中国传统的石亭盖形式作为售票亭的顶部设计，极具装饰性同时又起到遮雨的作用，融合了古代亭的含义与现代公共设施的作用，体现了浓郁的中国建筑文化特征。

图 7-63　苏州山塘街的售票设施

图 7-64　苏州拙政园院门

一个民族由于自然条件、经济技术、社会文化习俗的不同，环境中总会有一些特有的符号和排列方式，就像口语中的方言一样。巧妙地注入这种“乡音”可以加强环境的历史连续感和乡土气息，增强环境语言的感染力。对传统形式和内容进行提炼加工，撷取其精华部分，并转变成设计元素。这样不仅对历史文化街区“城市家具”是一种形式的装点，同时也可增加“城市家具”的文化内涵，使其具有更长久的生命力。

② 移植

城市历史文化街区“城市家具”设计中传统元素的移植手法，主要是指对具有与现代设施相近功能的传统形态进行借鉴。每个城市都有自己独特的传统文化，它是历史的积淀和人们创造的结晶。作为城市组成部分之一的历史文化街区，其中的“城市家具”可以成为城市文化的一种载体，把富有特色的文化符号体现出来。这样，当人们欣赏或使用富有民族和传统文化特色的街区“城市家具”时，就会更加了解人们生活的城市。虽然传统的事物在当代已经发挥不了功用，但是某些传统事物依旧与现代设施具有一定的内在联系，例如街灯这种“城市家具”。虽然街灯是在近现代社会，随着电的普及而产生的，但是灯具的形式却古已有之。中国古代的灯具种类繁多，有宫灯、油灯、灯笼等，因此在城市历史文化街区中灯具的设计就可移植这些具有内在联系的形式，在丰富城市的文化内涵的同时也是对历史的一种继承（见图 7-65，图 7-66）。

图 7-65　西安古城墙上的照明设施

③ 改造

城市历史文化街区中“城市家具”设计的改造手法，主要是指对传统元素的现代加工，使其符合现代形式的需求。城市的传统形式许多已经不适应当代事物发展的形态需求，有必要在设计中对这些形式进行新的改造，使其符合当代的要求。城市历史文化街区中的建筑形式、空间尺度、色彩、符号等等，与隐藏在人们的具体行为中并产生地域文化认同感的社会价值观相吻合，最终深深地融入到当地独特的生活方式之中。因此，在城市历史文化街区“城市家具”的设计中，

图 7-66　中国古代传统的灯笼

图 7-67a　苏州街头的公共设施

图 7-67b　苏州街头的公共设施

图 7-67c　苏州街头的公共设施

图 7-68　历史遗留下来的牌坊　苏州

图 7-69　延续牌坊的形式

如果能够很好地改造运用这些元素，不仅可以引起人们的共鸣，并且能够唤起人们对过去的回忆，产生文化认同感（见图7-67a，图 7-67b，图 7-67c）。

④ 延续

城市历史文化街区“城市家具”设计的延续手法，主要是指街区中“城市家具”对传统城市文化的继承。文脉主义的观点认为：“历史上的城市不是由纯物质因素组成的，城市的历史是一个人类激情的历史。在激情与现实之间的精妙的平衡和辨证关系，使城市的历史具有活力。”同时文脉主义还认为只有体现鲜明地方文化特色的城市，才能体现民族精神和自己的个性。因此，历史文化街区中“城市家具”的设计应该延续城市的历史文脉。中国几千年的传统文化为城市历史文化街区“城市家具”的设计留下了许多可利用的元素：飞檐斗拱、水榭亭台和古代建筑风格、传统的漏空窗格以及由此引发的对设计的种种遐想。如果将这些传统文化的精髓与现代“城市家具”的设计方法相结合，则可以在历史街区的文脉中注入新的生命，给历史街区以新的内涵，使街区的记忆得以延续（见图 7-68，图 7-69，图 7-70）。

（2）传统造型符号元素的再生

传统造型元素是历史街区文化的精髓，具有独特的内在和外在的特质，既有形而下的具体物质，也有形而上的意识形态。现今，城市历史文化街区“城市家具”的设计已由单体性设计转向与自然、环境、建筑、地域文化相结合的整体性设计。传统造型元素在“城市家具”设计中的渗透，不仅良好地体现了公共设施的实际作用，并且也有效地增强了城市历史文化街区景观形象的内涵。

如何以现代审美的全新视点去重新审视传统文化，就像靳埭强先生所说：“我们不一定要画上京剧脸谱，穿上龙袍，才能让人认出是中国人。”要在充分理解传统文化的基础上延其“意”传其“神”，以传统造型元素为载体将传统文化在“城市家具”设计中得到更新和拓展。

① 历史符号的运用

符号对于人们来说，既是平常的又是抽象的，符号是历史文化街区的可识别性最直观的表现。作为空间的造型艺术，建筑同样蕴含着丰富的符号。特别是在历史文化街区这一大的背景下，街区中的建筑符号显得更加富有地方文化的意蕴。将历史街区中建筑的传统形式语言作概括、抽象和提炼，甚至加以变形，形成一定的、能够传递信息的符号，如空间符号、色彩符号、装饰符号等等，并运用在历史文化街区“城市家具”的设计中，可以加强历史文化街区“城市家具”形象的感染力和可识别性，是体现传统性和地方性以及延续历史街区文脉的途径。

图 7-70　根据牌坊的形式所设计的街头道路信息牌

A. 空间符号

空间符号是已形成一定程式而被特定区域广泛沿用，并能使人们产生地域意象的一种空间形式，如中国传统的合院空间、天井空间和日本传统住宅中的缘空间等。它们都是历史与地方意识形态共同建构的符号，是在人们长期生活实践过程中产生的。历史文化街区中的“城市家具”设计运用或穿插具有标志性的地方空间符号，可以使人们在历史街区的空间中体验到传统的意蕴，引发人们的情感共鸣。例如，由意大利建筑师设计的米兰圣西罗广场旁的廊，运用了空间符号——建筑尖顶的形式，并结合了时代特征，使廊更具有开放性，将米兰的地域与城市的概念完美地结合在一起，充分体现了当地的场所文脉特征（见图 7-71）。

图 7-71　意大利米兰圣西罗广场旁的敞廊

B. 色彩符号

色彩是历史文化街区“城市家具”设计视觉美的重要因素之一，具有装饰、标示和情感表达的作用。由于社会和自然条件的原因，色彩的运用具有地域性和民族性。“色彩本身是具有哲学性的，它体现着一个民族所特有的美学思想”，城市历史文化街区色彩的主基调是街区的人文环境、地理特征、历史传统等经过长期的积淀而形成的，是具有鲜明传统和地域文化特征的色彩符号，直接反映着一个历史文化街区的整体风貌和历史文脉。

图 7-72　西安城墙街景

例如西安历史文化街区的整体规划，将代表西安风貌的灰色（城墙、钟鼓楼、明清传统民居的主色）、土黄色（黄土高原的地方色彩）、赭石色（介于两者之间的调和色）作为城市的主色调。而西安历史文化街区中的“城市家具”则选择了色度、明度和纯度较高的色彩，因为色、明、纯度高的色彩本身不仅具有提亮西安城市景观的作用，而且能够增加西安城市的活力，同时也与唐皇城复兴规划理念中的大唐盛世的城市风貌的重塑相符合（见图 7-72）。而处在我国江南地区的苏州，其历史文化街区中的建筑多为白墙、黑砖、灰瓦，以明度对比为主的无

图 7-73　苏州山塘街历史文化街区

图 7-74a 苏州历史文化街区中建筑门窗的装饰纹样

图 7-74b 苏州历史文化街区中建筑门窗的装饰纹样

彩色系。因此街区中的“城市家具”设计，也采用了突出明度对比的黑白两色，符合苏州历史文化街区整体格调统一性的要求，在突出地域特色的同时也达到建筑之间的相互协调（见图7-73）。设计师的构思既源于对传统文化的尊重，又巧妙地利用色彩符号的特性，任何异乡来客一踏上这片土地就会感受到强烈的视觉冲击，深深体会到弥漫在空气里的地域风情。

C. 装饰符号

建筑装饰是历史文化街区建筑造型的一部分，能够体现出建筑的技术水平与艺术成就。建筑装饰依赖于建筑，同时起着增强建筑艺术表现力的作用，是最精美的建筑语言。传统装饰符号是在历史长河中形成的一种象征性符号，具有浓郁的民族性、地方性。比如苏州传统园林建筑中装饰花纹图案极为丰富，内容多为花卉、鸟兽、山水或几何图形，也有以传奇小说、戏曲及佛、道故事的某些场面为题材。按构图可以分为几何形体与自然形体两类，但也往往混合运用。这些建筑中的装饰构件及其装饰图案都是苏州传统园林建筑艺术中不可缺少的部分（见图 7-74a，图 7-74b，图 7-74c，图 7-75a，图 7-75b）。

② 传统图案纹样的运用

传统图案纹样在历史文化街区的“城市家具”设计中运用较为广泛，传统纹样总是被认为最能体现地域性文化特征而成为最常见的装饰手法，在风格上起着潜移默化的艺术效果。传统图案纹样除了其图案本身带来的形式美感以外，背后的“意”也是人们迷恋其造型的关键。不论是古人还是现代人，对美好事物都一样地心存向往，因而传统纹样蕴含的吉祥意味同样适用于“城市家具”设计，适用于传达现代人的设计意念。苏州市的部分道路护栏就采用了中国传统的“回”字形纹样，单体纹样由“点”形成“面”铺展开来，具有强烈的装饰性和确切的功能性（见图 7-76，图 7-77，图 7-78）。整体造型优雅，既衬托了环境、也加强了“城市家具”静态的表现力。同时“回”字纹寓意吉利深长，苏州民间称之为“富贵不断头”。因此，“回”字纹被运用在苏州城市街区“城市家具”的设计中，无论是形式上还是文化内涵上都体现着鲜明的城市特色。

图 7-74c 苏州历史文化街区中建筑门窗的装饰纹样

图 7-75a 苏州园林建筑中花窗上的装饰纹样

图 7-75b 苏州园林建筑中花窗上的装饰纹样

以上这些传统造型符号元素在“城市家具”中的应用，往往是多元并存的。吸收传统建筑的典型特征又融合传统图案纹样的“城市家具”设计，具象与意象、形式与理念有机结合。这种多元互补的设计构想不但增强了文化厚重感，而且有助于设计理念的延伸和视觉感染力的增强。

（3）民俗文化元素的应用

民俗文化是人类在不同的生态、文化环境和心理背景下创造出来，并在独特的历史发展过程中积累、传递、演变成的不同类型和形式的文化。民俗文化是一个国家民族精神的重要载体，是民族文化的主要组成部分。我国民俗文化特色鲜明，斑斓多姿，集中体现在日常起居、生产活动、饮食、服饰、礼仪等各个方面。其多样的表现特征也为“城市家具”设计提供了丰富的设计素材。如改造后的北京前门大街上树立起的“拨浪鼓”造型路灯，使人们眼前一亮。拨浪鼓是宋代商人走街串巷叫卖货物、招揽客人的工具，同时也是我国最传统、最古老的玩具之一，鼓形如罐，双耳较特殊，类似皮条，持柄摇之，皮条抽打鼓面发声。当照明设施被赋予这一造型时，与前门大街这一传统商业街的整体氛围可谓相得益彰，同时也带给人们更多儿时的回忆。整体设计巧妙，使得“城市家具”除基本功能外还具有观赏性，并且形成与人们情感的共鸣（见图7-79，图7-80a，图7-80b）。

图7-76　传统吉祥图案

图7-77　苏州山塘街中商业招牌设施

图7-78　道路护栏设施　苏州

图7-79　民间工艺品——拨浪鼓

图7-80a　以拨浪鼓为原型的照明设施　北京前门大街

图7-80b　以拨浪鼓为原型的照明设施　北京前门大街

图 7-81　巨大的指示牌(一)　澳洲

图 7-82　巨大的指示牌(二)　澳洲

图 7-83　巨大的指示牌(三)　澳洲

三、两种不同状态下的"城市家具"设计比较

城市因人们的使用状态不同可分为交通环境下的城市系统与步行环境中的城市系统。由于运动速度的区别导致了人与"城市家具"之间关系的变化,从而引发了不同的设计思考。

1. 交通环境下的"城市家具"设计

现代城市进入了汽车的时代,最大的特征就是复杂的交通体系。当人们随汽车以 30~60km/h 的速度移动时,人们对城市景观的感知方式完全不同。此时运动感知代替了静止,人的视觉发生了质的变化。交通环境下的"城市家具"设计其主要目的除了作为设施本身功能的发挥外,更重要的是如何通过"城市家具"来提高行车者的安全和保证道路的流畅,还包括如何使陌生的游客熟练地使用城市道路系统。

(1)运动下视觉的认知变化

此处所言的"运动"是指城市车行的运动,而非人的步行。视觉是人们获得外部信息的主要途径。对于静止的视觉来说,人们眼睛所看到的就是全部视觉,但当身处运动物体中时,人们的视觉认知变化则要复杂得多,其变化主要体现在如下方面:

① 视力

一般来说,当车速较低时,人们的辨认距离较远,而车速较高时,人们的辨认距离将缩短。赵晶夫所著《城市道路规划与美学》一书认为这一现象是心理负荷造成的。例如对信息指示标志而言,在车速增加后,原以相同距离可识别的标志则需要加大标志尺寸。

② 动视野

视野是指人们注视一个目标时在头部静止不动时所能看到的空间范围。视野范围内的视力称为周边视力,它能使人感知周围环境、物体范围以及外界物体的运动和速度等等。

在运动时所测得的视野称为动视野。赵晶夫在《城市道路规划与美学》中谈到运动过程中的视野与行车速度有关,当车速增大,驾驶人员注意力集中点前移,视野范围则逐渐变小。试验表明当车速为 40km/h 时,注意力集中点约在 180m 左右。另外,当车速增加时,驾驶员的注意力往往集中于景象中心,此时视野很窄并形成一种"隧道视"的现象,这种隧道视会导致催眠,引起驾驶者出现瞌睡等反应。汽车驾驶者或乘坐汽车的人在道路上行驶时,当车速为 64km/h 时,能看清车厢两侧 24m 之外的物体;而当车速为 90km/h 时,则需要在 33m 以外方能看清,小于上述距离,肉眼就没法识别了。

综上所述,可以看到在运动环境下人的视觉认知在视力和动视野等方面发生了一系列的变化,这些变化将对处在以车行为主的城市环境中的"城市家具"设计产生一定的影响。

（2）交通环境下的“城市家具”设计的特征

交通环境下因速度加快而使人的视觉发生一系列感受的变化，因此，“城市家具”设计既要符合“城市家具”设计的一般要求，又要适应这种变化。通过以上的分析，交通环境下的“城市家具”设计尤其是形态、色彩方面的新特征有：

①“大”

大，已经成为这个时代最时髦的用词，到处可见摩天大楼、景观大道、大马路、大买场…… “大”对“城市家具”来说，是一个较为适宜的选择，因为选择“大”，使“城市家具”的尺度与当前城市“巨构”空间的尺度建立了某种联系，使两者能真实地相处在同一城市环境中，同时又适合了交通环境下的视觉变化的要求。“大”一方面是指大的尺度，例如在主干道上，巨大的灯柱（10 米以上）、横跨道路的巨型指示牌等等；另一方面是指在设计细节上也要“大”，因为过度的细节设计在交通环境下是浪费的。“大”是交通环境下使用的“城市家具”的一个基本特点（见图 7–81，图 7–82，图 7–83）。

②“线性”

“线性”是交通环境下“城市家具”的另一个基本特点。在这里，“线性”一方面指“城市家具”在形态特征上的表现，另一方面亦指“城市家具”在水平或垂直方面具有足够的长度以求得与“巨构”的城市在尺度上有一定的呼应。另外，道路最重要的特征就是“线性”，“线性”指引人流的去向。交通环境下的“城市家具”设计，保持或保留这种线性显得十分重要。在具体设计中这种线性的表现可以是个体的，如候车亭（见图 7–84），也可以是群体的，如照明灯具等（见图 7–85）。当然过度的线性运用会使人们的视觉处于紧张之中，甚至造成疲劳。此时，亦可通过“城市家具”对“线性”做出部分的变动，即增加线性的中断，让人们获得视觉上的短暂兴奋，增加区域的识别性。

③“色彩”

交通环境下的“城市家具”设计，其合理的色彩选样方案，是应对速度提高而带来视觉变化的一个重要措施。色视野是指采用色视标来测定的各种不同颜色的视野范围。一般认为色视野以白色为最大，其次为蓝色、黄色，绿色的视野最窄。从色视野有关资料上可以看出，由于不同的色彩视野不同，交替出现会对眼球产生不同的刺激，因此获得兴奋点。由此可见，交通环境下的“城市家具”设计用色，在力求与城市景观环境整体氛围不相冲突的前提下，应尽量避免使用和背景色差异不大的色彩。另外，尽管许多设计师都喜好红色，但红色视野较窄，应及时和蓝色等视野宽的色彩交替（见图 7–86，图 7–87）。

④“灯光”

灯光是行车者在晚上唯一的引导，也是城市景观环境重

图 7–84　具有线性特征的候车亭　澳洲悉尼

图 7–85　具有线性特征的灯具　澳洲悉尼

图 7–86　市际高速公路跨路桥　澳洲

图 7–87　市际高速公路隔音墙　澳洲

图 7-88　夜间的灯柱　澳洲堪培拉

图 7-89　具有良好视野的坐具布置　澳洲堪培拉

图 7-90　具有空间划分作用的坐具布置　澳洲堪培拉

图 7-91　具有空间划分作用的坐具布置　澳洲堪培拉

要的组成部分。照明设施一般在白天并不发挥功能，但却具备一种类似柱廊的引导作用。而到了夜晚，灯光发挥作用的时候，照明设施自身却“消失”了。因此调整灯光的视觉效果只能通过改变灯光的线性形态或高低来达到（见图 7-88）。

2. 步行环境下的“城市家具”设计

步行环境是相对交通环境而言的，主要包括广场、步行街两种城市公共空间。步行街应商业发展需求而产生，功能也以满足购物为中心而展开，结构较单一，而广场的功能趋向多元，结构较为复杂，可以说包含了所有步行环境下的行为。

据调查研究表明，一个成功的步行环境中的“城市家具”应具备高使用频率和高效率的特点，而该特点的最终达成应建立在对步行环境中人群特征分析和把握的基础之上。

（1）步行环境中的人群行为特征

步行环境中的人群所具有最大的行为特征是“聚集”和“流动”。

“聚集”是城市景观环境所力图营造的景观公共性与交流性的具体体现。通常，在人群聚集的地方我们才能有安全感，并试图和别人交流，同样越多的人群“聚集”才能吸引到更多的人。对于步行环境下的“城市家具”来说，如何形成“聚集”和服务于“聚集”的人群是两个主要任务。一般来说形成“聚集”首先要提供相当数量“城市家具”（例如坐具等），并要使提供的“城市家具”能够在形式和色彩上成为视觉的中心；其次，使“城市家具”的服务半径控制在一定的范围，太远则容易使聚集的人群散去；经过调查研究，可以发现“城市家具”布置区域的边界愈丰富则“聚集”现象愈容易出现；“人性化”的“城市家具”是“聚集”的必要条件；良好的景观和视野是“聚集”的充分条件（见图 7-89）。

人群在聚集的同时，又需要合理的“流动”。比如商业步行街，合理有序的“流动”会大大增加商业机会和经济效益。又如城市广场，合理有序的“流动”起到扩展和延伸城市空间的作用。步行环境下的“城市家具”将起到组织人群“流动”的重要作用。

例如在步行街中，线性、连续的导向设施是使人流有序流动的主要条件。据调查，行人对空间上的阻碍物、地坪铺设形式和材质的强烈变化的反应较为敏感，因此可利用例如小品墙、种植坛、广告牌或坡道等“城市家具”来组织“流动”和清晰地划分限定空间。另外广场中灌木丛和树林中的漫步道亦是组织人流、实现“流动”的有效手段（见图 7-90，图 7-91）。

（2）步行环境下的“城市家具”设计的特征

步行环境下的人群主要特征是“聚集”和“流动”，以上人群行为的实现在于“城市家具”的支撑。因而步行环境下的“城市家具”的设计与布置更多地要考虑到对“聚集”和“流动”行为的支持。对于步行环境下的“城市家具”来说，对以上行为支持主要体现在以下几个方面。

①“坐”

尽管坐是步行环境下的静止状态，它并不是终止步行的状态，而是步行状态的暂停。“坐”对于步行环境来说十分重要，因为在持续的步行状态下，人的交流行为有限且容易疲劳，只有在坐的状态下，人与人才能顺利地交流，因而步行环境也得以扩大，实现“聚集”与“流动”的互动。由此可见，在步行环境中设置可供“坐”的“城市家具”显得格外重要。当然“坐”的形式不一定是坐椅，可以是各种各样的（见图 7–92，图 7–93，图 7–94，图 7–95）。

图 7–92　步行环境中的坐具　澳洲堪培拉

图 7–93　步行环境中的坐具　澳洲堪培拉

图 7–94　步行环境中的坐具　澳洲堪培拉

图 7–95　步行环境中的坐具　澳洲堪培拉

图 7–97　电话亭　澳洲悉尼

图 7–98　信息亭　英国伦敦

图 7–96　电话亭　澳洲堪培拉

图 7-101　指示设施　澳洲堪培拉

图 7-99　地坪图案的导向　澳洲堪培拉

图 7-100　指示设施　澳洲悉尼

② “联系”

“联系”在这里具有两个含义，其一指在步行环境中的“城市家具”设计要统筹考虑或同步设置，其二是指在步行环境中设置用于通信联系的“城市家具”的必要性。随着社会进入信息时代，户外通信设施的设置，如电话亭，能保证在户外环境中的联络。虽然现在有移动无线联网，但户外通信设施对外地游客的帮助还是不可忽视的。户外通信设施一般应安置于人流较为密集的区域，且具有醒目的色彩，并要求在形式上具有继承性，以免使用者不知所措（见图 7-96，图 7-97，图 7-98）。

③ “导向”

尽管处在步行环境中的人不一定具有很强的目的性，但是合理的人流组织或“聚集”或“流动”是必要的，这时导向设施就显示出其重要性。在步行环境中除空间序列的组织能起到导向作用外，地面的铺装，以及“城市家具”——信息指示设施，将起到十分重要的作用（见图 7-99，图 7-100，图 7-101）。

注释：

［1］ 梁启凡编著．家具设计学．北京：中国轻工业出版社，2000：1

［2］ 张斌，杨北帆编著．城市设计与环境艺术．天津：天津大学出版社，2000：33

［3］［日］芦原义信著；尹培桐译．外部空间设计．北京：中国建筑工业出版社，1985：43

第八章　车行系统下城市景观的基本特性

一、车行系统与城市景观

1. 车行系统的含义与基本构成

车行系统是以车行道路为主对各个物质形态构成要素的串联。从系统科学的角度看，现代城市是一个由多种相互作用和相互依赖的空间要素组成，具有一定层次、结构和功能，处在一定社会环境中的复杂的巨系统，是以人为主体，以空间利用为特点，以聚集经济效益为目标的高度集约化的地域空间系统。车行系统则是从属于城市公共空间大体系的一个重要子系统，是按照系统组织方式和原则形成的城市空间体系，是城市中与车行行为活动相关的各种物质形态构成要素之间相互作用、相互联系的总和。从城市景观艺术设计的层面而言，车行系统是由街道、广场、建筑物、车辆停车站（场）、派生场地、绿化带、街道公共设施等组成的线性序列，它在城市中起着联系组织的作用（见图 8–1，图 8–2，图 8–3）。

图 8–1　车行系统　日本大阪

图 8–2　车行系统　美国旧金山

图 8–3　车行系统　日本大阪

2. 车行系统与城市景观的关系

车行系统与城市景观的关系主要涉及内容、构成和形态三个方面。

（1）内容关系

从内容关系上来看，城市景观包含着由车行系统与步行系统共同组成的交通空间体系，而车行系统的各构成要素也是城市景观的构成要素。因此，车行系统作为联系与组织城市景观各要素的组织体系，是城市景观的重要组成部分（见图 8–4）。

图 8–4　城市景观要素的纽带　日本大阪

（2）构成关系

车行系统是以车行道路为主对各个物质形态构成要素的串联，车行系统之所以对城市具有组织联系的作用，是因为街道是城市的骨架，组织着城市的结构，街道不仅具有交通的功能，还具有组织空间的功能。城市景观的各个要素被街道这个纽带联结起来，并以不同的层次、不同的组合紧密地联系在一起。因此，车行系统与城市景观在构成上的关系可归纳为子系统与母系统的关系，它们的构成关系在一定范围内呈同构关系（见图 8–5）。

（3）形态关系

现代交通的方式不但改变了现代都市的运动速度，也改变了城市的形态，创造了新的社会图景。而形态是与运动方式联系在一起的。美国著名城市设计专家培根对于运动方式和城市形态结构的关系有着深刻的研究。培根认为，城市形态和交通形式有很大的关系，例如，步行交通表现出的街道形式容易出现弯曲和随地形变化的特点；巴洛克的直线放射形态，是对马车交通普遍发展的直接反映。城市的运动方式构成了城市的基本结构，而运动方式的变化会带来城市形态的一系列变化。综合复杂的运动系统协调的结果，为现代城市形态提供了新的秩序[1]。因此，车行系统的内在运动机制决定着城市景观的形态特征，对城市景观的发展起着关键性作用（见图 8–6）。

图 8–5　车行系统与城市景观呈同构关系　日本东京

二、车行系统下城市景观的属性

1. 行车观景——对主体行为的分析

（1）行车观景的人

新的交通模式的发展提供了观看、参与、形成环境意象的多种方式，人们以不同的速度、不同的参与和聚焦方式进行观看。与步行人的视点和观看方式不同，行车者对城市景观的体验更具动态性。比如司机以一定的速度透过挡风玻璃观看城市景观环境，其注意力集中在路、交通和任何标识或方向上；而乘客也以一定速度透过玻璃观看城市景观环境，其会比司机拥有更大的视野，因而会对城市景观有着更多的视觉感受。对行车者的分析主要针对车行体验时的感知特点与偏好，主要是视觉感知，以研究城市景观应该如何被设计成适合车行为主的观察者（如快速阅读符号）。当然，这个是以当城市景观环境只能被从车里被观看为假设前提（如城市快速道路的两侧）。而当乘车者和步行人都可以看见时，城市景观环境更应该被设计成偏重于吸引步行人的注意力[2]。人行景观与车行景观、生活景观与交通景观并没有绝对清晰的界限，很多时候它们是交织缠杂在一起的，需要我们以相互关联的思维方式去协同处理（见图 8–7）。

图 8–6　现代交通的方式改变了城市空间的形态　日本大阪

图 8–7　人行景观与车行景观设计的交集　日本东京

（2）人在运动中的视觉分析

车行景观是动态视觉艺术。在城市景观空间里，有各种不同出行目的的人群，在动态的过程中观赏道路两旁的景观，产生了不同行为规律下的不同视觉特点。当人在快速路上的观察是在连续运动中的观察，行车者在行车时所获得的景观感受直接受其视力特性的限制。通常将机动车交通过程中行车观景的人（司机与乘客）的视力统称为“动视力”。因此，探讨行车观景的人的行为，需要对人的动视力特性进行深入研究。当人在运动中想要看清楚什么东西时，就会停下来仔细观察，而走马观花中人只能获得物体的大概印象。研究表明，人的感官适应于感受和处理运动速度在 14~42m/s 以下的对象。如果运动速度加快，观察的细节和处理信息的能力就会下降。同时，不同车速对乘客辨认距离也有很大影响，当车辆以 60km/h 速度行驶时，车内的人可看清前方 370m 处的标志，而车速增加到 80km/h，则辨认距离为 500m。就一个标志来说，当车速加快后，如果以相同距离识别，标志则需要加大尺度；对交通环境而言，当车速加快时，景观元素的尺度也应加大。另外，人的视野也会随着车速的变化而变化。当车速增加时，人的注意力集中点前移，视野范围逐渐变小。注意力集中点和视野、车速关系可见 J. R. 汉密尔顿和 L. L. 瑟斯坦研究总结的注意力集中点和视野、车速关系图（见图 8–8）。车速的变化还会引起人对道路两侧景物的观察变化。实验证明，当车速为 64km/h 时，能看清两侧 24m 之外的物体；而车速在 90km/h 时，则需在 33m 以外才能看清，小于上述距离则无法看清。[3]这些都是快速路城市景观艺术设计中的重要影响因素。总的来说，城市车行系统景观大多具有概括的、动态的、大尺度的特点（见图 8–9）。

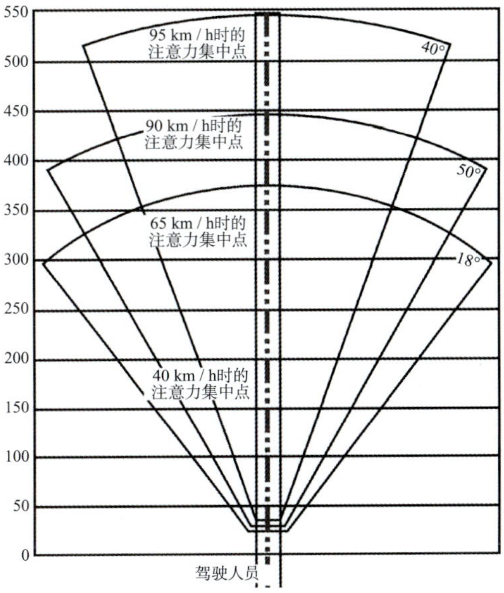

图 8–8　注意力集中点和视野、车速关系图

图 8–9　快速路城市景观　美国萨卡门都

（3）人在运动中的视觉感知特点

依据格式塔心理学理论进行的空间感知研究表明，人的感官在接受刺激时具有组织的作用，能把空间或图形等外在刺激感知为简单的或完整的形态。这种感知具有相似性、接近性、连续性、方向性、封闭性等趋向特征（见图 8-10）。可以看到，人通过视觉感知的物体的完整形象是经过视知觉进行积极组织和活动的结果，是一种具有高度组织水平的知觉整体。另外，视觉感知是人类对外界信息进行的选择加工，具有选择性、补足性和辨别性等特征。

由于人在运动中，视知觉更趋于整体组织与有选择的分辨识别，因而产生了人行车观景不同于静观的最主要的三个感知特点：

① 整体性：在快速行驶中，人的视觉习惯是抓住重点目标，形成整体印象，人对形的感觉有简化及完整化的倾向，因此城市景观空间中的内容既不能琐碎拥挤，又不能过于单调。视野中的目标过多、形状过于琐碎、色彩过于零乱，或者视野中空无一物，都会造成人的视觉疲劳，并引发烦躁、无所适从的心理反应。

② 顺畅性：行车时人的视野既不能受到过多阻挡，也不能一览无余。过于曲折的空间形态或者过于拥挤的空间尺度都会阻碍视线到达目标点，一方面会使人丧失方向感，另一方面也会使人产生郁闷急躁的情绪。而笔直的大街则又容易使人感到单调乏味，失去探索的兴趣。

③ 可识别性：运动中的人会对已存在的城市景观空间的印象进行总结，并对即将产生的印象进行判断和推测。城市景观空间的各个要素要具有引发、诱导、扩张、解释、接应、转变、支配、保留并调节视觉感知的作用。这些要素成为城市景观空间的标识，满足人在动态中的认知要求。动态认知由于速度较快，可以通过一些关键要素来实现，例如，醒目的文字图案标识、鲜明对比的色彩、新颖奇特的造型、高耸的垂直物等。总之，城市景观空间要提供具有特色的信息，加深人们的印象，提高可识别性。

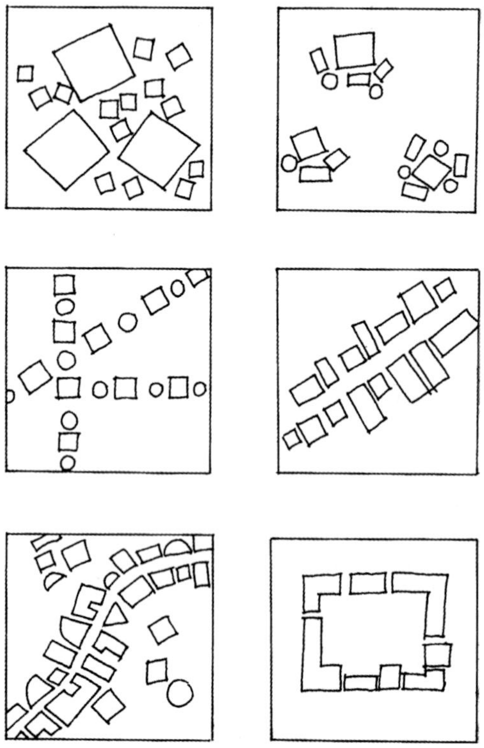

图 8-10　人对空间的感知倾向与组织原理

除去整体性、顺畅性和可识别性这最主要的三个感知特点，人在运动中的视觉感知还具有连续性、延伸性、流动性、波动性和期待性等次要感知特点。人在城市景观空间中的这些动态感知特点，对车行景观空间设计与组织具有积极的引导与启示作用。

2. 车行景观——对客体存在的分析

（1）　车行景观的内在本质

由于车行景观观看角度的限定，使得观察者对景观的观看要求不同于一般的观景，观察者与物体之间，物体与物体之间的关系都发生了相应变化。

① 动态景观与静态景观

动态景观与静态景观主要是针对观察者的观察方式而言的，是相对于观察者对景观是静态的观察还是动态的观察来进行的划分。观察者在一个固定地点可以得到静态景观，静态景观具有画面美；观察者以运动的方式观察，则可看到由一系列画面所构成的连续景观，如在车中或在缆车上观看到的动态景观，具有韵律美。在这里，“动态”作为定语强调的是观察者视觉的运动，城市动态景观通常被看作是一种连续的、概括的印象流。而静态景观则是强调景观的纯观赏性，将观察者的运动因素排除在外。动态景观与静态景观在本质上指的是同样的物质，二者的区别在于运动的介入，也就是由于运动导致的概念分类(图 8–11)。

随着时代的发展，动态景观的动态因素由主体又转移到了客体。人们意识到，景观中几乎所有的构成部分都存在动态性因素，景观的动态因素既包括主体——人，又包括客体——景观，忽略景观客体的“动态性”而一味强调景观主体的动态因素是达不到真正意义上的“动态”的。在城市景观主要构成因素的建筑领域已经发生了深刻的变化，后现代主义引导的追求动态性空间和形式的运动，在建筑表现形式上借鉴了视觉领域的动态构成手法，对空间特征的认识从独立性、中和性和纯粹性向关联性、混合型和动态性转变，并因此出现了动态建筑，或称解构建筑这类建筑形式。这种建筑形式是一种全新角度的建筑探索，是试图通过强化客体自身的动势与运动感，来进一步促进主体与客体的情感互动与交流。城市动态景观的“动态”含义也被赋予新的内涵，“动态”既包含了观者的视觉运动意义，也包含了景观客体自身的动感。“动态”的含义从而覆盖着整个景观，静态景观成为相对意义的存在，动态景观则成为绝对意义的存在。动态景观与静态景观的关系不再是相对应的关系，而是静态景观被包含于动态景观之中。

② 车行景观与动态景观

上述对动态景观与静态景观概念的分析，表明了动态景观与运动的密切相关性，以及动态景观涵盖范围的广泛性。而车行景观强调的正是车行运动状态下的城市景观，因此，就这个意义层面而言，车行景观就是动态景观，研究车行景观就

图 8–11　人流的移动　日本东京涩谷

图 8–12　良好的导向与识别　日本东京新宿

必须对运动的介入予以高度的关注，同时景观客体的动态因素在当代的发展趋势也是不可忽视的，必须从主客双方的互动关系辩证地看待车行景观的生成。

（2）车行景观的功能

正如人们在办公室中布置家具的方式不仅仅是为了形式，而是有助于组织和构造行为方式，车行景观的功能也具有帮助组织和构造置身其间的人的行为活动的作用。车行景观的功能受车行系统的功能影响，以导向、识别、互动、趣味为主要功能，来满足人行车观景的需求。

导向与识别功能主要是依据车行系统的交通功能与空间组织功能，运用绿化隔离带、道路线形、节点设计以及标志建筑物等等一系列空间处理手法，来实现为行车的人提供便捷、高效的行车体验（见图 8-12）。

互动与趣味功能则是依据行车人的运动方式与感知行为，对景观进行相应处理，提高景观的能动性，以配合人在车行运动状态下的观赏要求，从而使行车的人在行车途中获得愉悦的心理感受。

（3）车行景观的构成

车行景观是构成城市景观的各个要素在动态意义上的组合。通常所讲的城市景观构成要素主要还是指静态意义上的，而动态意义上的要素组合则会呈现出强烈的视觉整体性。这是因为人对空间景观的感受与人的运行速度有关，快速行进中的人只能把握物体的外形与色彩等整体感觉，相对于有限空间而言，此时车行景观的各构成要素就不再有明显的时序性，成为共时存在的状态；同时，车行景观作为完整的空间序列，不同构成要素之间的内在联系使各要素成为整体性的视觉感知要素，而不再是可以任意抽取的物质组成要素。因此，研究车行景观既要研究其共时性构成，也要研究其历时性构成（见图 8-13，图 8-14）。

而研究车行景观构成的意义在于：车行景观这个整体是由作为部分的各个要素来共同组成的，正是这些部分的相互交织、相互作用，才形成了丰富而生动的整体，只有对各要素

图 8-13　车行景观作为完整的空间序列　瑞士苏黎世

图 8-14　车行景观作为完整的空间序列　日本东京表参道商业街

进行充分的区分和理解之后，我们才能进而对整个系统获得全面而深刻的感知。

三、车行系统下城市景观的基本特征

前文对观察者与景观之间、景观元素之间的关系分析，反映出人的感知特点、各要素之间相互转化、相互呼应的关系对车行景观的整体意象的影响。以下内容将在此基础上，对理想状态下车行景观的特征进行分析与描述，即当环境符合运动的人的感知特点时，各要素的特征与车行景观的功能相适应时，车行景观应该具有怎样的基本特征。

1. 连续性特征

《马丘比丘宪章》指出："新的城市化概念是追求建成环境的整体性。意思是说，每一座建筑不再是孤立的，而是一个连续整体中的一个单元，它需要同其它要素进行对话，从而使自身的形象完整。"因此，连续性特征在车行景观里的含义是：车行景观是将一系列景观要素组织在一起构成线性空间的序列，不仅要赋予其恰当的功能，还要使其具有形态上的连续性，以产生完整和谐的视觉效果。连续性特征包括视觉的连续性与空间界面的连续性两个层面。

（1）视觉的连续性

人们乘车或步行所见到的景物呈一种线性的、连贯的和移动的状态，即使人站着观看景物，也有一个视觉范围。因此，环境形象作用于人的视觉，会保持一种连贯性，一种延续的、自然而和谐的现象。对于车行景观空间来说，连续性是其空间界面的视觉特征的基本要求。从视觉心理出发，连续的线形是具有"格式塔"完形效应的较佳的形式。城市景观空间界面所具有的强烈的形式感、秩序感以及动人的线性空间美都源于这种连续性。相反，如果连续性很差，空间多次被打断，或缺乏必要的延伸长度，则上述特色必将逊色甚至消失。视觉的连续性有助于强化形式特征，运用连续性原理，能够构成建筑物之间协调的关系和界面的整体性，从而加强整体形态特征与可识别性。这同时也是车行景观的功能需要，城市

图 8–15　连续性的空间界面　瑞士苏黎世

图 8-16　空间界面连续性的不同表现（一）　日本东京表参道商业街

图 8-17　空间界面连续性的不同表现（二）　日本东京表参道商业街

图 8-18　空间界面连续性的不同表现（三）　日本东京表参道商业街

图 8-19　空间界面连续性的不同表现（四）　日本东京表参道商业街

景观良好的连续性会使人获得联系的感觉，人们通常会依赖于这种特性在行车途中进行识别，令人在行车途中感到轻松而不是留下支离破碎的印象，从而能够更清楚地判断自己的方位（见图 8-15）。

（2）空间界面的连续性

连续性是线性空间的共同特征[4]。车行景观的连续性特征是一种时空的连续，包括一般意义上的形体构成连续和时间梯度的连续两个方面。表现在城市景观空间的形态中，则指共时性要素的形态连续与历时性要素的视觉连续，比如景观界面有节奏的重复、天际轮廓线的连贯、新旧建筑立面的和谐、色彩和尺度的连续等（见图 8-16，图 8-17，图 8-18，图 8-19）。

① 尺度的连续。同一空间领域或地段的建筑界面应保持同一的尺度，惟此，整个空间的尺度才易于感知和把握。尺度连续是界面连续的一个重要方面，人们无形中会把同样尺度关系的物体组合起来感知。

② 轮廓的连续。垂直界面的轮廓线是一个突出的视觉特征，是界面连续得以体现的另一个重要方面。轮廓线连续表现在两个方面：高矮长短的一致和特征形状的统一。当高矮悬殊、形状迥异时，必然丧失界面的整体连续性。轮廓连续的重要程度同人的观察视角及空间的形式有关，如果界面的整体高度在特定的空间中超过了人的正常垂直视角，轮廓线的作用将不再重要。

③ 间距的连续。一切连续都应首先诉诸距离的连续，人眼从一处扫视到另一处，视觉总是连续的，它要求界面应相互靠拢，间距不能太大，以此来增强结构的整体，否则，连续的因素将减弱，使结构松散，缺乏凝聚力。相对地讲，相似的且有吸引力的界面之间的距离可稍远一些，相反的应靠近在一起。

④ 素材的连续。在不同景观要素的表面，有许多共同的构成素材，如色彩、材料、质感、线脚、建筑门窗洞口等。这些素材以一定的方式重现将有效地表现界面的连续感。

⑤ 形式的连续。景观空间界面常有突出的视觉形式。如建筑的檐口线、屋顶形式、独特的装饰母题以及虚实体感等。它们都是最

能抓住视线的因素，如不断重现，可达到事半功倍的效果。

⑥ 韵律的连续：同一或相似的景观空间立面以一定的间隔重复出现，会呈现一种韵律式的连续，如沿街的住宅、办公楼、构筑物等。同时，它们的间隔不宜太大，并以体量大小、人的观察方式为参照。

2. 普适性特征

车行系统不仅是各个物质形态要素的构成体系，而且是多个运动系统同时并存的更大系统。车行系统的这种复杂性必然也会作用于车行景观，各种运动方式和运动速度的同时性，要求车行景观的结构形态能够反映同时发生的不同的运动系统。正如培根认为："每个系统的正确设计必须联系运动的速度和周围环境的一般性质，快速路系统要求自由流畅的形式和曲线以及间隔宽阔的网络划分，以求与快速车辆运动的韵律一致。此外，步行运动系统还要求情趣变化和急剧变幻的印象。这可以通过频繁使用焦点和标志性的目标——或是通过一系列有确定的视觉终端成不同角度的短的段落而达到。……当面临制订一个城市大范围开发设计的问题时，明智的办法是从一开始就细致地研究基本的运动格局，以便在个相当有节制的规模上开始建立建设性的有目的的运动系统。然后，对这个中心的现象进行观察和开展设计——这样同时运动诸系统之间彼此相互影响的概念将更为清晰"[5]。因此，从整体设计的角度来讲，车行景观应具备普适性特征以满足同时运动诸系统的不同需求。

（1）景观与不同运动速率的适应性

人们感知车行景观空间的经验是基于一系列不同运动速率、不同运动方式的运动系统所形成的。即便是在同一条街道上，仍然存在着运动速率的差异，比如路面分流将机动车、自行车、行人在同一路面通过设置交通警戒线、隔离栏、分车绿带、路肩、隔离栏等手段进行分离（图 8-20）[6]。车行景观

图 8-20　路面分流与分离　美国旧金山

图 8-21　可识别性强的界面（一）　日本东京表参道商业街

图 8-22　可识别性强的界面（二）　日本东京表参道商业街

的假定观察主体虽然是乘车者，但是即便街道上的步行人与行车者是分离开来的，他们看到的街道两侧的景观却是同样的，而且即便是行车者也不可能都保持同样的运动速率。车行景观要在优先考虑行车者的视觉要求的前提下，创造出各种形式，同时适应不同的运动速度和不同的感知程度，使不同运动速率的人都能同样感到满足。

车行景观对不同运动速率的适应性主要通过建筑控制来实现。城市主次干道往往尺度较大，其街道立面大多由住宅、公共建筑及其他建筑物形成。这就意味着街道两侧界面的尺度与体量也应随之加大，注重轮廓线和大的形体的变化。在街道的建设中，街道两侧界面的统一性也应予以考虑，建筑的界面应尽量拉齐，随意的前凸或退后都会破坏街道空间的围合感。建筑高度、立体轮廓和立面风格的均衡性，能使干道在布局方面具有严整性，使人印象深刻。而主次干道上最常见的公共建筑，比如商业建筑，则可以通过其立面的细部设计来满足步行人的观看要求，如丰富多彩的橱窗展示、别具特色的门，相对于慢速运动，能够极大的增强景观的耐读性，提升景观的可识别性（见图 8-21；图 8-22）。

（2）景观与不同运动空间的适应性

街道不仅是统一连续的，而且具有方向性。正如凯文·林奇所说"事实上，街道被认为是朝着某个目标的东西，因此应用明确的终点、变化的梯度和方向差异在感受上支持它"。一般地，在城市总体规划中已确定了城市街道的走向、方位与线形方式，不同线形的街道构成了不同的线性运动空间，因此相对应地会对其空间界面的形态提出不尽相同的要求。基本的街道线形方式有以下几种：

① 直线形

直线形街道是城市中最常见的一种方式，其特点是方向性强，交通顺畅。街道本身具有强烈的线条，将人的视线引向前方的地平线。对于这种方向性的外部空间，应该在街道尽端设置有吸引力的内容。如果街道的尽端什么也没有，其空间由于扩散而难以吸引人、留住人，空间质量则会下降。相反，当尽端有目的物或吸引人的内容时，街道线性空间的中部也易使人产生兴趣。运用直线形街道组织端景，处理好两侧的界面，可以获得震撼的景观，并使之成为城市轴线。街道对景或侧面的标志物往往成为直线形街道运动流线的引导，当街道与广场相交接时，这时竖向标志物又成为空间转换的转动轴（见图 8-23）。

② 曲线形

有方向性的道路不一定是笔直的，它的方向也不一定是一个较大系统的基准。对行人而言一些未经校直或具有微妙曲线的道路常常会产生有趣的效果。由于道路的方向转折避免了视线的无限延伸，从而使线性空间产生亲切感。曲线形街道呈现出一种流动感，易于产生变化的景观来增加街道空间的趣味性，这种线形的街道是一种最生动的形式。街道空间界面，构图自由流畅，景观丰富多变，生活气息强，对景显眼，并易于对空间起控制作用。但弯曲处两侧的界面设计应暗示出街道的方向性，除了起到封闭视线的作用外，还应吸引人进入或绕行该处被围合的空间（见图 8-24）。

③ 折线形

这种形式的街道空间在表现某种方向性的同时，又增加了空间的围合感，使空间得到限定，打破了直线形街道的单调。折线形街道可通过界面与街道的原来走向成一定角度而形成。对方位作一系列变化，从几度角到直角为止，通常界面的变化使街道的改向更为突然和直接了当（见图 8-25）[7]。

（3）景观与不同运动主体的适应性

城市是人类聚居的场所，人们的背景、职业、阶层和个性是多样化的，因此每个人的需要也是多样的。每个人的不同需要导致了个体的行为差异，使不同的人在组织城市的方式上、在所依据的构成要素方面、在所乐意接受的形式方面都呈现出不同的特点，而且这些特点还会因时因地的处于发展和变化之中。比如，一个人由空间界面的曲线识别一条街道时，另一个人可能会通过其独特的细部和色彩来识别；而同一个人白天可能是由界面的形状来识别一条街，晚上又可能是由照明来识别。人的思想与行为的多样性和复杂性体现为有时既可以是有意识的、目的性很强的活动，也可以是无意识的、随机性的行为。运动主体的多样性决定了车行景观的形态也要具有多样性、包容性和可选择性，通过提供丰富的内容和形式以使人们不断获得新的感觉，获得多种选择的可能性，以适应于人们各自特有的观察外部世界的方式。

事实上，这里提到的普适性是从宏观层面而言的，一个普适的微观空间布局模式并不存在，因为景观空间的丰富性和多样性决定了空间结构的多元化，只有从空间本身与人的需求出发来进行规划设计，才能形成完整、多元共生的城市车行

图 8-23　直线形街道　意大利米兰

图 8-24　曲线形街道　意大利米兰

图 8-25　折线形街道　意大利米兰

景观空间格局。

3. 层次性特征

车行景观的层次性特征，是指城市景观纵深方向的变化，主要体现为由人与景观的距离形成的多层次空间、由诸要素的组织关系形成的多层次空间。清晰的层次结构易于形成清晰的空间认知层次，便于行车者在运动中把握空间形态的特殊性，产生良好的方向感和认同感，构成系统的空间环境意象。

（1）由人与景观的距离形成的多层次空间

由人与景观的距离形成的多层次空间，是指远、中、近景。快速运动时近景通常只是走马观花的印象，而中远距离的观赏则变得更为重要。视线关注于建筑物的造型特点及整体天际轮廓线的感受，而近处的东西往往是一闪而过。因此，车行景观空间中应该弱化近距离的事物以使人获得稳定的视觉印象，尽量避免杂乱无章给人眼花缭乱的视觉冲突，使中远距离的观赏受到干扰。但是，正如普适性特征里提到的一样，仍然需要近距离的景观为慢速运动的人服务，因而单纯采取弱化近距离的事物是不可取的，要一定程度的兼顾慢速运动的人的视觉感知需求。目前比较好的解决方式就是采用道路分流的形式，通过不同性质的道路来承担不同性质的交通，使道路的空间地位明朗化，形成针对性的城市景观设计，在不同景观尺度的层次上建立起与建筑、自然的整体关系。这样的景观体验往往与观赏者的观赏方式、角度、距离、速度相对应，可以最大限度的满足不同速率观者的观赏需求，形成富有层次的多样化的景观体验（见图 8–26，图 8–27）。

图 8–26　满足较低速率观赏需要的城市景观　日本东京涩谷

图 8–27　满足较高速率观赏需要的城市景观　日本大阪

（2）由诸要素的组织关系形成的多层次空间

除了由距离形成的城市景观空间层次，还可借助城市建筑学理论，按照对城市景观空间诸要素关系的组织来划分城市景观空间层次。城市建筑学研究的是以建筑与环境为主体的物质空间设计，即对空间诸要素关系的组织，也就是对空间环境关系的合理安排。从建筑生态环境出发，城市建筑学将城市比作人的肌体，从五个要素方面即轴、核、群、架、皮对城市进行研究，这是一种直观的、具形的、有机的观察与研究方法。依据这五个概念层次性的特征，以此为出发点，齐康教授提出了城市景观空间分层次整合的内容框架，将城市景观空间分为三个层次，即整体景观空间、线性区域景观空间和单元景观空间。[8]这种层次划分可看作是点、线、面的空间层次关系。点、线、面空间三要素，它们不仅具有方位、距离和范围等方面的几何规定性，而且具有不可缺一性。点、线、面要素的层次组合，能够使城市景观艺术设计贯穿于城市规划的各个环节之中，从而可以形成一个整体高效的景观网络系统。

按照该理论来理解，则车行景观空间可以分为网络景观空间、线性景观空间与单元景观空间三个层次，而线性景观空间是车行景观层次组织的焦点。从空间的角度看，点与点之间的联系就形成线，线与线形成网络，而点线在面上的有效组合形成系统。当然，车行景观的这种层次性特征是概括性的总体景观，无法通过视觉获得完整的印象，但是各层次彼此之间以及与周围环境之间的空间关系，能够作用于人与景观之间的视觉关系，从而对人的车行体验产生影响。运动中的人可以通过对行程中某些点的感知，进而感知到线，再由此线流向彼线，从而感受到网络的存在。对这三个层次的空间关系的全面规划，就是对车行景观系统内诸要素的关联性处理，可以产生完整而协调的车行景观体验（见图 8-28）。

图 8-28　多层次的城市景观空间　美国洛杉矶远眺（引自 http://image.cn.yahoo.com/search）

4. 动态性特征

车行景观作为动态景观，其动态性特征是不言而喻的。鉴于“动态”一词含义的多义性，前述虽在分析动态景观与车行景观的关系时，对动态含义的变化作过简略的分析，但在这里有必要对动态一词的词义衍生做进一步阐释，以明确车行景观动态性特征的范畴。

（1）动态的多义性

“动态”的本义是事物发展变化的过程(《辞海》)，这是名词词义；而以“发展变化”为主线来进一步引申的话，它又可以理解为“活动的，有延续性的”等形容词词义；再衍生下去又可以理解为“有生命的，有机的”，等等。

这里所指“动态”的衍生义主要是指“动态”在设计领域的意义衍生。“动态”在设计领域的意义衍生主要是由视觉艺术领域到建筑领域再到景观领域的，这样分类说明并不表明它们三者之间有绝对的界限，也不是说它们呈单纯的线性发展过程，而是因为它们三者之间的内在关联性共同促进了“动态”的多义性，“动态”的词义发展在这三个领域之间具有交织夹杂的特征。

在视觉领域，“动态”主要是指视觉动力学中的动态力（dynamic force），它是用来表示存在于构图中的“力”，或者说是一种“内能”，一种“张力”。自文艺复兴以来，在视觉艺术领域一直广泛地使用静态几何系统的手段来描述自然空间的现行透视系统，静态几何系统的“单眼”几何学排除了对物质环境的感受，排除了通过亲身感觉去理解空间和空间中的形态，它的逻辑方法和执行过程包含在一个固定的视点内，从而凝固内心视觉领域进入静态环境，而不是动态环境。为了在视觉领域创造动态力的关系，很多艺术大师开始利用线性关系来造成空间感(动态构成手法)，画面空间的各构成要素聚集在一起形成结构关系，线的长度、宽度、倾斜角、与画面空间外框有关的线的位置，所有这些都是影响画面空间运动的因素，甚至画面空间本身的改变也必伴随着一定的动态潜能。由于结构关系中动态力量的存在，产生出一种基本“情调”的

图 8-30 “动态”建筑(一) 日本东京表参道商业街

图 8-29 “动态”建筑(二) 日本东京表参道商业街

感觉，一种感情的力度，比如“运动的，动感的，向上的”。这些情感都可以通过运用这样的结构关系来表现，同时观众能够在这样的结构关系中对空间总体流动的经验进行转译，从而成为构成一个整体视觉形象必要的组成环节，参与了艺术家们的活动和反映[9]。因此，视觉领域里“动态”代表了“动态力、运动、动势、互动”等意思。

“动态”在建筑领域的意义衍生，主要源于后现代主义追求动态性空间和形式的运动，这个运动引导了一种全新角度的建筑探索，对空间特征的认识从独立性、中和性和纯粹性向关联性、混合性和动态性的转变，在表现形式上借鉴了视觉领域的动态构成手法，并因此出现了动态建筑，或称解构建筑这类建筑形式（见图 8-33，图 8-34，图 8-35）。动态建筑的一个关键特征就是通过系统化地关联各个设计要素来创造出人、空间和事件之间的动态变化关系，推崇当代生活中动感、不定和多样化特征的价值，创造出一种能与使用者所处文化历史和地理环境互动关联的空间与场所[10]。因此，“动态”在建筑领域既是表示建筑设计动态构成手法的“动态”，又是反映一种在环境上与周边文脉高度呼应、在社会上与周围群体高度互动、并在美学上充满动态的建筑观念的“动态”。它的含义复合了后现代主义的形式话语“分解、错位、变构、移植、颠倒”，以及“交互的，结构的，不稳定的，灵活的，开放的，不可预测的，有机的”这样一些设计理念（见图 8-29，图 8-30）。

动态景观原本是针对观察者的运动而言的，在这里，“动态”作为定语强调的是观者视觉的运动，城市动态景观仅被看作是一种连续的概括的印象流，而忽略甚至抑制了景观客体的“动态性”。随着景观理论与实践的进一步发展与完善，“动态”的含义逐渐覆盖了景观主体与客体，动态建筑的出现更使得景观领域开始关注景观客体本身的能动性，“动态”的含义就上升为人与景的交流性、互动性，人与景观的某种共鸣，人与景观物我两忘而相融的至高境地（见图 8-31）。

景观作为一个与人交互的“界面”，是一门综合的艺术，它既包含着视觉领域的二维动态特征，又体现着建筑领域的三维动态特征，再加上景观综合了人以及其他的相关因素，景观最终体现出来的是多维的动态特征，也就是说动态景观的“动态”具有三个领域叠加起来的多重含义。因此，由视觉上的动态感知引起的车行景观的动态性特征应包括运动的、具有活力的、交互的、发展渐进的，等等表征，而这些表征可以集中概括为“动态”的能动性含义和可持续性含义。

（2）能动的景观

为了能够与人产生良好的互动关系，车行景观自身的能动性也是不可忽视的。除了上述提到的动态建筑，车行景观的能动性还可通过提升街道界面的流动性、节奏感来得以加强。绝大多数街道在视觉上都是动态的，有着强烈的动感。

图 8-31　城市街道鸟瞰　温州

街道的线性特征可以被改变，从而使之或多或少具有动感。例如，强调建筑立面的垂直感以减弱街道空间的水平流动感，来延长视觉的停留时间，因为水平方向的建筑和水平街道的结合会导致过度的水平感，而过于强烈的水平线会造成眼睛停留时间相对较短，从而使视觉趣味较少；强调水平方向线条以增加空间的水平流动感，来突出主体，引导视觉流向；还可运用同样的原理，通过“城市家具”设计来减弱或加强街道的线性特征；运用不规则的天际线减缓视觉顿挫，通过凹凸来削弱透视感，使空间变换为一些离散的片断或“情节”；或者打断空间流动的特定因素（例如街道尽端的特征）来创造动感，等等，以增加视觉趣味性，吸引人的视线，从而对人的运动产生引导作用（见图 8-32，图 8-33，图 8-34，图 8-35）。

（3）渐进发展的景观

城市从产生的第一天起，就处于不断变化的状态之中，其景观空间的格局也在不停的发展演化。城市景观空间形态的

图 8-34 具有趣味性界面设计（三） 日本东京表参道商业街

图 8-32 具有趣味性界面设计（一） 日本东京表参道商业街

图 8-33 具有趣味性界面设计（二） 日本东京表参道商业街

图 8-35 具有趣味性界面设计（四） 日本东京新宿

发展演化既是一个历史的渐进的过程，又是一个不断创新的过程，且其发展演化并不存在终极目标。对变化的忽视，不仅无法回应不可避免的历史变迁，而且无法进行改善。街道作为决定城市基本结构的要素，必须拥有能够发展的结构。车行景观也因此成为具有生命力的开发模式，具有稳定性和延续性特征，以及适应变化的能力。所以，城市景观艺术设计不能光是着眼于现在，而是要基于历史文脉，留出空间、留有余地，考虑到景观的后续发展，进而组织空间，并进一步创造空间，适应现在和面向未来，在过去、现在与未来之间建立一个链接关系，通过不断创造和变化的创新行为建成空间结构的活力和弹性。

5. 可意象性特征

意象是个体头脑对外部环境归纳出的图像，是直接感觉与过去经验记忆的共同产物，可以用来掌握信息进而指导行为[11]。凯文 · 林奇把认知地图和意象概念运用于城市空间形态的分析和设计。他进行了大量的城市设计实践以及多年的观察和调查，对波士顿、洛杉矶和泽西城三座城市作了分析，将城市的意象归纳为道路、边界、地域、节点和标志五大要素。

凯文 · 林奇认为市民就是通过这些要素去辨认城市的风貌特征的。认知意象对城市空间环境提出了两个基本要求：易识别性（Legibility）和可意象性（Imaginability）。前者是后者的保证，但并非所有易识别的环境都可导致意象性。可意象性不但要求城市环境结构脉络清晰、个性突出，而且应为不同层次、不同个性的人所共同接受。可意象性对人的主体性予以很大的重视。

对于车行景观而言，可意象性主要是指景观的可读性与景观意象的整体感知。

（1）景观的可读性

我们在前文谈到，景观不仅仅是自身存在的事物，而且是由主体感受到的景观。因此车行景观表面的清晰或是“可读性”，无论在实践上还是情感上都非常重要。在行驶探路的过程中，起决定作用的是环境意象，一个清晰的意象可以使人方便而迅速的行进。人通过在运动中的环境心理体验——感知，而逐渐形成和深化环境意象。对城市景观空间形态的把握使行车者产生方向感，而城市景观空间特质的感知则使行车者产生认同感。对行车者来说，城市景观空间

图 8-36　具有良好识别性城市景观空间　美国圣迭戈

图 8-37　具有良好识别性城市景观空间　美国旧金山

图 8-38　具有良好识别性城市景观空间　丹麦哥本哈根

中的主要标志物、区域、节点和道路在各种不同的状态下均应可以识别。一个好的环境意象在于它的街区、标识物或是道路应该容易辨明,能够使行车者在情感上产生十分重要的安全感,从而在景观主体与外部环境之间建立协调的关系(见图8-36,图8-37,图8-38)。

(2)景观意象的整体感知

景观意象的整体感知是指景观意象由于主体的运动而成为连续感知中的整体。因为景观意象是以动态的方式组织在一起,各部分之间通过一定的时间顺序(有时时间很短)相互连接,这是一个连续的结构,展现的是各部分之间的相互关系。林奇对意象五个要素的分类只是为了便于分析和阐释,只有这些要素相互交织,编组成为一个整体时,才可以形成生动的意象,最有价值的意象是最接近整体感知的意象。因此,对车行景观的形态处理就应该具有一定的连续性。因为视觉的连续性有助于强化形式特征,可以加强整体形态特征与可识别性。

上述从宏观层面分析了连续性特征、普适性特征、层次性特征、动态性特征和可意象性特征等五大层面的车行景观基本特征。除此之外,车行景观还应该具有多样性、开放性、可识别性等特征。这些特征之间具有交叠重合的关系,它们之间存在着相互影响、相互转化的作用,以及由此及彼的关联,比如车行景观的连续性特征也体现与强化着动态性特征,层次性特征也反映着普适性特征,而普适性特征又要求着多样性特征,这些特征的主旨又在于强化车行景观的可识别性与可意象性。

注释:

[1] 刘捷著.城市形态的整合.南京:东南大学出版社,2004:48
[2] [英]Matthew Carmona, Tim Heath, Taner Oc, Steven Tiesdell 编著;段进译审.城市设计的维度.南京:江苏科技出版社,2005:130
[3] 孙明,薛志鹏.城市快速路的景观特性及其对城市景观的影响.北京建筑工程学院学报,2002,18(1):39
[4] 齐康主编.城市建筑(第一版).南京: 东南大学出版社,2001:167
[5] [美]埃德蒙·N·培根著;黄富厢,朱琪译.城市设计.北京:中国建筑工业出版社,2003:35
[6] 金俊著.理想景观.南京:东南大学出版社,2003:124
[7] 韩勇.城市街道空间界面研究[硕士学位论文].合肥工业大学,2002:60
[8] 金俊著.理想景观.南京:东南大学出版社,2003:91
[9] [英]莫里斯·德·索斯马兹编著.视觉形态设计基础.上海:上海人民美术出版社,2003:61
[10] 施国平.动态建筑——多元时代的一种新型设计方向.时代建筑.上海:同济大学出版社,2005:126
[11] [美]凯文·林奇著;方益萍,何晓军译.城市意象.北京:华夏出版社,2001:3

第九章　城市公共空间使用后的评价方式

一、城市公共空间使用后评价方法的建构

评价方法是影响评价结果的决定性因素。城市公共空间使用后评价必须有完善坚实的方法体系，遵照系统、科学的程序和原则进行，才能对复杂的环境进行正确有效的评价，从而解决现实问题。

通常来说，整个方法体系的内容包括三个层次：方法论、学科的一般方法和具体的技术与方法。按照这种层次关系，结合城市公共空间自身的特点，将城市公共空间使用后评价方法的层次关系整合如下：第一层次，即方法论——评价方法模式，包括量化与质化；第二层次，学科一般方法——研究设计法，包括评价方法模式的选择、评价的具体方式构成（涉及空间方式与时间方式）；第三层次，具体技术与方法，包括评价因素构建方法、数据采集方法、数据分析方法，以及评价质量的评估方法（信度与效度）。

1. 方法论——评价方法模式

方法论即为评价方法模式，它是在大方向上影响主体选择的研究方法，具有宏观指导作用。它不等于具体的评价方法，而是使所有具体评价方法均受其影响的、正确而科学的原则。

近年来，对城市景观的评价方法模式层出不穷，但主要可归纳为以下几种：详细描述法、公众偏好法和量化综合法。其中详细描述法包含生态模式和形式美学模式，公众偏好法包含心理模式和现象模式，量化综合法包含心理物理模式和成分代用模式[1]。对这三种方法中的六个模式总结后可将其分为两大类型：一种是侧重于由个人或群体对环境质量进行主观的非量化（质化）研究[2]，另一种是通过对环境的物理特性进行理性分析研究得出的客观量化评价研究（见表 9-1）。

通过以上分析比较，我们发现量化与质化的评价模式各自都存在自己的弱点，同时两者之间的差异性体现了两者在一定程度上的互补关系，因此目前的发展趋势是重视量化方

表 9–1

方法论	特点	优点	缺点
量化评价模式	演绎推理逻辑过程	标准性、系统性、操作性、可靠性强	系统僵化,数字较抽象,缺乏情感因素
质化评价模式	归纳推理逻辑过程	灵敏度高,表达方式多样化、形象化,真实性高,易于把握,复杂性、模糊性	不易标准化,实用性差,难于量化,可比较性差

法与质化方法的结合,多种模式之间相互交叉、相互补充、相互模糊,综合形成新模式、新方法,运用到实践中去共同解决问题。

2. **研究设计**

研究设计是指基于一定的趋向,设计若干评价的研究策略,以最佳的办法达到研究目的的过程,是评价实施与成败的关键,其本质上是一个控制各种评价方法和研究策略之间平衡的过程[3]。通俗地说,研究设计就是对评价的具体方式、实施过程的策划,解决选用什么方法以及如何操作的问题。它主要包括三个方面:评价方法模式的选择、评价的时间方式及空间方式,其中评价方法模式的选择是核心。

3. **具体技术与方法**

在整个评价方法内容体系中,具体的技术与方法占有重要的篇幅。没有这些技术,评价始终不能付诸于实践,得到真正的展开。具体技术与方法主要包括以下几个部分的内容:评价因素的构建方法、数据采集方法、数据分析方法以及评价信度与效度的测量方法。这些技术与方法的选择始终围绕方法论——评价模式的选择展开,即采用量化与质化的技术相结合。量化的具体技术与方法是指利用科学测量的方法收集环境系统的数据,运用数学分析方法得到结果,建构评价指标体系是它的中心任务;质化方法是以灵活自然的方式整体的收集现场资料,以定性的分析法对环境现象、行为实践的过程进行动态描述(见图 9–1)。

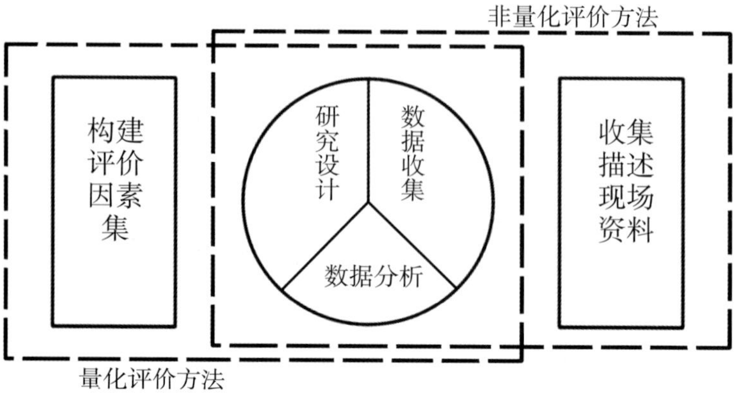

图 9–1 评价方法具体技术结构图

（1）评价因素构建方法

构建评价因素，是整个评价过程开始的基础，是评价方法中首要、核心的步骤，整个评价的过程都依赖评价因素的构建。

（2）具体的评价数据采集方法

目前主要的数据采集方法有问卷法、访问法、观察法、量表法、文献法、图像测验法等，也可以划分为量化与质化两类。数据采集方法的选择，在很大程度上决定于评价研究的内容目标和深度，以及所评价环境的类型，另外还与评价开展可能深入的程度、所具备的主客观条件有关。针对某一个评价项目，可能有最适合的方法，但没有唯一的方法。这种最适合的方法不是指一种具体的方法，而是几种数据采集方法的组合，因此重要的任务是找到数据采集方法的适宜组合。

对于城市公共空间使用后评价，选取数据采集方法时，应遵循以下的原则：量化和质化相结合，以量化的数据采集法为主，以非量化的数据采集法为补充；．提问方法与观察方法相结合；至少有一种现场研究方法；以量化方法中的问卷法为主要方法，结合文档法、行为测量法、参与性观察法等方法；宜在城市公共空间这一环境中展开。

从方法论角度归纳，一类是量化的方法：问卷法与量表法，行为测量法（系统性观察）；

一类是质化的方法：自由访谈法，行为测量法（参与性观察），以及介于两者之间的方法（文档法）。

① 问卷法

问卷法是统计调查法中的核心部分，是目前国内应用最广、实用性最强、最规范的调查方式。它是指将事先拟定的所要评价的问题列成问卷，交给使用者回答，通过对答案的分析和统计研究，得出相应的结论。

问卷式调查的实施主要有封闭自填式和开放访问式。问卷法的核心问题是问卷设计，主要包括两个内容：一个是问卷题目，问卷题目的直接根据是评价因素集，因此构建较为完整的评价因素集是其前提；第二是选择量表测量形式，量表就是利用存在于变量指标之间逻辑的和经验的强度结构，它是一种可以重复使用的测量标准化工具[4]。量表有多种形式，目前最行之有效的量表主要有李克特量表法与SD量表法（语义差异量表法）。李克特量表的基本方式是由一组对环境主观评价的陈述项目组成，回答采用标准的样式分成5种顺序的强弱结构（从正到反），也可分成7级或者9级，再给正反态度赋值，如很好、较好、一般、较差、很差分别对应1、2、3、4、5。语义差异量表法用一对形容词分别评价项目特性的两个极端，在两个极端之间分成5个或7个等分距离，代表态度的趋向并按递增顺序排列，如少、较少、一般、较多、多，最后再给这个评定尺度添加数值评定。此方法在使用时最好有专业人员进行指导。

② 行为测量方法

行为测量评价法是根据环境心理学中的“环境——行为理论”,研究环境中人的行为,并推断环境设计与人的内在需要的适应性,从而对环境做出评价。用行为测量法搜集数据主要有两个途径:

A. 量化的方法——系统观察法。具体观察工具有行为核查表、行为地图、照片分析法等,在具体运用时最好同时采用两种工具,以保证数据的质量。

行为核查表:在详细行为分类的基础上形成行为核查表,进行系统观察,统计行为发生的频次。

行为地图:行为地图是利用环境场所的地图或设计平面图进行系统观察的环境行为研究技术,它可以描述空间被使用的状况,收集行为发生的内容、时间、频率、地点等信息,并将数据按预先设计的时间间隔记录在平面图上,形成行为轨迹。

照片分析法:利用相机间隔时间取样,以内容分析法统计照片中的行为数据,可作为客观、全面、生动的实物资料。

B. 质化的方法——参与性观察。主要指现场自由观察,体验场所气氛、全面了解场所特征,从场景整体的角度去理解和叙述特定行为场景中的行为模式,通常在探索性研究阶段完成。

(3)具体的数据分析技术

数据收集完的下一步即数据分析。数据分析方法也分为量化分析法和质化分析法。

① 量化分析法

以量的研究法分析收集到的数据主要有两个部分,一是问卷数据分析,一是行为测量数据分析。

A. 问卷数据分析

严格的定量分析应进行指标的独立性和相关性两个部分的分析。其中,独立性分析主要是描述使用者对环境的评判,揭示评价空间的现状情况,具体采用平均值分析技术;相关性分析是对评价指标的权重分析,是核心部分。

平均值分析是最基本的分析工作,这里的平均值即算术平均值,它可以精确反映样本的集中趋势。但另一方面,用平均数作为样本的代表,还引入一个表示资料中观测值变异程度大小的统计量——标准偏差值[5]。因平均数代表性的强弱受样本资料中各数值变异程度的影响,如果各数值变异小,则平均数对样本的代表性强;如果各数值变异大,则平均数代表性弱。因而仅用平均数对一个资料的特征作统计描述是不全面的,标准偏差值是反映样本内各个变数与平均数差异大小的一个统计参数。

相关性分析——评价指标的权重分析的方法将在下一部分的内容中详细阐述。

B. 行为测量数据分析

行为测量数据的分析以统计各类行为的频率计数为核心。分析时需考察以下内容，如公共空间的核心使用方式，实际使用情况与原设计期望矛盾的地方，成功的、不足的空间区域等等。

② 质化分析法

以质的研究法收集到的数据，大都以文字和图形描述环境的状况及行为与环境的关系，主要是观察记录、访问笔记、照片等形式的资料。这些资料外延很广，且无固定格式规范。质化分析尽管很难得到量化结果，但目前的趋势是结合量化方法尽量做到客观、系统。从具体的操作来看主要指内容分析法，以归纳逻辑为主，是对资料的简化、描述、分类、综合和归纳并最终形成规律性的认识过程，通俗地说，即从文档或行为中发觉使用者的价值观和需求，以及这些内容的效果和影响。

（4）评价质量的评估方法：

在整个评价方法的选择、操作过程中，贯穿其中的一个至关重要的考虑因素是对评价研究质量的检测，即对信度与效度两个最基本的指标的研究，这是评价结论成立的前提与保证。

信度的评估：指评价的可靠性，具体指两次利用同一评价工具或方法实施测量时数据结果的一致性。影响信度的因素有：被试者异质性程度，问卷数量、难度、评价系统误差等。

效度的评估：指评价的有效性，也可以理解成真实性和准确性，即评价在何种程度上得到了所要了解的环境信息或达到某种研究目的的程度，主要与评价中的操作技术有关。效度是多层面的，包括：内容效度[6]，测量指标与评价目标的一致性；准则效度，用另一种不同以往的测量方式对同一对象测量时，将原方式作为准则，将按新方式测量的结果与之比较，如果效果相同，则具备准则效度；理论效度[7]（建构效度），评价变量间存在关系的明确程度。影响效度的因素有：项目内容与目标的关联性，评价方法的选择（方法的多元性），被试者的主观因素，被试者异质性程度等。

在城市公共空间使用后评价方法中，无论是方法论还是具体的技术都提出了量化方式与质化方式的结合，这正是为了提高评价方法的可靠性与有效性。

二、城市公共空间使用后评价因素分析

这部分将对城市公共空间使用后评价方法体系中最基本、最重要的一个步骤——评价因素集的构建进行较为详细、深入的研究和分析。

1. 评价因素构建的相关理论与方法

构建评价因素，就是确定评价测量指标的过程，因此，评价因素集即评价指标体系是整个评价过程开始的基础，对评价结果具有决定性作用。整个过程通俗的说是一个通过研究发现问题的过程。

评价因素的特点有：易变性，评价标准随着社会经济和科学技术水平的提高而变化，也和使用者价值观的变化有关，使用者的需求是随着生活质量的提高而动态发展的，因此评价因素只有在一段时间内是客观稳定的；复杂性，没有完全统一的评价指标，也没有能够完全精确的、全面的反映公共空间满足使用者需求程度的评价指标，因为每一个评价过程都有其自身的背景信息和特点，其评价因素的构建也都有不同的制约因素。

（1）评价因素构建的制约因素

① 主观方面——使用者的需求

根据评价的概念，首先，从主体需要确立评价因素。马斯洛的需求层次论将人的需求分为生理、安全、归属和爱、自尊和自我实现五个层次，对于城市公共空间使用者的需求，在认知与活动的整个过程中则具体表现为：安全性、便利性、功能的实用性、美观性、舒适性、生态性、生活趣味意义、环境的文化意义等，这些需求是使用者在公共空间中活动的动力。其次，人的需求是一个不断变化与发展的动态体系，因此需要由物质引导需求，环境是由多种不同种类、不同功能的物质形态组成的，它们的组成状态引导人们的需求。

② 客观方面

A. 环境对象的不同。不同的环境对象具有不同的环境功能和特点，如居住、工作、休闲娱乐、医疗卫生等，因此在构建评价因素时具有不同的侧重点。评价因素应能反映该环境特点的核心要素，如城市公共空间是全体市民休闲娱乐、放松身心的场所，其最突出的特点是开放性。

不同的环境对象具有不同的空间尺度，分为宏观、中观、微观三个层次，不同层次的空间也具有各自的关注点。城市公共空间并不是完全属于这三个层次中的任何一个，而是涵盖了三个层次，即有宏观的、中观的、微观的城市公共空间之分。

B. 具体项目的实质和目的。即评价旨趣的不同，评价因素也有所区别。评价本身就是一个研究方法学的过程，不同的学派具有不同的方法论倾向，从不同的理论角度出发必然会产生不同侧重点的评价因素。如建筑环境质量学侧重物质层面，而环境心理学侧重心理层面。理论始终是实践的基础，评价基于一定理论方法的指导下开展是评价的第一步，而构建评价因素的第一步是根据不同的学派评价概念的内涵和外延，构建具有层次性的粗线条的评价维度[8]（维度从系统的观点来看，是一个层级系统），这是厘清评价因素的前提。

（2）构建评价因素的方法

实践证明，任何一项评价都不可能关照到所有的因素，但应该力求完备。因此选择适当的构建评价因素的方法显得尤为关键。目前使用后评价构建评价因素的方法主要有以下四个：

① 先导性探索法（探索实践研究）。这类方法不预设评价因素，自然的进入研究场地，使用自由访谈、观察等方法，在场地中自然地发现问题，找到评价对象的突出因素，然后参考有关研究成果，确立评价指标体系。这一方法适用于实践经验较少的环境类别。

② 理论模型法（理论推演法）。从已有的环境评价理论模型出发，按环境的类型特点建立评价因素模型。

③ 特尔菲法[9]。按一定标准选取 20~30 名专家，用问卷来获取专家们对评价指标的意见。

④ 数理分析法。是利用数学手段建立评价因素的方法。其目标通常是长远的，而不只是关注眼前的评价。主要方法是利用因子分析、主成分分析法等多元统计法，在多次评价中对基本的评价维度进行理论研究以建立新的理论模型，一般需要较长一段时间[10]。

上述使用后评价因素构建的相关理论将对城市公共空间使用后评价因素集构建起到借鉴、参考的作用。

2. 城市公共空间使用后评价因素集的构建与分析

城市公共空间评价因素集是判断公共空间品质高低的参照系，应满足客观性、全面性、层次性和可操作性的原则。因此，我们这里构建的评价因素集首先是针对目前城市公共空间的普遍、共性的问题或者是需要及时解决的问题，站在专业的角度和关注点来分析和构建一个具有大纲性的评价因素集，仅指具有一定普遍意义的评价因素，并不是具体到某一个建设项目；其次在此基础上希望能够为具体城市公共空间评价项目指标的建立提供参考依据，其具体的操作方法是通过评价因素的项目多少和权重设置来适应这些变化。

城市公共空间使用后评价因素集的构建分三个层面，分别是理论层面、因素层面与核心层面。其中理论层面主要是构建思路，即利用现有的各方面理论和方法来构建评价因素集中大维度的因素层面，即一、二级评价指标；因素层面主要是对这些大的因素层面的细化研究，借鉴景观艺术设计理论中对城市公共空间设计中的物质要素的分析，建立三级评价因素，对评价标准进行具体阐述；核心层面主要是指对评价因素权重的分析与计算，提出影响城市公共空间品质的最主要因素。

（1）理论层面

首先从理论层面探讨对城市公共空间使用后评价因素集的构建，主要有宏观、整体上的维度构建、理论推演及探索性研究三种方法。其中维度构建是前提，理论推演是基础，探索性研究是辅助。

① 维度构建

维度构建首先取决于研究的理论取向，这里以城市景观艺术设计理论为基础，从"人——环境"，更客观地来看是"环境—人的行为"这个大系统出发构建使用后评价因素集维度（图 9-2）。分为以下三层维度：

A. 第一层面：城市公共空间物质环境层面因素，其中主要包括人工环境因素及部分自然环境因素。在城市景观艺术设计的范畴下具体来说包括：

a. 城市公共空间内的物质要素。包括自然和人工的物质实体与空间，如绿化、水体、建筑、空间、设施、道路等。

b. 城市公共空间周围建成环境的相关信息要素。如交通。

B. 第二层面：使用者行为环境层面因素，具体有：

a. 主要是指物质环境变量与心理反映要素。如私密性、拥挤感和领域感等。

b. 人的行为活动习性。

C. 第三层面：使用者个人社会特征因素，如性别、年龄、职业、人口流量等。

② 相关理论模型推演

目前，国内外有许多成熟的关于建成环境研究要素与策划的理论，提法不一。根据评价内容、理论取向及构建的维度，并以彭纳在 problem seeking 中提出的研究因素理论模型[11]作为参照框架（见图 9-3），将策划问题分为形式、功能、经济、时间四个方面，具体涉及的因素有：

城市公共空间使用后评价因素研究主要涉及的问题是前两个部分，对于经济和时间这两部分不作考虑。

③ 探索性研究

初步探索性研究的主要目的不是直接回答评价因素集的构建所要解决的问题，而是发现问题，为正确解决问题探寻可

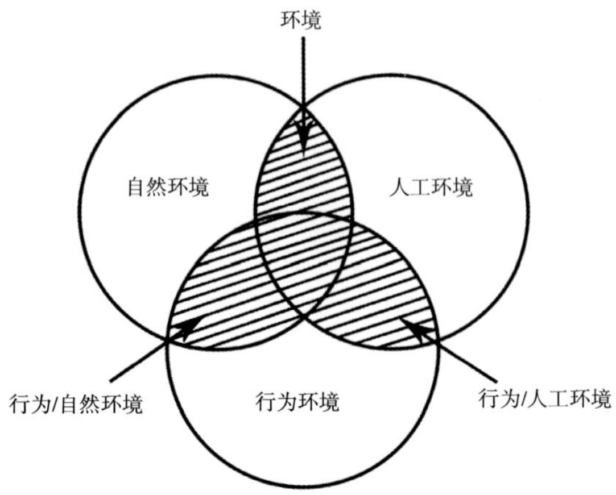

图 9-2 "环境—人的行为"关系分析图

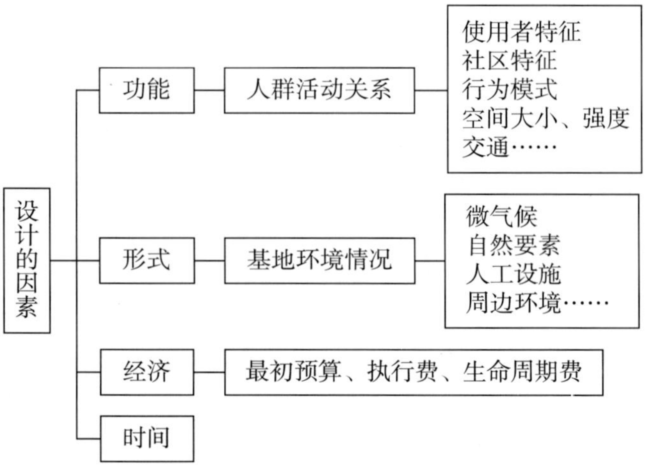

图 9-3 彭纳提出的评价研究因素理论模型

供选择的方向和道路，提出研究假设。其具体操作方式主要包括两方面：一是非参与性研究，包括寻找相关文献资料，了解该空间的现状水平和技术资料，如各类图纸，或者是请教专家意见或建议，以及在行为场所中对使用者进行客观而专业的观察；另一方面是参与性研究，主要指研究者作为行为场所中的一员进行广泛深入的现场实践观察、调查以发现问题，主要包括参与性观察与自由访谈两方面。

这里将对上海市徐汇区三个典型城市公共空间进行初步的探索性研究（见图 9-4），目的是发现其中普遍的关注点和问题，为评价因素的构建提供依据。对每一个公共空间的探索性研究历时三天，通过周期性观察，较全面的了解工作日和周末的情况。

A. 港汇广场前公共空间（见图 9-5）

a. 非参与性观察

物质层面观察：该广场属于整个港汇广场的附属公共空间，位于虹桥路与华山路的交叉转角处，占据徐家汇中心路口的一个角，其中安排了地铁出入口，属于交通枢纽，其双塔建筑形象具有标志性的地位。这一公共空间由商场二楼延伸出大台阶至人行道边，其中以大台阶和喷泉水池最引人注目。台阶也成为最主要的休息设施，在台阶上方空地放着一些露天的咖啡桌椅和遮阳伞。步行空地上安排了一些铜制的模仿行人的雕塑，既与周围环境融为一体，又有趣而特别。整个广场绿化较少，只有台阶上的一些花坛。广场面向东南方向，但由于本身的双塔建筑高度很高，因此到下午便不会受到太阳

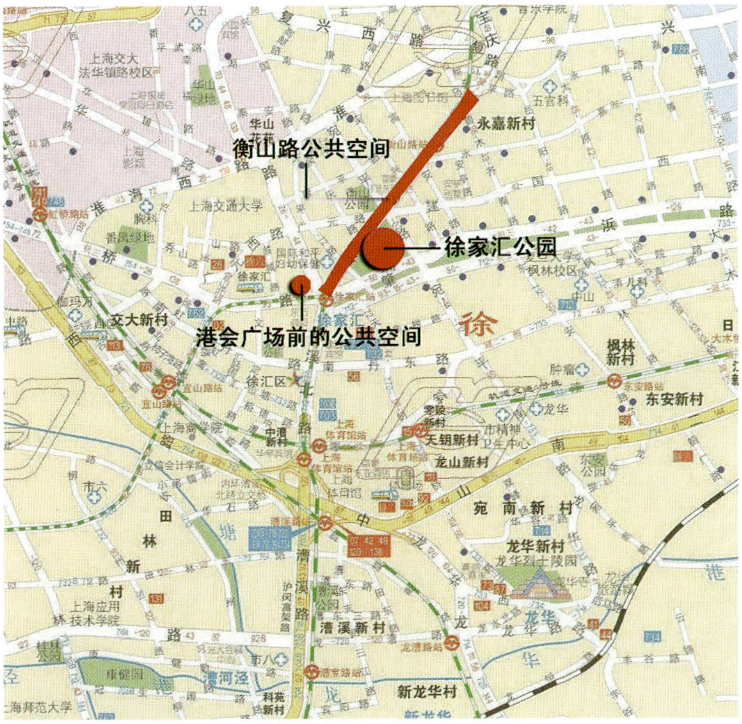

图 9-4　四个城市公共空间区位图

直射，但绿化的缺乏仍导致夏季比较炎热，不过由上至下的喷泉稍微缓解了恶劣的天气环境。

使用活动观察：经过一星期的观察，周末此广场的利用率比较高，平时只有路过人流。周末白天这里经常会举行一些品牌的商业活动，吸引大批人群围观。后面的大台阶由于高度比较高，通风较好，视野开阔，也吸引了许多逛街的人来此休息、闲坐、聊天。夏季晚间这里更是成为人们纳凉、休息的好去处。同时又由于港汇广场交通枢纽的地位和标志性的形象，这里通常会成为人们约会等候的地点。至于使用人群，港汇广场作为一个时尚的购物中心，使用者大多是中青年人。

b. 参与性观察与自由访谈

现场采访了 6 名使用者，并自身作为使用者进行了亲身体验。总的来说，大部分人对广场现状还是比较满意的，他们对广场印象最深的地方是很有气势的大台阶与喷泉，以及经

图 9–5　港汇广场前的公共空间　上海

常举办的大型活动。此外也存在一些不满之处，如绿化较少，休憩设施主要以台阶形式出现，不够舒适也无法抵御恶劣天气，周围交通较繁忙且混乱等问题。

B. 衡山路街道空间（见图 9–6）

a. 非参与性观察

物质层面观察：衡山路一头连接着繁华的徐家汇，另一头比邻使馆区和高级住宅区，居住着大批外籍工作人员和社会地位相对较高的人群。衡山路历史底蕴深厚，道路两旁繁茂的法国梧桐和林荫中颇具特色的各类高档欧陆建筑，为其增添了浓郁的异国文化气息。这里的另一大特点是云集了许多特色鲜明、各式各样的酒吧和餐厅。由于街道不算宽，绿化也相当好，所以显得比较安静且整洁。其中一些酒吧和餐厅布置了一定数量的户外就餐空间，相当舒适悠闲。这里白天幽雅宁静，夜晚灯火阑珊，呈现出了两种不同的氛围和美景。

使用活动观察：人流高峰期是晚上六点以后，主要的活动对象是高档消费层次的白领和具有现代意识的年轻人。主要活动是就餐、聊天、去酒吧娱乐，充满时尚氛围。

图 9–6　衡山路夜景　上海

图 9–7　田林社区中心公共绿地　上海

b. 参与性观察与自由访谈

现场采访了 6 名使用者，并自身作为使用者进行了亲身体验。衡山路具有东方“香榭里舍大街”的美称，坐在露天的咖啡吧，在美妙的音乐背景下和朋友聊着天，欣赏着美丽的夜景，看着街上人来人往，这种悠闲恬静的生活正是现在城市繁忙的、压力较大的年轻人所渴望的。

C. 田林社区中心公共绿地（见图 9–7）

a. 非参与性观察

物质层面观察：田林社区位于徐汇区的西南部，是上海西南的一个以生活居住为主且商业繁华的大型新村式社区。田林社区的中心绿地位于钦州路与田林东路的交叉口，偏离了整个社区的中心，人流较少。地块的东侧临河，南边是建筑，北面是桥，西侧临街，环境相对封闭，内部环境绿化较充足，但空间比较单调，设施较陈旧，河水也不清澈，整个环境不是很宜人。

使用活动观察：总的来说，作为一个社区中心绿地，其中的活动人数偏少。早晨有一些老人相聚来此进行锻炼，一般都选择地块靠西北角的空地；白天这个地方会有路人闲坐、休息；晚间来这里散步的人比较少，人们会选择更为热闹的田林路，这里只有少数的年轻人，且通常是外来务工的人员在此纳凉、约会等。

b. 参与性观察与自由访谈

通过与几位田林居民聊天了解到他们对中心绿地的印象并不是很好，因为晚上存在安全隐患，有人会在其中进行一些不道德甚至是违法的破坏活动。同时由于地块也偏离社区中心，所以大家觉得不是很热闹，不太愿意聚集于此。

D. 汇总与分析

以上从城市景观艺术设计专业角度结合使用者需求进行

表 9–2　上海市徐汇区三个城市公共空间探索性研究结果总结

公共空间	港汇广场前公共空间	衡山路街道空间	田林社区中心公共绿地
主要使用者	青年人	白领和具有现代意识的年轻人	社区中老年居民
主要使用时间	周末下午、晚上	晚上 6:30 后（包括工作日、周末）	早晨
主要使用活动	举办商业活动、休息闲坐、约会等人	吃饭、泡吧等休闲娱乐活动	晨练
总体印象	较满意	满意	不满意
吸引人之处	标志性的形象、交通枢纽、大型商业活动	幽雅高档的环境形象和氛围，喜欢的娱乐活动	可供晨练的绿地
不满之处	绿化较少，休息设施不够舒适，在恶劣天气环境下不能使用，周围交通较混乱	车流量的增大在不断破坏环境	空间封闭，尤其晚间存在不安全隐患，整体环境较差，建设较陈旧缺乏管理，位置偏离社区中心，人气较差

的分析，我们将其总结归纳如表 9–2 所示。

探索性研究的结果是初步确定评价因素、提出研究假设。通过以上的归纳，对使用者来说，不同城市公共空间根据自身定位、所处环境、作用在空间环境的形象和所容纳、承载的功能活动方面应有不同要求，表格中提到的要素都涉及到前文提出的物质功能要素，此外还补充了一些细节因素，值得参考。

综上，我们结合城市公共空间使用后评价的内容旨趣——视觉形象质量与使用功能这两方面，将通过上述维度构建、理论推演和探索性研究这三种方法构建的评价因素综合如下：

首先，具体要素的选择应具有侧重点（如表 9–3）。

表 9–3 评价因素选择侧重点

	物质实体要素	行为要素	人群特征
视觉形象质量	▲	○	●
使用功能	▲	▲	●

▲ 极为重要 ● 较重要 ○ 一般涉及

具体评价因素如表 9–4 所示。

表 9–4 城市公共空间使用后评价因素集中一、二级评价因素

一级评价因素	二级评价因素
视觉形象因素	整体空间环境形象
	自然因素造型
	视觉意义上的空间因素
	地面铺装的视觉因素
	人工设施、景观小品的外观造型
使用功能因素	使用者特征
	场地、空间适用性
	铺地与活动功能
	自然因素的功能性
	交通方便性
	设施的使用功能因素

（2）因素层面

由理论层面的分析产生了一个具有二级评价因素集的框架，这里我们将进行因素层面的细化研究，借鉴景观艺术设计理论中对城市公共空间设计中物质要素的分析，建立三级评价因素，以便在评价过程中方便、切实的利用。为了阐述归纳更加清晰，下面按物质要素分类进行阐述，而不是按上表中视觉形象和使用功能两方面分别阐述。

① 使用者特征

使用后评价以使用者为中心，因此使用者特征是使用后评价因素的基础因素，其余的因素都是基于这一因素的研究展开的，这里结合研究理论的背景将使用者特征主要分成两个部分，一是社会特征，二是行为模式，分别对其要求进行阐述。

A. 使用者社会特征

社会特征主要指使用者的社会背景资料，如性别、年龄、职业、阶层等。公共空间因其开放性特征，拥有各种不同社会背景的使用者，因此应对使用者进行归类，形成具有相同或类似功能特征的群体，使公共空间设计符合不同群体的要求。最普遍的方式是以年龄划分为儿童、青少年、中年、老年，研究他们各自对环境的需求，制定评价因素。

B. 行为模式

这里的行为模式作为考虑因素主要包括物质环境变量与心理反映要素的关系，以及人的行为活动习性两方面。

物质环境变量与心理反映要素的关系作为城市公共空间使用后评价因素时主要考虑私密性与领域性。领域是一个静止、可见的空间，如一个座位、一个角落等，其产生的私密性、领域性是一动态概念，随着时间、地点等因素而变化，当与他人接触的程度与时间达到与个人需要程度相匹配时是最优私密性水平（见图 9–8）。使用者对私密性、领域性的需求与拥挤、控制感、安全感密切相关，因此公共空间应根据使用者的需要提供不同私密性和领域性程度的空间，选择范围越大，控制能力越强，越令人满意。

人的行为活动习惯：我们对城市公共空间使用性方面进行评价时，必须考虑使用者由于长期重复、持续出现的活动模式而出现的习惯倾向，如抄近路、靠右（左）侧通行、逆时针转向、依靠性、看人围观、安静与凝思等（见图 9–9）。

构建评价因素时，应将上面两点结合起来考虑，因为不同社会特征的人群行为模式具有差异性，不同群体常常具有自

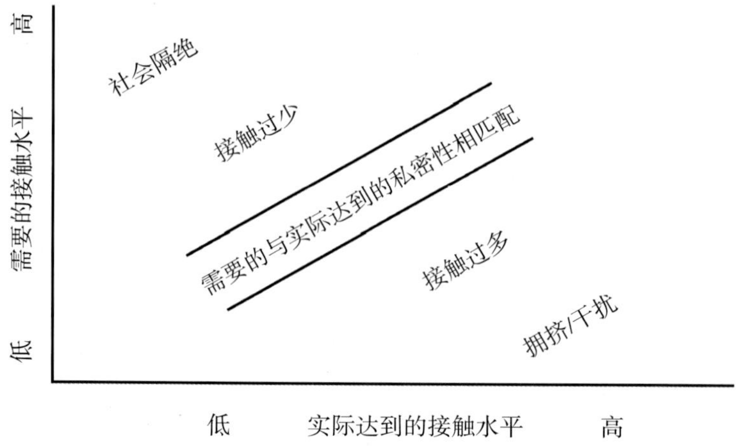

图 9–8　最优私密性水平

己独特的行为习性。

② 整体空间环境因素

A. 城市公共空间整体风格与特色

风格，这里指整个公共空间所表现出来的一种性质与格调，是一种总体上的协调性。特色与风格相辅相成，风格代表着一种特色，特色有助于形成风格。特色强调空间的可识别性、特征或个性的重要。公共空间从整体性质上把握风格特色，主要有以下几个类型：纪念性公共空间、商业性公共空间、生活性公共空间、休闲性公共空间等。实际上有时公共空间的风格并不是只有一个，往往会具有多个风格，但其中总有一个风格处于主导性地位。作为评价因素时，风格的确定是整个城市公共空间建设的前提和基础，后续的设计都以风格为依据进行，因此必须根据所处的环境和建设目的进行准确定位，并使大众对这种风格予以认同和理解。如图 9–10 是北京的天安门广场，其轴线型的布局表现出的气势与其政治性风格相得益彰。

B. 城市公共空间尺度与比例

尺度与比例是构筑城市公共空间形象的基本法则和"杠杆"，是获得良好空间感和尺度感的重要特性，也是体现风格特色最直观的因素。

尺度：空间中各种物质要素与空间的相对关系比。绝对的尺寸并不重要，关键是要适度。城市公共空间大小的确定可以依据其功能定位，即活动人数以及人在空间中的主要活动方式，其适度的标准在于人们能借此简易、自然和本能地

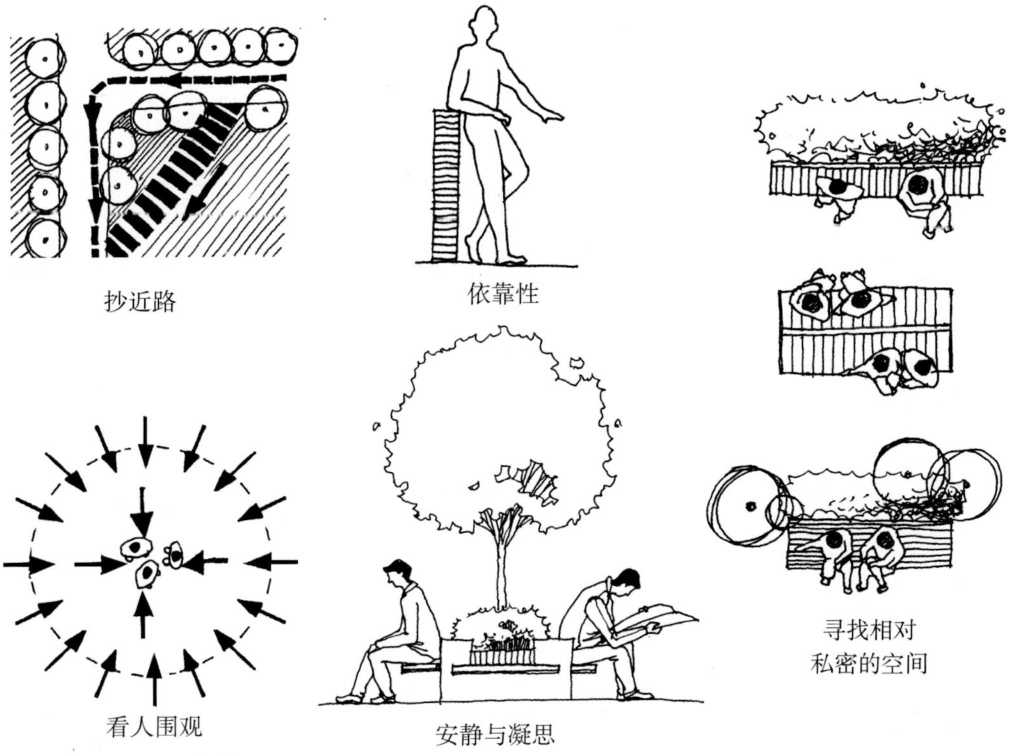

图 9–9　人的行为方式

图 9-10　天安门广场(引自 www.williamlong.info/google/archives/299.html)

判断出尺寸,以满足人在定位、做出行动决策等方面的具体需要,即“人的尺度”。“人的尺度”是适宜人的视觉与感觉的尺度,符合人的行为和活动的尺度。目前有不少设计师热衷于“宏大叙事”的手法,以及政府部门的政绩工程的思想,导致许多城市公共空间失去了人的尺度,从而失去人气。具体来说适宜的尺度有两种衡量标准:一是以具体使用为目的的“身体尺度”,要求供人使用的物体尺寸符合身体机能特征;二是视觉认知为目的的视觉空间尺度,符合人的视觉认知规律,其中包括视角特征(见图 9-11)和视觉认知距离(见表 9-5)两个方面。

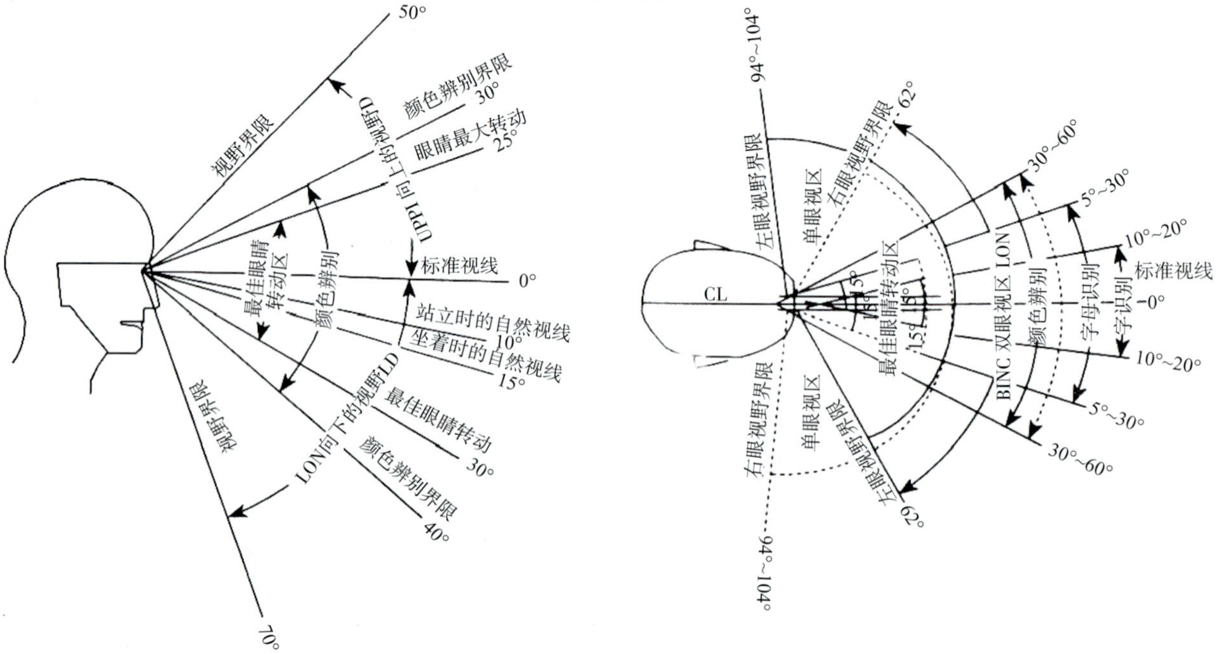

图 9-11　视角特征图

表 9–5 认知距离

0.9–2.4 米	社交距离(普遍谈话范围,人与人之间关系密切,可看清谈话者面部表情,可以听清语气细节)
12 米以内	公共距离(可区别人面部表情)
24 米以内	视觉距离(可认清人身份)
150 米以内	感觉距离(可辨别身体姿态)
1200 米	可看到人的最大距离

比例:与尺度密切相关的另一因素是比例。芦原义信在《外部空间设计》中提出,比例问题主要涉及围合界定空间的实体高度(H)与实体之间距离(D)之间的比例关系[12]。以 D/H=1 为界,随着 D/H 比 1 增大即成远离之感,随着 D/H 比 1 减小,成近迫之感(见图 9–12)。如街道型公共空间的的比例,应由两边建筑高度来决定。卡米洛 · 席蒂对广场大小做了研究,他认为广场的比例关系 D/H 应界于 1 与 2 之间,这些结论是目前研究城市空间比例的基本理论。

C. 空间形态

空间整体形态:形态是城市景观艺术设计中主要的设计研究层面,这里的空间形态是指整个公共空间的形态布局特征。形态赋予空间基本性格,没有形态的空间将无法被感知。下面是对空间形态的分类阐述:

首先,我们参考克里尔对于城市空间类型的总结,提出城市公共空间在形态选择上的考虑。他认为,城市空间有多种形式,但在本质上只有方形、圆形、三角形三种类型,通过插入、分解、附加、贯穿、重合与变形等方式形成各种组合类型的变体构成(见图 9–13)。

其次,多种多样、无穷无尽的变体中又形成了一些形态特征,如线型轴向性、集中向心性、分散周边型、自由型等。

第三,除了以上平面形态上的选择,还应考虑地形的起伏,如下沉式、凸起式、斜坡式、台阶式、自然起伏式等(见图

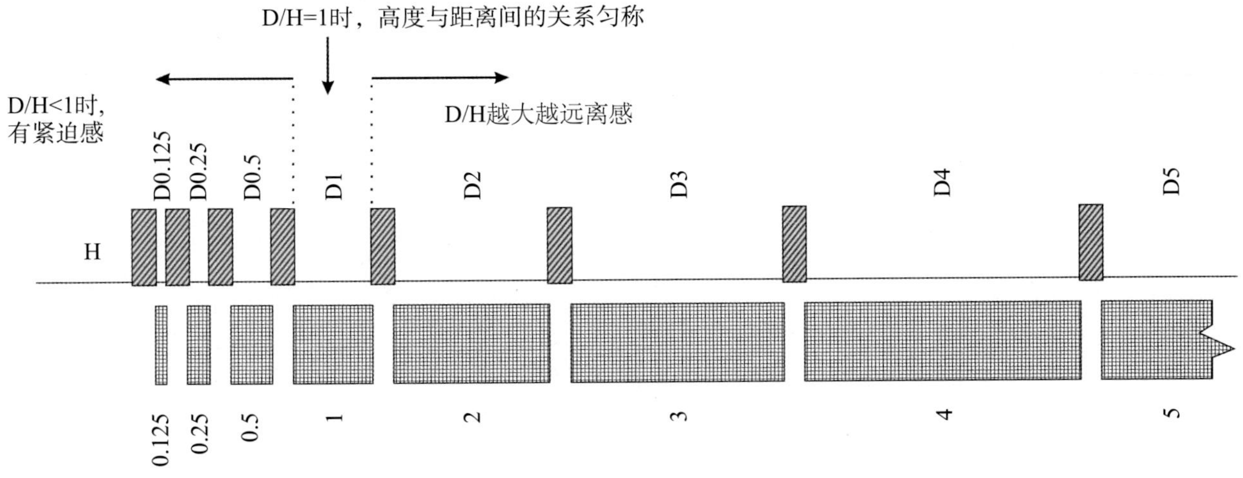

图 9–12 D/H 变化形成空间的不同尺度感

9-14)。

整体形态作为评价标准时应考虑基地情况、周围环境、人的活动需要、空间特定的目的、性质、尺度及比例等因素，在此基础上，运用上述的构成方法对基本形进行创造，如有的公共空间需要简单而有冲击力的形态，有的则需要复杂细致的形态。

D. 整体色彩

色彩是最容易改变视觉感受的一个因素，因此公共空间的整体色彩应与周围环境要素相协调，其中的一切实体要素的色彩选择应结合环境选择的主导色，做到整体上的统一，同时有的还可带有较强的地域、宗教、文化、民俗的特点。在整体色调统一的基础上，又要积极发挥自身的对比效应，做到统一而不单调，对比而不杂乱。

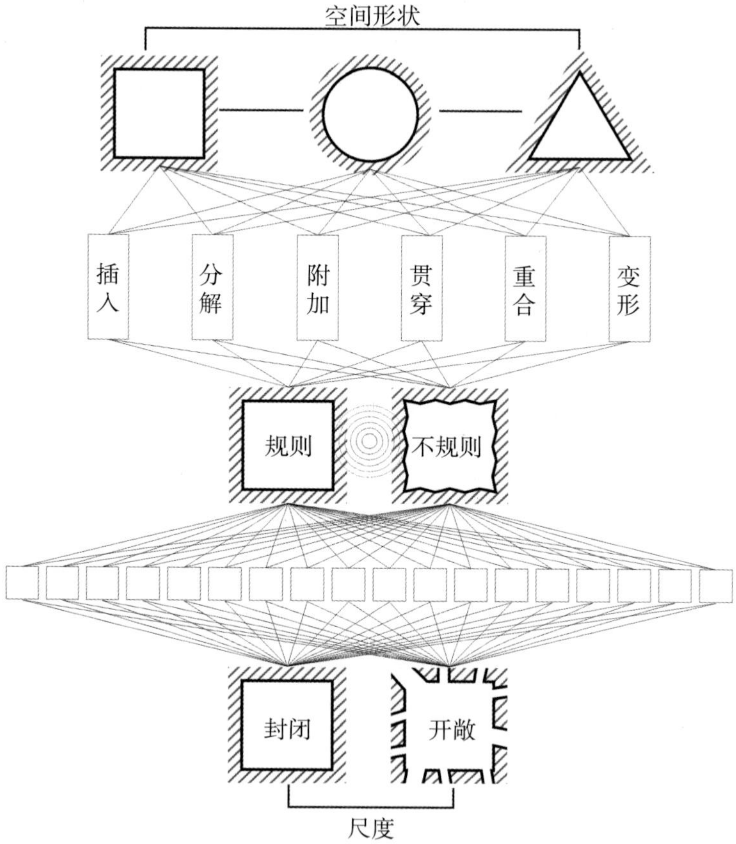

图 9-13　空间的三种类型及其衍生

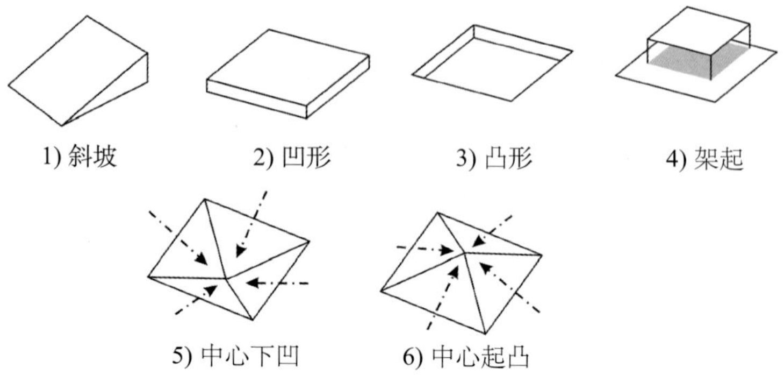

图 9-14　空间的不同地形

E. 视景和谐

视景主要指视觉景观，即人看到的景观。视景和谐是评价城市景观艺术设计艺术性的一个关键因素，同时从视景来评价意味着以使用者为主体。公共空间的视觉景观一方面包含被看的景物，其标准首先为图景给人的刺激是否符合空间的性质、风格，如商业娱乐为主的场所应该表现欢乐、热烈的气氛。其次，是否符合使用者普遍的审美原则，即形式美原则，如统一与多样、韵律与节奏、均衡与稳定等等。此外，人在空间中看到的景物不可能是孤立的，而是成组成行的，因此，轮廓线是视景的重要组成部分。轮廓线是围合公共空间的实体的顶部与天空形成的一种图案，它既是背景又是图形，丰富协调的轮廓线有助于塑造独特的空间景观（见图 9–15）。另一方面，轮廓线的观看空间也同等重要。如一般城市滨水空间设计均留有一定的观看距离且保证无视线障碍，因而成为欣赏轮廓线的最佳区域。但目前过多的重视营造具体的景物成为城市公共空间设计的主要内容，而观看空间的条件和要求远没有得到应有的重视。有很多成果只能从高空观赏，脱离了使用者。因此，应该强调从普通的使用者角度观看城市公共空间的景观，即重视容易到达的观景点的设置。

F. 整体空间的功能布局

整体场地空间的功能布局评价标准是，布局应根据公共空间的性质、地块的规模、特色等现状条件，做到分区清晰明朗，同时相对位置应该合理。

③ 自然因素

A. 自然性程度

公共空间的自然性程度可以用一些固定指标来衡量，如绿化覆盖率。公共空间的绿化覆盖率为树冠覆盖率或树阴空间率，是指城市一定地区内各类绿化用地总面积占该地区总面积的比例。准确的说是建设用地范围内全部绿化种植水平

图 9–15　吉隆坡双塔公园美丽的轮廓线　马来西亚

投影面积之和与建设用地面积的比率，具有较高的真实性，是决定公共空间自然度的核心指标之一。

B. 植物配置

植物在一定的空间内组合在一起，共同形成一种形体并与周围环境一起，表现出既定的氛围，从而引起人们的美感。

a. 绿化是否符合景观绿地的性质和功能要求

绿化种植设计首先要从该景观绿地的性质和主要功能出发，有组织空间和改善环境的作用。

组织空间：植物作为景观设计要素之一，具有构成空间、阻隔视线、分离交通等作用。植物的形态、种植的形式的不同可以产生不同的空间效果。评价的标准是看植物构成的空间是否适宜空间所容纳的功能。例如利用不同高度的植物种类组合形成不同的空间效果（表 9–6）。

表 9–6 植物组合的空间效果

植物分类	植物高度（cm）	空间效果
花卉、草坪	13 ~ 15	能覆盖地表，美化开敞空间，在平面上暗示空间
灌木、花卉	40 ~ 45	产生引导效果，界定空间范围
灌木、竹类、藤本类	90 ~ 100	产生分隔功能，改变、暗示空间的边缘，限定交通流线
乔木、灌木、藤本类、竹类	135 ~ 140	分隔空间，形成连续完整的围合空间
乔木、藤本类	高于人水平视线	产生较强的视线引导作用，可形成较私密的交往空间
乔木、藤本类	高大树冠	形成顶面的封闭空间，具有遮蔽功能，并改变天际线的轮廓

改善环境：绿化植物最突出的功能便是改善环境，对于城市公共空间来说，与使用者密切相关的功能是改善小气候，制造氧气，吸收有害气体、减低噪音、达到冬暖夏凉的效果。作为评价标准，主要是针对不同的功能空间的需要及采光的需要，采用不同的植物种类和种植方式。如需要从一年四季遮荫的角度考虑，首选常绿阔叶树，如需夏季遮荫，冬季采光，则选择落叶树。

b. 考虑景观审美性的需要

植物除了为人们改善生存条件外，还带来了赏心悦目的景色，因此需要从艺术的角度考虑如何利用植物的造型、色彩等基本元素去构造城市公共空间景观。

整体艺术布局的要求：总体来说配置既要丰富又要统一，既要有重点特色，又要平衡稳定，与周围环境元素如建筑、山、水等协调，注意规则式与自然式相结合的种植形式、配置的疏密以及植物种类的搭配，以形成景观的层次感和优美的植物轮廓线。具体来说，植物的主要种植方式有点植、丛植、片植与线植，其造型的评价标准应符合城市景观艺术设计中点、线、面、体这些元素构成的形式美原则。

考虑四季景色变化：景观植物的景色随季节的不同而有所变化，这是植物最大的特点，春天鸟语花香，夏天绿荫遮阳，秋天层林尽染，冬季银装素裹。根据每个分区或地段突出的季节景观主题，可分区培植相应的植物种类。此外在重点区域，应使四季皆有景可赏，以免一季过后显得单调。

植物个体的选择：对于一些具有较高观赏价值的植物的选择，体形、高矮大小、轮廓、花、枝、叶、果等元素都应考虑。

此外，充分发挥植物配置效果，除应考虑功能原则与美学原则外，还必须了解植物是具有生命的有机体，有自己的生长发育规律和各异的生态习性要求，顺应植物的习性来设计配置方案，是首先要考虑的问题。

C. 水体因素

在城市公共空间的设计过程中，除了绿化，水景的营造一直占有重要的地位。景观中的水能增加景色的美丽，使景色生动活泼，而且较大的水面可以开展水上活动。总体来说水景的营造应做到统一协调，即与所在的公共空间的景观特质相互衬托，位置应恰当，同时还要考虑水源、环境条件、安全性等，尤其是对儿童的考虑。

根据形态不同，水可以分成静水与动水，各自具有不同的特点（见表 9–7），水流形态应与空间环境相适应（见表 9–8）。

表 9–7　水体形态

项目		特点
静态水（静止流，紊流）		水面开阔且基本不流动的水体
动态水	流水（溪流、渠流、漫流、旋流）	沿水平方向流动的水流
	落水（叠流、瀑布、水幕、壁流、管流）	突然跌落的水流
	喷水（射流、冰塔、冰柱、水膜、水雾）	由特别喷头喷出的水流
	涌泉（涌泉、珠泉）	自低处向上涌起的水流

表 9–8　水体形态

城市公共空间类型	适合的水体形态
游乐场、儿童公园、博览会等开阔热烈的场合	大流量、多水柱、高射程、多变换
公园、广场等较开阔的场合	大流量、多水柱、高射程、多变换
政治性庄重的空间	大流量、多水柱、少变换
小型的公共空间，庭院、小花园	小流量、少水柱、低射程、较简单

从使用者的角度根据其活动类型的不同，可以将城市公共空间中的水体分成纯观赏的水以及开展活动的水（见表9–9）。

表 9–9　水体环境与人的行为关系

活动类型	空间特征	距离关系	水体周边设施
观赏类活动	视线通畅	近、中、远	驳岸、平台、桥、开阔草坪、休息广场、景观眺望点等
游戏类活动	视野开朗	近、浅水	亲水台阶、沙滩、戏水设施
运动类活动	水域空间开阔	近、中	垂钓设施、游船、赛艇、码头

供观赏的水体：其评价标准主要体现在水的形式以及所产生的意境是否与整个环境相协调。水体本身是平淡无奇的，但是与周围景物相结合，因地制宜，采用多种丰富形态，就会表现出或悠远宁静或热情昂扬或灵动飞扬的意境（见图9–16）。

供活动的水体：与使用者关系更为密切，也更受欢迎，其评价标准主要体现在使人能接近它开展活动，即以亲近度为标准。水体“可亲近度”表示人们可以亲手触摸、近距离观察，从而可以全身心地融入到自然环境之中（见图 9–17）。

D. 日照因素

城市公共空间基本是户外空间，因此受日照影响较大，作为自然空间应具有充足的日照，但应作好部分区域的遮阳工作，这样可以供使用者进行多样化的选择。

④ 空间因素

这里的空间指公共空间环境中的物质要素除去实体要素的部分，即由设施、建筑、绿化等实体元素界定构成的虚体空间。

图 9–16　动态观赏性水体
（引自田云庆编著．室外环境设计基础．上海：上海人民美术出版社，2007：58）

A. 视觉形象方面

城市公共空间内部空间处理应注意以下的空间特性，以此作为评价因素，从而使空间在视觉形象上更丰富。

空间的虚与实：通过空间的围护面创造空间的虚实关系。在视觉上，明暗关系也是虚实关系的延伸。其标准是应做到虚实相生，虚中有实，实中有虚，目的是丰富视觉感受，增添美感形式，避免出现明暗失调、色彩对抗或者亮闪闪的一片，形成光污染。

空间的图与底：一是通过利用抬升、下沉等利用地坪高差变化的手法，强调该空间与其他周边空间的图底关系；二是空间中某一要素使周围形成向心倾向或图与底的关系，这一要素便成为图，周围环境则成为底。图底关系使空间感得以强化，从而打破单调的空间形象。

图 9–17　动态游戏类水体
（引自［法］让 · 马克思．罗卡与JML事务所．法国水景设计——城市水元素．沈阳：辽宁科技出版社，2007：206）

空间的层次：空间具有层次性，空间层次划分的依据也是不尽相同的，如按照空间大小、主次、形状、私密程度等差异形成等级秩序。中心化、多层次的空间处理比层次少的空间中心化处理更具地位感，视觉上更具冲击力。

空间的渗透与引导：在一系列层次的空间之间，应该是流动而非静止的。界面的处理可以吸引人从一个空间到达另一个空间，这种随着运动不断变幻的空间渗透，常给人丰富而又含蓄的美感。在空间的过渡中，以实体的功能、标志物、节点等形式形成一连串的视觉诱导和行为激励，成为一种向既定目标运动的趋势，即起到引导作用（见图 9–18）。

B. 空间的适用性

空间的本质在于其可用性，即空间的功能作用。适用性是评价公共空间品质的重要因素之一。

空间的容量：公共空间的核心功能是满足人们多种多样的使用活动的需求。空间的使用要求一定的活动场地予以承载，容纳是其基本属性。衡量的标准是期望容纳的活动量或承载量与空间的容纳能力是否相适宜，主要表现在活动场地的面积。目前仍缺少这方面的具体规定，只有在居住区规划中规定："居住区公共绿地应设置为中心公共绿地模式，绿化面积不宜小于 70%，在剩余的 30% 的用地中，如考虑 10% 左右的园内道路用地，20% 左右可以作为活动场地面积。"[13] 另外还应考虑其中一定面积的有顶活动场所，这是评价抵御恶劣天气能力的指标。在烈日炎炎的夏季和多雨季节，有顶活动场地为人们提供了适宜的户外活动空间，可以改善目前许多公共空间在夏季不见人影的尴尬局面。这可以通过亭、棚、连廊及底层架空的建筑空间得以实现。

空间布置合理性：主要体现在保证空间的质量，保证活

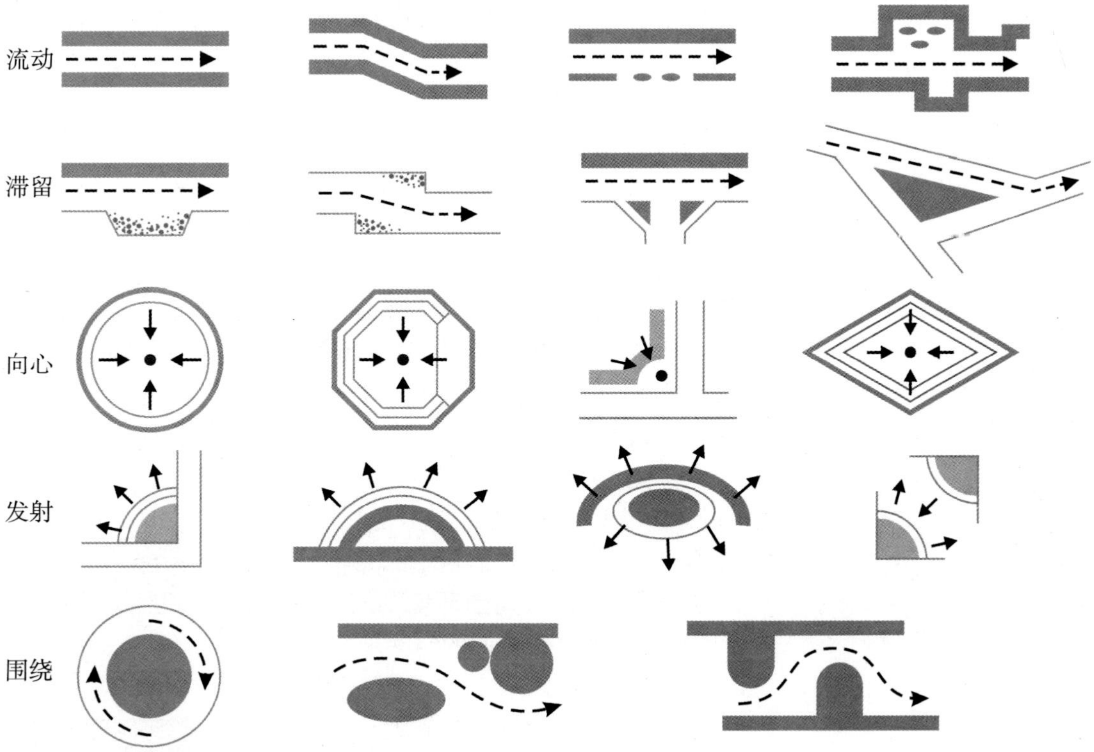

图 9–18　空间对行为的引导

动的要求与安全。

a. 活动空间的位置是否适宜

根据所容纳的活动类型判断此空间的位置在整个公共空间环境中是否合适，与其周围的其他空间的相对位置是否合适，例如动静空间的分开，不同年龄层的活动空间的分开等等。

b. 空间的合理围合与分隔

不同围合程度的空间会产生不同感觉的空间，围合面的位置设置、组织方式对人的行为也有很大的影响（见图9-19），因此应根据容纳活动类型的不同，进行适宜程度的围合。如偏动的开放空间则围合程度较低，应采用通透空间；偏静的较私密空间需较高的围合程度。

⑤ 地面因素

A. 铺地：一般来讲，地面铺装应具有耐损防滑、防尘排水及导向性、装饰性，服务于整体环境。

B. 色彩：一般是衬托风景的背景色，沉着而不沉闷，鲜明而不俗气，与环境统一。

C. 图案纹样：装饰应根据场所的不同而各有变化，从而影响视觉上的空间感受。

D. 尺度：大场地的铺地纹样尺度不宜过细，小场地可以较细，但过多的装饰会导致场所的凌乱。

E. 地形变化：城市公共空间地形变化首先应以地块本身地形变化为依据，不宜为了视觉效果做很大的变化。

F. 铺地材料与活动功能：铺地材料应与场地所容纳的不同活动功能相适应（见图9-20）。

⑥ 设施、小品因素

A. 外观形象因素

外观形象因素指设施的外观在美学方面的性能，包括设施的系统化程度，设施的形态、比例和尺度，色彩与材料三方

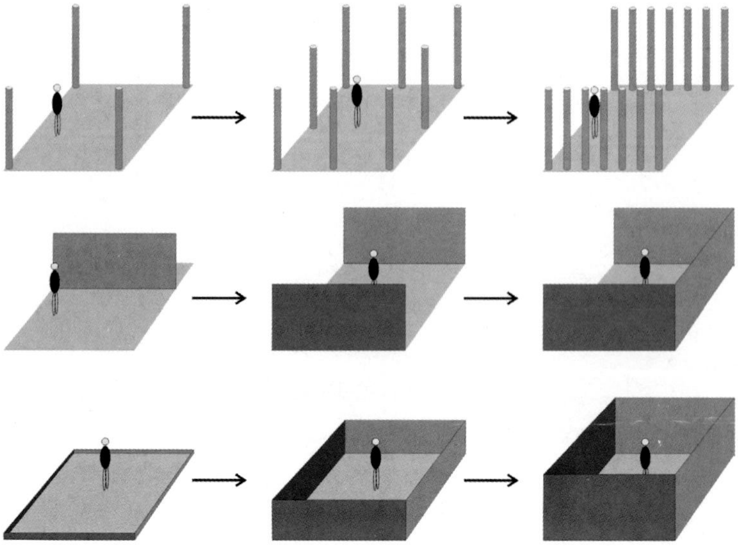

图9-19　不同围合程度的空间感觉

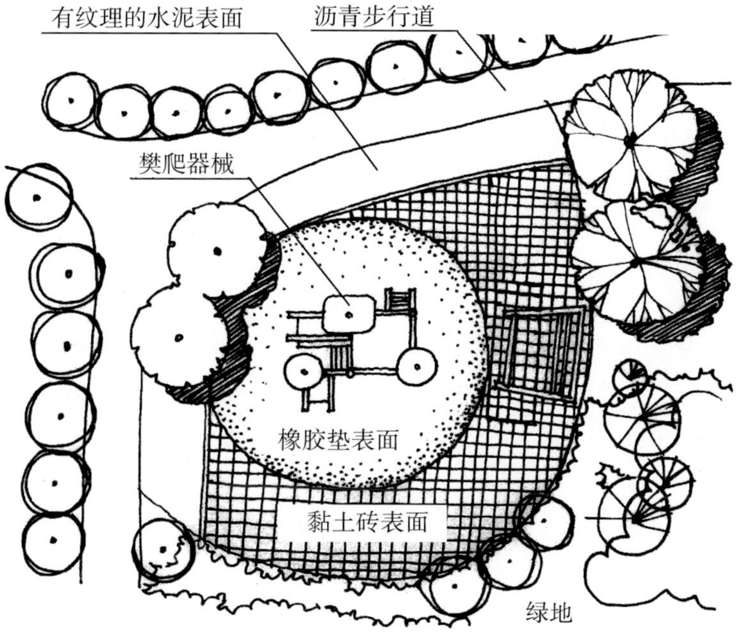

图 9-20　不同场地采用不同铺地材料

面因素。

a. 设施系统化程度：对所有的公共设施在这个城市公共空间中的统一设计和布置进行评价，涵盖了形状、材料、色彩等各个方面。统一不等于单调，而是强调其共同特征，强调设施主要构成元素的一致性，是获得统一效果的有效途径。

b. 设施形态、比例与尺度：这三方面因素反映外观在视觉上的协调。首先其形态应给人视觉上的愉悦，对人具有吸引力，并应反映空间的主题以及一定的文化内涵。在尺度与比例方面，除了首先要具备人性化尺寸的要求外，应符合一些视觉上的美学原则。

c. 设施色彩与材料：是影响使用者获得设施外观印象的重要因素。公共空间中复杂多样的色彩会增加人们的视觉刺激，但同时也易使人产生视觉疲劳，因此，较大面积的设施不宜使用过于鲜亮的色彩。同时设施作为公共空间中的实体要素还需要从整体环境色彩中进行选择，应结合环境选择适当的主导色。设施材料的选择既要考虑质感、造型又要考虑舒适性。就质感而言，应尽量发挥材料本身固有的美，同时考虑其户外的特点，应选用易加工造型、耐久性强、触感较好的材料。

B. 功能使用因素

设施的根本目的是为使用者服务，因此，所有设施本身应以人性化设计为宗旨。

首先，不同层次、类型的城市公共空间对设施种类配置的要求和标准不同，不是每一个公共空间都需要配置齐全的设施，而是应根据自身情况进行种类和数量的选择，下面节选《公园设计规范》中提出的公园内部设施表格作为评价参考，来判断评价项目中设施设置的必要性（见表 9-10）。

表 9–10　公园内部设施

设施类型	设施项目	公园陆地规模(hm²)					
		<2	2~<5	5~<10	10~<20	20~<50	>50
游憩设施	亭或廊	○	○	●	●	●	●
	厅、榭、码头		○	○	○	○	○
	棚架	○	○	○	○	○	○
	园椅、园凳	●	●	●	●	●	●
	成人活动场	○	●	●	●	●	●
服务设施	小卖店	○	○	●	●	●	●
	茶座、咖啡厅		○	○	○	●	●
	餐厅			○	○	●	●
	摄影部			○	○	○	○
	售票房	○	○	○	○	●	●
	厕所	○	●	●	●	●	●
	园灯	○	●	●	●	●	●
	公用电话		○	○			
	果皮箱	●	●	●	●	●	●
	饮水站	○	○	○	○	○	○
	路标、导向牌	○	○	●	●	●	●
	停车场		○	○	○	○	●
	自行车存放处	○	○	●	●	●	●

参考上表中的设施种类，结合景观艺术设计中公共设施的分类，将公共空间中的设施系统按不同的功能分为休憩设施、娱乐运动设施、服务设施和其他景观小品四类，不同功能的设施类别具有各自的布置标准。下面分别阐述：

a. 休憩设施

休憩设施以椅凳为主，供人们休息、读书、思考、观赏、交流等。休憩设施布置应注意放置的地点，及设施之间的间距、周围环境条件等是否为人们提供了舒适的休息空间。休憩设施应放置在人群密度大的地方，设置间距应根据人们步行活动中身体疲劳的距离确定。在公共空间中，休憩设施还应根据步行系统和活动场地，结合树木、建筑小品、有顶空间组合设置，以获得较好的物理环境。同时休憩设施的形式是多种多样的，选择时应考虑使用者的需要，如交流、观景等(见图 9–21)。

b. 娱乐运动设施

其设计应根据儿童与成人的行为特点和游戏特征，以安全性、多样性与人体工学要素为基点。

c. 服务设施

主要指通信、信息导向、文化、环境卫生、商业等公共服务设施设置的合理性。其中，信息导向系统、环境卫生系统与使用者最为密切相关，是公共空间不可缺少的、数量较多、遍布较广的设施。信息导向设施应清晰明朗使使用者顺利通过一个空间或达到某一地点，并且保护公众安全性的标示要赫然显著。卫生设施主要包括垃圾箱与厕所。垃圾箱常与休息设施一并布置，同时其本身应具有足够的容量，且便于投放；公共厕所的评价标准主要是适用、安全、经济与方便，同时由于其特殊性，更应加强绿化与美化。

d. 其他景观小品

其他景观小品中与景观艺术设计联系最紧密、也最容易被使用者关注的便是雕塑，其对表现和提高城市空间的艺术境界具有重要意义。设计的评价标准有：雕塑的体量、比例、形态、色彩、肌理等因素是否根据空间主题的需要，使之与所处的环境既能和谐统一，又能突出主题，还要与其他环境要素相结合，避免孤芳自赏。同时，雕塑的周围应适当留有空地，满足人们多角度的观赏需要。

⑦ 建、构筑物因素

城市公共空间中的建、构筑物在视觉形象上通常会成为标志物，因此，它的外观造型既要成为视觉焦点也要与周围环境相协调。在功能方面，部分建、构筑物在功能上能给使用者提供室内或者半室内、有顶的活动空间，因此，其数量应满足一定的要求，并布置在人群密度较大处。另外，部分建、构筑物作为公共空间的管理用房，也必须符合相应规范的要求。

⑧ 交通因素

A. 可达性——外部交通状况

可达性指容易到达公共空间的程度，判断可达性的程度主要有三个标准：服务半径、交通组织、指向标识。服务半径

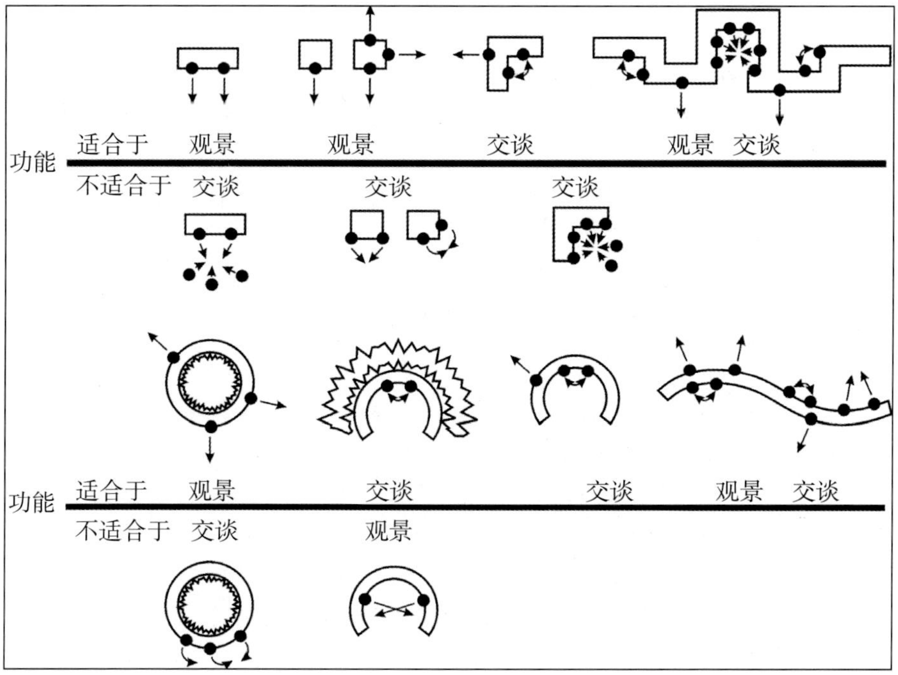

图 9-21 满足不同需要的坐椅形式

（人气）对不同层次级别的公共空间有不同的标准。西英格兰大学环境规划讲师 Hugh Barton 等在《可持续的住区》[14] 中提出了一个较具体、可供借鉴的各级公共空间服务半径建议（见表 9–11）。目前我国主要参照日本的研究成果，即居住区公共绿地服务半径为 500~1000m，儿童公园的吸引半径为 500m，其他城市公园的吸引半径为 500~2000m。此外对于级别较高的如区级、市级公共空间，公共交通的可达性也应作为评价可达性的重要指标。

表 9–11　Hugh Barton 等关于公共绿地服务半径的建议标准

设施	最大距离和时间
园地外部共享空间	200m（最小距离）
操场和地方绿地	400m（5 分钟步行距离）
公园或开敞绿地	600m（7.5 分钟公共空间网络的步行距离）
游戏场地	1000m（12.5 分钟步行距离）
自然绿地（$20hm^2$ 以上）	2000m（25 分钟步行距离、8 分钟自行车车程）
乡村或郊野绿地（$200hm^2$ 以上）	5000m（20 分钟自行车车程）

B. 穿行性——城市公共空间内部交通

穿行性主要指公共空间内部的道路系统结构是否清晰。由于使用者主要以步行方式使用公共空间，因此最重要的是提供完善的步行系统。具体的道路形式有很多，作为使用后评价因素应从使用者的角度进行考虑。使用者在行进过程中有移动和停留两种行为，这是与观景和人的心理等多方面需求相呼应的（见表 9–12），评价时应考虑道路设置是否对这些因素进行考虑。总的来说，较为完整的步行系统应包括两种类型：一类是以组织交通为主的道路，一般为较规则的偏直线型的道路，方便较快穿行，有利于人群集散；另一类是组织空

表 9–12　道路中移动和停留的因素

移动的因素	停留的因素
逻辑上的前进	有舒适的停留设施、条件
导向性设施引导	景观优秀、引人入胜
临时的动机	展示内容丰富
预设未知景物	专设休憩区
预设中心、主题场所景物	游移不定、考虑选择
随机情绪的需要	疲惫不堪
突发性不便停留的因素	特殊视点兴趣吸引
从众心理	从众心理
无目的随意型	无目的停留

间、构成景色的游览性道路,以自然式的弯曲形状供使用者休闲漫步。两类道路应主次分明,形成公共空间的骨架和脉络。

综上,将具有普遍意义的城市公共空间使用后评价因素集归纳如表 9–13。

表 9–13 城市公共空间使用后评价因素集

<table>
<tr><th>一级评价因素</th><th>二级评价因素</th><th colspan="2">三级评价因素</th></tr>
<tr><td rowspan="19">视觉形象因素</td><td rowspan="5">整体空间环境形象</td><td colspan="2">整体风格、特色</td></tr>
<tr><td colspan="2">比例、尺度</td></tr>
<tr><td colspan="2">空间形态</td></tr>
<tr><td colspan="2">整体色彩</td></tr>
<tr><td colspan="2">视线通畅、视景和谐</td></tr>
<tr><td rowspan="4">自然因素造型</td><td rowspan="3">植物绿化造型</td><td>整体艺术布局要求</td></tr>
<tr><td>考虑四季景观变化</td></tr>
<tr><td>植物个体形态的选择</td></tr>
<tr><td colspan="2">水体等自然景观的视觉质量</td></tr>
<tr><td rowspan="4">视觉意义上的空间因素</td><td colspan="2">空间的虚与实</td></tr>
<tr><td colspan="2">空间的图与底</td></tr>
<tr><td colspan="2">空间的层次</td></tr>
<tr><td colspan="2">空间的渗透与引导</td></tr>
<tr><td rowspan="3">地面铺装的视觉因素</td><td colspan="2">色彩</td></tr>
<tr><td colspan="2">图案</td></tr>
<tr><td colspan="2">尺度</td></tr>
<tr><td rowspan="3">人工设施、景观小品的外观造型</td><td colspan="2">造型的整体系统化</td></tr>
<tr><td colspan="2">形状、比例、尺度</td></tr>
<tr><td colspan="2">材料与色彩</td></tr>
<tr><td rowspan="18">使用功能因素</td><td rowspan="3">使用者特征</td><td colspan="2">使用者的社会特征</td></tr>
<tr><td colspan="2">行为模式</td></tr>
<tr><td colspan="2">行为习性</td></tr>
<tr><td rowspan="3">场地、空间适用性</td><td colspan="2">整体功能分区与布局</td></tr>
<tr><td colspan="2">空间的容量</td></tr>
<tr><td colspan="2">空间布置的合理性</td></tr>
<tr><td>地面铺装与使用活动</td><td colspan="2">材质与活动项目</td></tr>
<tr><td rowspan="5">自然因素功能性</td><td colspan="2">绿化覆盖率</td></tr>
<tr><td rowspan="2">植物配置的功能合理性</td><td>分隔空间</td></tr>
<tr><td>改善环境</td></tr>
<tr><td colspan="2">水体等自然特质的可亲近度</td></tr>
<tr><td colspan="2">日照时间、阴影情况</td></tr>
<tr><td rowspan="2">交通方便性</td><td colspan="2">可达性——基地周边情况</td></tr>
<tr><td colspan="2">穿行性——基地内部情况</td></tr>
<tr><td rowspan="4">设施的使用功能因素</td><td colspan="2">休憩设施</td></tr>
<tr><td colspan="2">娱乐设施</td></tr>
<tr><td colspan="2">服务设施</td></tr>
<tr><td colspan="2">其他景观小品</td></tr>
</table>

注释：

［1］ 陈宇著．城市景观的视觉评价．南京：东南大学出版社，2006：113
［2］ 质化研究：质化研究是一种人文主义、自然主义的研究方式，它从整体上介入对象，真实和全面地把握事物的复杂性和内在特质，以开放的观念全面研究事物的背景及意义，在归纳的基础上建构理论。它有主观性、可靠性不足和难以建立公认的比较标准等关键的弱点。
［3］ 朱小雷著．建成环境主观评价方法研究．南京：东南大学出版社，2005：86
［4］ ［美］Earl Babbie 著；邱泽奇译．社会研究方法．北京：华夏出版社，2001
［5］ 标准偏差值：计算出高分问卷个项目平均值与低分卷各项目平均值之差。
［6］ 内容效度：指评价所涵盖的评价概念意义的范围。
［7］ 理论效度：又称内在效度，指评价结果的可应用性，即结果可以应用到其他时空背景中的程度。
［8］ 维度相当于描述它的空间坐标。
［9］ 特尔菲法（Delphi）是美国兰德公司于 20 世纪 50 年代初发明的集中专家智慧对事件进行评估、预测和决策的方法，可将不同意见收敛为一组人的共同意见。参见：陆雍森．环境评价．上海同济大学出版社，1999：159
［10］ 朱小雷著．建成环境主观评价方法研究．南京：东南大学出版社，2005：162
［11］ 朱小雷著．建成环境主观评价方法研究．南京：东南大学出版社，2005：192
［12］ ［日］芦原义信著；尹培桐译．外部空间设计．北京：中国建筑工业出版社，1985：28
［13］ 规范 GB 50180—93 中第 7.0.4 条的规定。
［14］ Hugh Barton 等著，深圳市城市规划院，城市规划研究所译．可持续的住区，1999：118

参考文献

中文译著

1. [意]布鲁诺 · 赛维著;张似赞译.建筑空间论.北京:中国建筑工业出版社,1985

2. [美]保罗 · 拉索著;邱丰贤等译.图解思考.北京:中国建筑工业出版社,1998

3. [美]凯文 · 林奇著;方益军等译.城市意象.北京:华夏出版社,2001

4. [美]弗朗西斯 ·D.K. 钦著;邹德侬等译.建筑:形式、空间和秩序.北京:中国建筑工业出版社,2005

5. [美]凯文 · 林奇,加里 · 海克著;黄富厢等译.总体设计.北京:中国建筑工业出版社,1999

6. [美]C. 亚历山大等著;王听度,周序鸣译.建筑模式语言.北京:知识产权出版社,2002

7. [美]克莱尔 · 库珀 · 马库斯,卡罗琳 · 弗朗西斯编著;俞孔坚等译.人性场所——城市开放空间设计导则.北京:中国建筑工业出版社,2001

8. [美]柯林 · 罗,弗瑞德 · 科特著;童明译.拼贴城市.北京:中国建筑工业出版社,2003

9. [美]鲁道夫 · 阿恩海姆著;藤宗尧等译.艺术与视知觉.成都:四川人民出版社,1998

10. [美]约翰 · 西蒙兹著;俞孔坚等译.景观设计学.北京:中国建筑工业出版社,2001

11. [美]约翰 · 莫里斯 · 迪克逊编著;王松涛等译.城市空间与景观设计.北京:中国建筑工业出版社,2002

12. [美]埃德蒙 ·N. 培根著;黄富厢等译.城市设计.北京:中国建筑工业出版社,2003

13. [美]麦克哈克著;芮佳译.设计结合自然.北京:中国建筑工业出版社,1992

14. [美]拉特利奇著;王求是等译.大众行为与公园设计.台北:田园城市出版社,1992

15.[美]伊丽莎白 · 巴洛 · 罗杰斯著;韩炳越,曹娟等译.世界景观设计.北京:中国林业出版社,2005

16. [美]莱威等著;王晓俊译.彼得 · 沃克.南京:东南大学出版社,2003

17. [美]马克 · 第亚尼编著;滕守尧译.非物质社会.成都:四川人民出版社,1998

18. [美]帕科 · 阿森修编著;谢珺荣译.达利与高迪.西安:陕西师范大学出版社,2004

19. [美]约翰 · 沙克拉著;卢杰等译.设计现代主义之后.上海:上海人民美术出版社,1995

20. [美]库帕 · 泰勒著;安晓露译.未来庭园.贵阳:贵州科技出版社,2002

21. [美]Earl Babbie 著;邱泽奇译.社会研究方法.北京:华夏出版社,2001

22. [美]保罗 · 泽兰斯基,玛丽 · 帕特 · 费希尔著;潘耀昌等译.三维创造动力学.上海:上海人民美术出版社,2005.

23. [美]莫什 · 萨夫迪著;吴越译.后汽车时代的城市.北京:人民文学出版社,2001

24. [日]原广司著;于天祎等译.世界聚落的教示 100.北京:中国建筑工业出版社,2003

25. [日]芦原义信著;尹培桐译.外部空间设计.北京:中国建筑工业出版社,1985

26. [日]藤井明著;宁晶译.聚落探访.北京:中国建筑工业出版社,2003

27. [日]志水英树编著;张丽丽译.建筑外部空间.北京:中国建筑工业出版社,2002

28. [日]中川作一著;许平等译.视觉艺术的社会心理.上海:上海人民美术出版社,1991

29. [日]日本土木学会编.滨水景观设计.大连:大连理工大学出版社,2002

30. [日]池泽宽原著;郝慎钧译.城市风貌设计.天津:天津大学出版社,1989
31. [日]Landscape design 杂志社编.日本最新景观设计 1—3. 大连:大连理工大学出版社,辽宁科学技术出版社,2001
32. [日]针之谷钟吉著;邹洪灿译.西方造园变迁史.北京:中国建筑工业出版社,1991
33. [日]浅见司泰编著;高晓路,张文忠等译.居住环境:评价方法与理论.北京:清华大学出版社,2006
34. [日]芦原义信著;尹培桐译.街道的美学.天津:百花文艺出版社,2006
35. [日]画报社编辑部编;付瑶等译.城市景观.沈阳:辽宁科学技术出版社,2003
36. [日]画报社编辑部编;唐建等译.景观设施.沈阳:辽宁科学技术出版社,2003
37. [日]画报社编辑部编;杨绍斌等译.植物景观.沈阳:辽宁科学技术出版社,2003
38. [丹麦]扬 · 盖尔著;何人可译.交往与空间.北京:中国建筑工业出版社,2002
39. [丹麦]扬 · 盖尔等著;何人可等译.新城市空间.北京:中国建筑工业出版社,2003
40. [丹麦]扬 · 盖尔等著;汤羽扬等译.公共空间 · 公共生活.北京:中国建筑工业出版社,2003
41. [英]埃比尼泽 · 霍华德著;金任之译.明日的田园城市.北京:商务印书馆,2000
42. [英]埃迪娜 · 凡利内著;黄正平译.西方视觉艺术史.长春:吉林美术出版社,2002
43. [英]G. 卡伦著;刘杰,周湘津等编译.城市景观艺术.天津:天津大学出版社,1992
44. [英]F. 吉伯德等著;程里尧译.市镇设计.北京:中国建筑工业出版社,1983
45. [英]麦克卢斯基 ·J 著;张仲一等译.道路型式与城市景观.北京:中国建筑工业出版社,1992
46. [英]帕特里克 · 泰勒著;高亦珂译.英国园林.北京:中国建筑工业出版社,2003
47. [英]彼得 · 柯林斯著;英若聪译.现代建筑设计思想的演变.北京:中国建筑工业出版社,1987
48. [英]罗杰 · 斯克鲁登著;刘先觉译.建筑美学.北京:中国建筑工业出版社,1983
49. [英]Matthew Carmona 等编著;段进译.城市设计的维度.南京:江苏科学技术出版社,2005
50. [英]克里夫 · 芒福汀著;张永刚等译.街道与广场.北京:中国建筑工业出版社,2004
51. [英]莫里斯 · 德 · 索斯马兹著;莫天伟译.视觉形态设计基础.上海:上海人民美术出版社,2003
52. [英]布莱恩 · 劳森著.空间的语言.北京:中国建筑工业出版社,2003
53. [西]约瑟夫 · 马 · 萨拉著;周荃译.城市元素.大连:大连理工大学出版社,2001
54. [西]切沃编著;陈静译.景观元素.昆明:云南科技出版社,2002
55. [西]哈维 · 约翰著;尹曾钰等译.广场设计.南京:江苏科学技术出版社,2002
56. [西]卡尔斯 · 布罗托著;何炳威译.城市主义.南京:江苏科学技术出版社,2002
57. [西]切沃编著;甘沛译.城市街道与广场.南京:江苏科学技术出版社,2002
58. [西]切沃编著;龚恺译.城市公园.南京:江苏科学技术出版社,2002
59. [法]J. J. 德卢西奥 · 迈耶著;李伟等译.视觉美学.上海:上海人民美术出版社,1990
60. [瑞士]约翰尼斯 · 伊顿著;朱国勤译.设计与形态.上海:上海人民美术出版社,1992
61. [挪威]诺伯格 · 舒尔兹著;尹培桐译.存在 · 空间 · 建筑.北京:中国建筑工业出版社,1990
62. [德]维勒柯著;苏柳梅等译.德国景观设计 1、2. 沈阳:辽宁科学技术出版社,2001
63. [德]D. 普林茨著;李维荣等译.城市景观设计方法.天津:天津大学出版社,1989
64. [德]乌多 · 维拉赫著;曾洪立译.当代欧洲花园.北京:中国建筑工业出版社,2006
65.[德]查尔斯 · 奎斯特 · 里特森著;姚崇怀,王彩云译.德国园林.北京:中国建筑工业出版社,2003
66. 卡斯滕 · 哈里斯著;申嘉译.建筑的伦理功能.北京:华夏出版社,2001

67.Hugh Barton 等著；深圳市城市规划院，城市规划研究所译．可持续的住区，1999

68.［加］简 · 雅各布斯著；金衡山译．美国大城市的死与生．南京：译林出版社，2006

69.［澳］凯瑟琳 · 布尔著；倪琪等译．历史与现代的对话．北京：中国建筑工业出版社，2003

70. 日本景观设计杂志社编；于黎特等译．日本年度景观设计作品．大连：大连理工大学出版社，2002

71. 日本景观设计杂志社编；于黎特等译．住宅小区景观设计．大连：大连理工大学出版社，2003

中文参考书

1. 陈燕静编著．水景公共艺术．长春：吉林科学技术出版社，2002

2. 沈玉麟编．外国城市建设史．北京：中国建筑工业出版社，1989

3. 荆雷编著．设计艺术原理．济南：山东教育出版社，2002

4. 金俊编著．理想景观．南京：东南大学出版社，2003

5. 方可著．当代北京旧城更新．北京：中国建筑工业出版社，2001

6. 侯幼彬主编．中国建筑美学．哈尔滨：黑龙江科学技术出版社，1997

7. 邱秀文等编译．矶崎新．北京：中国建筑工业出版社，1990

8. 冯骥才编著．抢救老街．北京：西苑出版社，2000

9. 张斌，杨北帆编著．城市设计与环境艺术．天津：天津大学出版社，2000

10. 彭一刚著．中国古典园林分析．北京：中国建筑工业出版社，1986

11. 俞孔坚著．景观：文化、生态与感知．北京：科学出版社，1998

12. 段进，季松，王宁海著．城镇空间解析．北京：中国建筑工业出版社，2002

13. 於贤德著．城市美学．北京：知识出版社，1998

14. 章俊华编著．日本景观设计师——佐佐木叶二．北京：中国建筑工业出版社，2002

15. 章俊华，贺旺编著．日本景观设计师——三谷徹．长谷川浩己．北京：中国建筑工业出版社，2002.

16. 王向荣，林菁著．西方现代景观设计的理论与实践．北京：中国建筑工业出版社，2002

17. 刘敦桢著．苏州古典园林．北京：中国建筑工业出版社，1979

18. 吴家骅著．景观形态学．北京：中国社会科学出版社，1999

19. 刘滨谊著．现代景观规划设计．南京：东南大学出版社，1999

20. 楼庆西著．中国古建筑二十讲．北京：生活 · 读书 · 新知三联书店，2001

21. 田银生，刘韶军编著．建筑设计与城市空间．天津：天津大学出版社，2000

22. 彭一刚著．传统村镇聚落景观分析．北京：中国建筑工业出版社，1994

23. 阮仪三著．江南六镇．石家庄：河北教育出版社，2002

24. 杨北帆，张斌著．景园设计．天津：天津大学出版社，2002

25. 刘致平著．中国居住建筑简史．北京：中国建筑工业出版社，1990

26. 王建国著．城市设计．南京：东南大学出版社，1999

27. 陈秉钊著．当代城市规划导论．北京：中国建设工业出版社，2003

28. 洪铁城编．城市规划 100 问．北京：中国建筑工业出版社，2003

29. 王鹏著．城市公共空间的系统化建设．南京：东南大学出版社，2002

30. 刘念雄著．购物中心开发设计与管理．北京：中国建筑工业出版社，2001

31. 朱建达编著．当代国内外住宅区规划实例选编．北京：中国建筑工业出版社，1998

32. 杜汝俭等主编．园林建筑设计．北京：中国建筑工业出版社，1986

33. 吴承照著．现代城市游憩规划设计理论与方法．北京：中国建筑工业出版社，2001

34. 过伟敏著．置换．石家庄：河北美术出版社，2003

35. 杨公侠编著．视觉与视觉环境．上海：同济大学出版社，2002
36. 邬烈炎编著．解构主义设计．南京：江苏美术出版社，2001
37. 辛华泉著．空间构成．哈尔滨：黑龙江美术出版社，1992
38. 于正伦著．城市环境艺术．北京：中国建筑工业出版社，1990
39. 王向荣，林箐著．西方现代景观设计的理论与实践．北京：中国建筑工业出版社，2002
40. 徐磊青著．环境心理学．上海：同济大学出版社，2002
41. 俞孔坚著．景观设计．北京：中国建筑工业出版社，2003
42. 洪亮平著．城市设计历程．北京：中国建筑工业出版社，2002
43. 洪德娟著．景观建筑．上海：同济大学出版社，1999
44. 王建国著．现代城市设计理论和方法．南京：东南大学出版社，1999
45. 梁雪，肖连望著．城市空间设计．天津：天津大学出版社，2000
46. 汪裕雄著．审美意象学．沈阳：辽宁教育出版社，1993
47. 王晓俊著．西方现代园林设计．南京：东南大学出版社，2000
48. 王晓俊译．园林设计论坛 1. 南京：东南大学出版社，2003
49. 吴良镛著．人居环境科学导论．北京：中国建筑工业出版社，2003
50. 赵晶夫著．城市道路规划与美学．南京：江苏科学技术出版社，1994
51. 俞孔坚，李迪华著．城市景观之路．北京：中国建筑工业出版社，2003
52. 齐康主编．城市环境规划设计与方法．北京：中国建筑工业出版社，1997
53. 夏祖华，黄伟康编著．城市空间设计．南京：东南大学出版社，1992
54. 周岚等编著．城市空间美学．南京：东南大学出版社，1999
55. 宋培杭著．城市景观．北京：中国建筑工业出版社，2001
56. 何政广著．写给大家的欧美现代美术史．长沙：湖南美术出版社，2005
57. 过伟敏主编．建筑艺术遗产保护与利用．南昌：江西美术出版社，2006
58. 王受之著．世界现代设计史．北京：中国青年出版社，2002
59. 陈晓彤著．传承 · 整合与嬗变——美国景观设计发展研究．南京：东南大学出版社，2005
60. 朱小雷著．建成环境主观评价方法研究．南京：东南大学出版社，2005
61. 周进著．城市公共空间建设的规划控制与引导．北京：中国建筑工业出版社，2005
62. 陈宇著．城市景观的视觉评价．南京：东南大学出版社，2006
63. 王鹏著．城市公共空间的系统化建设．南京：东南大学出版社，2002
64. 章俊华著．规划设计学中的调查分析法与实践．北京：中国建筑工业出版社，2005
65. 立和平等编著．城市规划社会调查方法．北京：中国建筑工业出版社，2004
66. 郑绍敏编著．环境艺术设计概论．北京：中国建筑工业出版社，2006
67. 陈宇著．城市景观的视觉评价．南京：东南大学出版社，2006
68. 林玉莲，胡正凡著．环境心理学．北京：中国建筑工业出版社，2000
69. 吴志强，蔚芳著．可持续发展中国人居环境评价体系．北京：科学出版社，2004
70. 于雷著．空间公共性研究．南京：东南大学出版社，2005
71. 魏婷编著．城市微观环境设计．重庆：西南大学出版社，2005
72. 蔡永洁著．城市广场．南京：东南大学出版社，2006
73. 邹德慈著．城市设计概论．北京：中国建筑工业出版社，2003
74. 马军山等编著．城镇绿化规划与设计．南京：东南大学出版社，2002
75. 顾小玲编著．景观设计艺术（设计篇）．南京：东南大学出版社，2004
76. 上海市园林设计院编．朱祥明主编．园林景观规划设计详细图集 5. 北京：中国建筑工业出版社，2004

77. 上海市绿化管理局主编．上海园林绿地佳作．北京：中国林业出版社，2004
78. 吴良镛，周干峙，林志群著．我国建设事业的今天和明天．北京：中国城市出版社，1994
79. 陆雍森著．环境评价．上海：同济大学出版社，1999
80. 刘捷著．城市形态的整合．南京：东南大学出版社，2004
81. 魏向东著．城市景观．北京：中国林业出版社，2005
82. 许浩著．城市景观与规划设计理论与技法．北京：中国建筑工业出版社，2006
83. 阳建强，吴明伟著．现代城市更新．南京：东南大学出版社，1992
84. 冯炜，李开然著．现代景观设计教程．杭州：中国美术学院出版社，2002
85. 刘先觉著．现代建筑理论．北京：中国建筑工业出版社，2000
86. 尹思谨著．城市色彩景观规划设计．南京：东南大学出版社，2004
87. 王富臣著．形态完整——城市设计的意义．北京：中国建筑工业出版社，2005
88. 齐康著．城市建筑．南京： 东南大学出版社，2001
89. 段进著．城市空间发展论．南京：江苏科学技术出版社，1999
90. 尼跃红著．室内设计形式语言．北京：高等教育出版社，2003
91. 辛华泉著．形态构成学．杭州：中国美术学院出版社，1999
92. 彭一刚著．建筑空间组合论．北京：中国建筑工业出版社，1998
93. 刘永德著．建筑空间的形态 · 涵义 · 结构 · 组合．天津：天津科学技术出版社，1998
94. 戴俭编著．建筑形式构成方法解析．天津：天津大学出版社，2002
95. 陈伯冲著．建筑形式论．北京：中国建筑工业出版社，1996
96. 沙永杰著．"西化"的历程——中日建筑近代化过程比较研究．上海：上海科学技术出版社，2001
97. 张信国等著．欧美现代主义文艺思潮新论．杭州：杭州大学出版社，1992
98. 丁成日等著．城市规划与空间结构．北京：中国建筑工业出版社，2005
99. 吴耀东著．日本现代建筑．天津：天津科学技术出版社，1997
100. 李芸著．都市计划与都市发展——中外都市计划比较．南京：东南大学出版社，2002
101. 孙力扬，周静敏著．景观与建筑——融于风景和水景中的建筑．北京：中国建筑工业出版社，2004
102. 刘庭风著．日本园林教程．天津：天津大学出版社，2005
103. 周长积著．洋风和体——现代日本建筑环境艺术设计．济南：山东科学技术出版社，2005
104. 荆其敏，张丽安著．城市艺匠．北京：中国电力出版社，2005

期刊论文

1. 邵勇，阮仪三．市场经济下背景下的城市遗产保护．城市规划，2003(2)
2. 俞孔坚．景观的含义．时代建筑，2002(1)
3. 齐铉．试论形成苏州园林艺术与布局手法的几个问题．建筑史论文集 (1)
4. 单德启．村溪天井马头墙——徽州民居笔记．建筑史论文集(6)
5. 曾昭奋．建筑创作面向现代化——以北京为例．兼谈传统建筑形式在建筑创作中的消极影响．建筑史论文集 (7)
6. 陈欣欣．动态构成及其他．时代建筑，2001(1)
7. 薛思伦．哈迪特与动态构成．世界建设，1998(4)
8. 谭英．福建泉州古城保护回顾和探索．世界建筑，2001(6)
9. 王建国，戎俊强．城市产业类历史建筑及地段的改造再利用．世界建筑，2001(6)
10. 周振宇．城市公共空间使用成效评价应对．新建筑，2005(6)

11. 朱小雷，吴硕贤．使用后评价对建筑设计的影响及其对我国的意义．建筑学报，2002 (5)
12. 杨保军．城市公共空间的失落与新生．城市规划学刊，2006(6)
13. 陈青慧等．城市生活居住环境质量评价方法初探．城市规划，1987(5)
14. 唐子来．西方城市空间结构研究的理论和方法．城市规划汇刊，1997(6)
15. 袁烽．都市景观的评价方法研究．城市规划汇刊，1999 (9)
16. 刘颂，刘滨谊．城市人居环境可持续发展评价指标体系研究．城市规划汇刊，1999（5）
17. 陈浮．城市人居环境与满意度评价研究．城市规划，2000（7）
18. 杨公侠．环境心理学的理论模型和研究方法．建筑师，1993（55）
19. 乐音等．南京路世纪广场行为调研．新建筑，2001(3)
20. 王佐．国外公共空间环境整治理论与方法研究．新建筑，2001(3)
21. 郑时龄．城市空间功能的提升与拓展：南京东路步行街改造背景研究．城市规划汇刊，2001(1)
22. 马路阳，王鲁民．现代城市公共空间的公共性研究．华中建筑，2002(3)
23. 周进，黄建中．城市公共空间品质评价指标体系的探讨．建筑师，2003(103)
24. 罗玲玲，陆伟 .POE 研究的国际趋势与引入中国的现实思考．建筑学报，2004(8)
25. 王维仁．消失的街廊——中国当代城市设计的范型．建筑师，1998（80）
26. 王富臣，张毅．城市空间：意义的建构与消解．建筑师，2000（94）
27. 施国平．动态建筑——多元时代的一种新型设计方向．时代建筑，2005
28. 俞孔坚．从田园到高科技园——“园”的含义．中国园林，2000(4)
29. 孙明，薛志鹏．城市快速路的景观特性及其对城市景观的影响．北京建筑工程学院学报，2002(1)
30. [美]C. 亚历山大著；严小婴译．城市并非树形．建筑师，1985（24）
31. 陆娟．论当代中国城市景观设计的现状与出路．艺术百家，2007（1）
32. 杨劲松．论战后初期日本文化反省思潮的走向．日本学刊，2008（3）
33. 邓奕．反思日本新城建设 50 年．北京规划建设，2006（6）
34. 马约生．论日本早期的城市化．扬州大学学报，2006（10）
35. 周向频，郑春燕．从传统中蜕变——日本现代园林的转型启示．国际城市规划，2008（6）
36. 卢世主．城市景观艺术设计研究的主要内容及其意义．华中科技大学学报，2006（2）
37. 孟兆祯．园林设计之于城市景观．中国园林，2002（4）
38. 西村幸夫著；张松译．城市设计思潮备忘录．新建筑，1999（6）
39. 凌强．日本城市景观建设及其对我国的启示．日本研究，2006（2）

外文著作

1.Wolfgang F. R. Preiser, Harvey Z. Rabinowitz, Edware T.White.Post-Occupancy Evaluation.New York: Van Nostrand Reinhold Company, 1988

2.Wolfgang F. R. Preiser. Building Evaluation. New York: Plenum Press, 1989

3.Davidson, Edward H. Poe.A Critical Study.Cambridge: Harvard University Press, 1957

4.Hamilton, J. R., Thurstone, L. L. Safe Driving 8: Human Limitations in Automobile Driving, Garden City. NY: Doubleday, Doran & Company, 1937.

5.David Gosling, Barry Maitland.Concepts of Urban Design.London: Academy Editions, 1984.